物質・材料テキストシリーズ　藤原毅夫・藤森　淳・勝藤拓郎 監修

熱電材料の物質科学

熱力学・物性物理学・ナノ科学

寺崎　一郎 著

内田老鶴圃

物質・材料テキストシリーズ発刊にあたり

現代の科学技術の著しい進歩は，これまでに蓄積された知識や技術が次の世代に引き継がれて発展していくことの上に成り立っている．また，若い世代が先達の知識や技術を真剣に学ぶ過程で，好奇心・探求心が刺激され新しい発想が芽生えることが科学技術をさらに発展させてきた．蓄積された知識や技術の継承は世代間に限らない．現代の分化し専門化した様々な学問分野は常に再編や融合を模索しており，複数の既存分野の境界領域に多くの新しい発見や新技術が生まれる原動力となっている．このような状況においては，若い世代に限らず第一線で活躍する研究者・技術者も，周辺分野の知識と技術を学ぶ必要性が頻繁に生じてくる．とくに，科学技術を基礎から支える物質科学，材料科学は，物理学，化学，工学，さらには生命科学にわたる広範な学問分野にまたがっているため，幅広い知識と視野が必要とされ，基礎的な知識の十分な理解が必須となってきている．

以上を背景に企画された本テキストシリーズは，物質科学，材料科学の研究を始める大学院学生，新しい研究分野に飛び込もうとする若手研究者，周辺分野に研究領域を広げようとする第一線の研究者・技術者が必要とする質の高い日本語のテキストを作ることを目的としている．科学技術の分野は国際化が進んでおり学術論文は大部分が英語で書かれているので，教科書・入門書も英語化が時代の流れであると考えがちである．しかし，母国語の優れた教科書はその国の科学技術水準を反映したもので，その国の将来の発展のポテンシャルを示すものでもある．大学院生や他分野の研究者の入門を目的とした優れた日本語のテキストは，我が国の科学技術の水準，ひいては文化水準を押し上げる役目を果たすと考える．

本シリーズがカバーする主題は，将来の実用材料として期待されている様々な物質，興味深い構造や物性を示す物質・材料に加えて，物質・材料研究に欠かせない様々な測定・解析手法，理論解析法に及んでいる．執筆はそれぞれの分野において活躍されている第一人者にお願いし，「研究室に入ってきた学生に最初に読ませたい本」を目指してご執筆いただいている．本シリーズが，学生，若手研究者，第一線の研究者・技術者が新しい分野を基礎から系統的に学ぶことの助けとなり．我が国の科学技術の発展に少しでも貢献できれば幸いである．

監修　　藤原毅夫　　藤森　淳　　勝藤拓郎

はじめに

本書は，熱電変換，特に熱電材料の研究に参入しようとする非専門家のための初等的教科書である．物理学科 3 年生程度の標準的な熱力学，統計力学，電磁気学，量子力学の履修を前提にしているが，内容に関連する重要な項目は文中で説明を加えている．

熱電変換という技術は，ゼーベックが棒状の金属に温度差を与えたときに電圧が生じることを見出した 1821 年に始まり，すでに 1 世紀を超える歴史を持つ．代表的なビスマス・テルル系半導体が発見されてからでも半世紀を超える．この間に多くの教科書や専門書が出版されているにも関わらず，ここに新たに一冊の本を世に出すことに決めたのにはいくつか理由がある．

現代科学技術は異様ともいえるほど細分化・専門化されており，熱電変換も例外ではない．熱電変換は物理，化学，材料，電気，機械など多くの分野を横断する学際分野であり，どの分野においても体系化された学習機会がない．加えて，研究に求められる成果とスピードが年々厳しくなり，研究室の研究代表者たちには若手の成長をゆっくり待っていられないという事情がある．結果として，初学者は断片的な知識を手っ取り早く寄せ集め，体系としてその分野の研究を学ぶ余裕がない．すべての分野の体系を記述することは，著者の力量をはるかに超えるが，熱電変換を支える物性物理学に重心をおいた体系を，初学者に伝えることならばできるかもしれないと考えた．これが第一の理由である．

著者は，物理学科の学生に限っても，固体物理学の基本的な概念に対する理解度が年々落ちているように感じている．固体物理学は他の物理学の分野にはない特殊な概念を数多く必要とする．特に，波数空間やブリルアンゾーンに代表される，周期結晶独特の舞台設定が初学者にとっての大きな障害である．やっかいなことに，固体中の電子は結晶全体に量子力学的波動として広がった状態を基底状態として持つために，波数空間でのイメージなしに理解することはできない．とはいえ，我々は実空間に生きているのであり，実空間のフーリエ変換先である波数空間にはなじみはない．そこで，波数空間の直観的説明や実空間からの自然な拡張を盛り込んで固体の輸送現象を初歩から記述できないかと考えた．これが第二の理由である．

熱電変換の研究は 90 年代に質的な転換を遂げる．銅酸化物高温超伝導の発見以降，新物質の開発とそこから切り拓かれる新しい物性物理が固体物性研究の駆動力となったが，熱電変換の世界も例外ではない．フォノングラス，ラットリング，電子相関，ナノ構造といった新しい概念が次々と提案され，研究は大きく発展し，いまも発展しつつある．こうした状況を反映して多くの専門書・教科書が執筆されたが，それらは 10 名以上の著者による共著であり，最先端の様々な成果を素早く正確に得られる反面，基礎から体系的に学ぶには向いていない．著者は 90 年代にこの研究分野に参入し，熱電変換研究の発展をリアルタイムに見てきた．こうした経験を基にして著者の目から見た熱電変換研究の世界観を伝えることは意味があるのではないかと考えた．これが第三の理由である．

本書は，物理学科，化学科，材料工学科，電子工学科などの，熱電材料の研究を専門とする研究室の卒研生を念頭に書いた．そのため，式変形やイメージ図をやや過剰に盛り込んだつもりである．非専門家が表記で混乱しないように，ベクトルは太字の斜体で，行列や量子力学演算子を上付きハットで表した．変数の引数は $f(\boldsymbol{k})$ のように，かならずカッコで囲んで示し，下付き表記 $f_{\boldsymbol{k}}$ を可能な限り避けた．また，第 2 量子化 (場の理論) を用いた解説は，本書の守備範囲を超えると考え，思い切って省略した．数学的煩雑さを避けるため，基礎的な議論は可能な限り 1 次元の問題として論じている．そのため，ホール効果に代表される磁場効果については触れていない．全編を通して固体物理学の履修は前提にせず，電磁気学は SI 単位系を用いた記述を心がけた．

本書の構成は以下のとおりである．まず第 1 章では，熱電変換というエネルギー変換技術を紹介し，その長所や短所について簡潔に述べる．第 2 章では，熱電変換素子のマクロな動作原理を熱力学を復習しながら述べ，材料のミクロなパラメーターとの関連を明らかにする．熱電材料の重要なパラメーターである性能指数をここで導入する．第 3 章，第 4 章は物性物理学の基礎であり，それぞれ電子とフォノンの伝導現象について一般論を簡潔にまとめている．固体物理学を学んだ読者は読み飛ばしても構わない．第 5 章は，第 3, 4 章の結果を基にして，熱電材料の設計指針を解説している．ここではいわゆる半導体物理学，つまりバンド理論と一体近似の下で，性能指数がどのように最大化できるかを論じる．第 6 章以降は具体的な材料の各論であり，第 6 章で熱電半導体，第 7 章で非従来型材料を論じている．第 7 章は著者の専門でもあり，やや詳細な解説を試みる．この章の内容については，他に適当な良書がないためである．最後の第 8 章ではナノ構造化された熱電材料を解説する．

本書の試みがどれくらい成功しているかは読者の判断を待つしかない．本書に書かれた内容は多くの共同研究者のみなさんとの議論に依拠するが，誤った記述の責任はすべて著者にある．

本書の執筆を勧めてくださった監修の先生方，特に勝藤拓郎先生には深く感謝したい．

2017 年 8 月

著　者

目　次

物質・材料テキストシリーズ発刊にあたり ………… i
はじめに ………… iii

第1章　熱電変換技術　1

1.1　熱電変換と熱電素子 ………… 1
1.2　熱電冷却 ………… 3
1.3　熱電発電 ………… 4
1.4　太陽電池との比較 ………… 6
1.5　熱電変換の効率 ………… 8

第2章　熱電素子の熱力学　11

2.1　熱電パラメーター ………… 11
2.2　熱電効果 ………… 13
2.3　熱力学の復習 ………… 16
2.4　熱電素子の熱力学 ………… 21
2.5　熱電ポテンシャルと適合因子 ………… 28

第3章　固体の電子状態　33

3.1　ドルーデ理論 ………… 33
3.2　ブロッホの定理とバンド理論 ………… 40
3.3　ボルツマン方程式 ………… 59

第4章　格子振動　67

4.1　格子振動 ………… 67
4.2　音響フォノンと光学フォノン ………… 73
4.3　格子比熱 ………… 76
4.4　フォノンによる熱伝導 ………… 80

第5章　熱電材料の設計指針　83

5.1　金属の電気伝導　83
5.2　半導体の電気伝導　95
5.3　自由電子近似での計算　106
5.4　高温の漸近形　116
5.5　熱伝導率の低減　123
5.6　設計指針のまとめ　135

第6章　熱電半導体　137

6.1　ビスマステルル　137
6.2　鉛テルル　140
6.3　スクッテルダイト　143
6.4　クラスレート　148
6.5　ジントル相　152
6.6　ホウ化物　155
6.7　ハーフホイッスラー　157
6.8　酸化物　159
6.9　カルコゲナイド　162
6.10　シリコン化合物　164
6.11　有機伝導体　167
6.12　その他の材料　168

第7章　非従来型の熱電材料　171

7.1　強相関電子系の熱電現象　171
7.2　層状コバルト酸化物　177
7.3　重い電子系　192
7.4　高温超伝導体　197

第8章　ナノ構造による性能向上　201

8.1　ナノ構造化した熱電材料の理論　201
8.2　熱電材料超格子・ナノ細線　207

8.3　ナノ構造を持つバルク材料 …………………………… 215
8.4　スピンゼーベック効果 …………………………… 218

おわりに …………………………… 221
参考文献 …………………………… 223
索　　引 …………………………… 235
欧字先頭索引 …………………………… 241

第1章 熱電変換技術

1.1 熱電変換と熱電素子

熱電変換という言葉は，読んで字のごとく熱エネルギーを電気エネルギーに変える技術のことである．熱を電気に変えると聞いて最初に思い浮かぶのが火力・原子力発電所であろう．火力発電所では，石油や天然ガスを燃焼し水を沸騰させて水蒸気を作り出し，水蒸気の圧力でタービンを回転させて交流を生み出す．ここでは，化石燃料の化学エネルギーを熱エネルギーに転換し，さらに水の化学エネルギーに変換し，最終的に力学的エネルギーを通じて電気エネルギーに変換している．原子力発電では，原子力の核分裂で生じた熱エネルギーを用いて水蒸気を作り出してタービンを回す．これらはたしかに熱エネルギーを電気エネルギーに変換しているが，変換の途中に力学的エネルギーや化学エネルギーを介している．熱電変換とは，固体中の電子を媒介とした熱エネルギーと電気エネルギーの間の直接変換技術を指し，火力・原子力発電とは異なるエネルギー変換技術である．本書は，この分野に参入しようとしている初学者のために，その開発指針をなるべく体系化して伝えることを期するものである．

すでに熱電変換には多くの専門書が出版されているが，物理系の読者には Mahan のレビュー[1]を推薦したい．本書もいくつかの箇所で参考にした．Snyder と Toberer のレビュー[2]も簡潔でよくまとまっている．上村と西田の教科書[3] は 80 年代までの成果がよくまとまっているが，いまは手に入らないかもしれない．また各論が網羅されているものとして，和書[4]と洋書[5]をそれぞれあげておく．

図 1.1 を見ていただきたい．金属や半導体の棒状の試料の一端を加熱し，他端を冷却する．すなわち試料の両端に温度差を与えると，温度差に比例した電圧が生じる．この現象はゼーベックによって 1821 年に見出されたことにちなんでゼーベック効果と呼ばれ，温度に比例する電圧は熱起電力と呼ばれる．もし，ある物質の電気抵抗率が十分に小さく，熱起電力が十分に大きければ，そのような物質は温度差の下で一種の電池のように振る舞う．このとき熱起電力は電池の開放端起電力に対応し，電気抵抗率は電池の内部抵抗に相当する．

このような物質は熱電材料または熱電変換材料と呼ばれ，負荷を結線して熱から

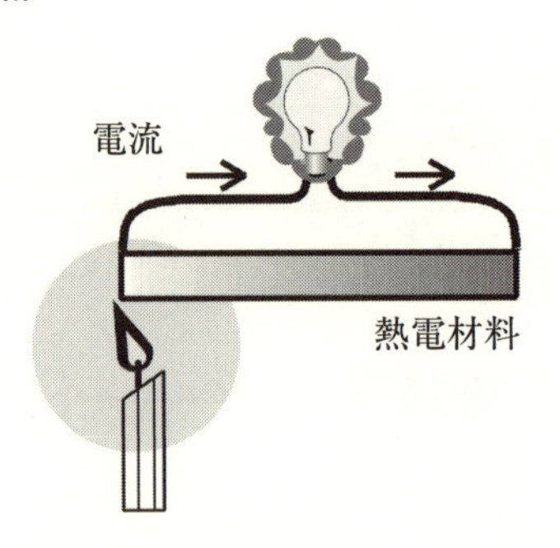

図 1.1　熱電発電の原理.

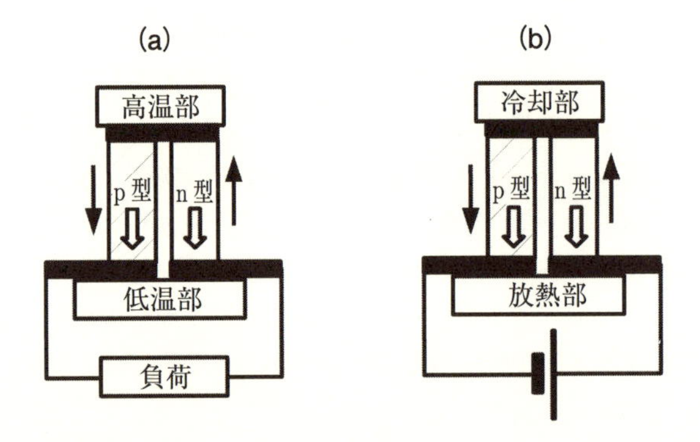

図 1.2　熱電素子の模式図. (a) 熱電発電素子と (b) 熱電冷却素子. 黒い長方形は電極 (あるいは接合) を表し, 細い矢印は電流の向き, 太い矢印は電子・ホールの流れの向きを示す.

電力を取り出すことができる. 図 1.1 のように, 固体の熱電現象を用いて熱と電気を相互変換する技術は熱電変換と呼ばれる. ここで相互変換と言ったのは, ゼーベック効果の可逆な過程であるペルチェ効果（こちらはペルチェによって 1834 年に発見された）を用いれば, 電気エネルギーを熱エネルギーに変換すること, すなわち電気を用いて物質を冷却・加熱できるからである.

実際の素子は, **図 1.2** (a) のように温度差に対して正の熱起電力を示す p 型材料と負の熱起電力を示す n 型材料を直列に組み合わせて使用する. その理由は, 図 1.1 のような状態で材料の一端を温めると, 熱は導線を伝わって電球に流れ電球を壊してしまう. また同時に, 熱が熱電材料に流れず, エネルギー変換が起こらない. これを防ぐために，pn 2 種類の熱電材料を直列につなぎ，加熱部分を負荷から遠ざける必要がある．

この熱電素子の構造は温度センサーに用いられる熱電対にほかならない．この構造は，p 型・n 型材料は熱流に対して並列に，電流に対して直列に配置されていることに注意しよう．この構造によって熱流を効率的に電気に変換し，大きな開放端起電力を得ることができる．熱電効果が発見されて以降，熱電素子の構造は基本的に変わっておらず，素子の形状からパイ (Π) 型と呼ばれる．

1.2 熱電冷却

熱電変換は熱エネルギーと電気エネルギーの相互変換技術であり，電気から熱を作り出すこともできる．電気から熱を作る見近な例は電気ストーブであろう．ここでは，金属を流れる電流によるジュール熱によって対象を加熱している．熱電変換はその逆の効果，すなわち電流によって対象物を冷却することができる点で独創的な技術であり，これは熱電冷却あるいは電子冷凍と呼ばれる．

図 1.2 (b) に示すように，熱電素子に電流を流すと接合部分の熱を奪うことができる．その様子をもう少し詳しく見てみよう．n 型材料に対しては電流は図の下から上に流れている．n 型材料では負の電荷を持った電子が電気伝導を担っているから，電子の流れは図の太い矢印で書かれたように電流と逆向きに上から下である．一方，p 型材料では，正の電荷を持ったホールが電気伝導に寄与しているから，電流の向きとホールの向きは同じで上から下向きである．結局，p 型，n 型材料どちら側でも，電流の印加によって接合付近の電子・ホール (これらをキャリアという) が引っ張られている．この引っ張られるキャリアとともに，熱エネルギーが上から下に運ばれるのである．当然，電流の向きを変えると，冷却部と放熱部の位置は入れ替わる．図 1.2 (a) の熱電発電の場合も状況は同じで，高温部から電子とホールが低温部へ流れて熱を運ぶ．

この技術はすでに広く実用化されており，ペルチェ素子と呼ばれるモジュールは CPU の冷却に用いられ，自作用パーソナルコンピュータの部品として販売されている．熱流の向きは電流の向きで制御でき，ペルチェクーラーに流す電流の向きを反転させると，逆に対象を加熱することもできる．これを利用すると，夏はジュースなどを冷やし，冬は温かいコーヒーを保温することができる．この特性を利用したものが，**図 1.3** の写真にある温冷庫である．

図1.3　スーパーマーケットで販売されている温冷庫.

冷却と加熱が電流の反転で簡単に切り替えられることを利用すると，ペルチェ素子は対象物を一定温度に保つのに便利である．このような特性は，研究開発で用いられる恒温槽や検出器の冷却に用いられる．今日の情報化社会を支える光通信回線には，減衰する信号を増強するために一定距離ごとに半導体レーザーが組み込まれている．レーザーの発振波長は温度に敏感なので，素子を一定温度に保つ必要があり，ペルチェ素子はここでも利用されている．より身近な例としては，最近我が国でも愛好家が増えているワインの貯蔵庫 (ワインセラー) はペルチェ素子を用いた製品である．高級ワインは振動や過度な低温を嫌うため，冷蔵庫は長期の保存には向かない．ペルチェ素子による恒温槽がずっと有利なのである．

1.3　熱電発電

熱を電気エネルギーに変換する技術は，熱電冷却に対して熱電発電と呼ばれる．冷却技術に比べて，発電応用はまだ限定的である．その理由は，熱電冷却がコンプレッサーなしの冷却という，競合技術に対する技術的優位性があるのに対して，熱電発電は他の発電方式とコスト面での競争を強いられるためである．それゆえ，これまでは宇宙船の電源として開発が進んできた．**図1.4** は，地球に帰還した宇宙船アポロに積載されていた熱電発電機である．熱源にはプルトニウムのアルファ崩壊が用いられている．アルファ線は高エネルギーのヘリウムの原子核であり，鉛の薄いフィルムで遮蔽してその運動エネルギーを熱に変えることができる．この熱を熱源とし，真空

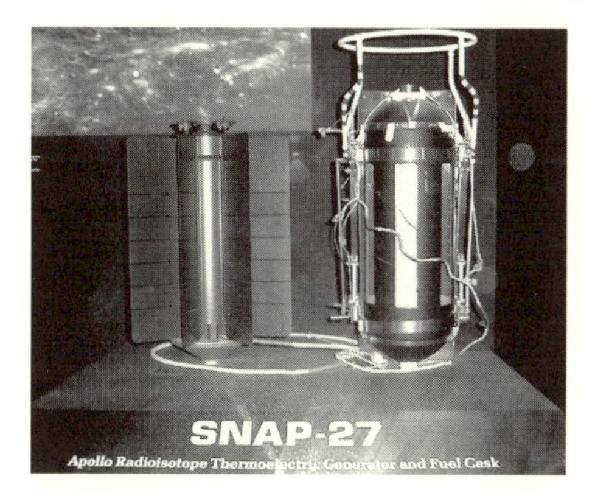

図 1.4 アポロに用いられた熱電発電機.

側に熱を放射することによって電気エネルギーを生み出す. ちなみにプルトニウムの半減期は 30 年であり, このタイプの熱電発電機は 30 年間メンテナンスなしで電気を生み出し続けることができる. 実際, 太陽から遠ざかる方向 (深宇宙) への探査船には熱電発電が唯一の電源である. 太陽電池は太陽から遠ざかると使い物にならないことに注意しよう. ボイジャーは 70 年代にアメリカが打ち上げた深宇宙探査船で, 2017 年現在に至るまで地球に電波を送り続けている. 熱電発電機の長寿命, 高信頼性, メンテナンスフリーという特徴が実証された良い例である. この発電機をミニチュア化し, 人体に埋め込んでペースメーカーの電源に使うという医療応用がある. 著者は, この熱電発電機付きペースメーカーを使用している人に会ったことはないが, 少なくとも米国では認可されている.

コストを度外視できる宇宙利用と対照的に, 民生応用では熱電発電はほとんど用いられていない. しかし, 昨今のエネルギー・環境問題への関心の高まりから, 排熱からの電力回収技術として注目を集めるようになった. 特に, 自動車の燃費は年々向上しているが, 平均的にはガソリン・ディーゼルオイルの化学エネルギーの 16 から 20%程度を利用しているに過ぎず, 残りのエネルギーは最終的には熱になって放出される. この未利用熱を用いた発電は, トヨタ, BMW といった大手自動車メーカーを中心に開発が進んでいる.

表 1.1 に我が国の利用可能な排熱量を示す[6]. このデータは 2000 年に調査されたものであり, おそらく排熱量は現在はもっと多いと思われる. 排熱の分布も, 2017 年現在は原子力発電はほとんど稼働していないなど大きく変わっていると思われる

表 1.1　2000 年に調べられた我が国の分野別の排熱量[6].

排熱排出箇所	排熱量 (Tcal/year)
工場	197,236
廃棄物焼却炉	75,200
火力発電所	858,631
原子力発電所	406,720
分散化電源	53,647
自動車	458,184
自然エネルギー	20,193
合計	2,069,811

が目安にはなるだろう．207 万テラカロリー (Tcal) という膨大なエネルギーが毎年生み出されている．これがどれくらいかを簡単に見積もってみよう．成人の 1 日の摂取カロリーを 2000 キロカロリーとし，この必要な熱量を排熱から摂取できたとすると，207 万テラカロリーは 1.04×10^{12} 人分，つまり世界総人口 70 億人の 100 倍以上に相当する．このような膨大な熱量が我が国だけで放出されている勘定になる．仮にこの熱量を電気に変換できたとすると，原子炉 1 機はだいたい 50 万 kW，総発電量は 1 年で 1.6×10^{16} J となってその 500 基分に相当する．したがって，5%の排熱を電気に変換するだけでも計算上は原子力発電 25 基に相当する．誤解のないように付け加えれば，こうした排熱の一部はすでに温水やコジェネレーションとして利用されているので，すべてが無駄に使われているわけではない．

未利用熱からの発電という意味では，焼却炉の熱による発電，温泉の源泉の熱湯による発電など実証試験レベルではさかんに行われている．また，アイデア商品的な開発も進んでおり，災害時の電源として熱電発電機を備えたラジオ，体温と外気との約 1 度の温度差で発電する熱電腕時計，鍋底に熱電素子を実装し鍋を加熱することで USB 機器を動かすことができる発電鍋などが発売された．しかし残念ながら，コストという観点からは，従来の電源に太刀打ちできるレベルにない．その大きな原因として，熱電材料の性能が十分でないことが指摘できる．そのため，優れた熱電材料を開発すべく世界中で精力的な研究開発が行われている．

1.4　太陽電池との比較

前節で述べたとおり，熱電変換技術はエネルギー関連だけでなく，宇宙，情報，医療，運輸，食品など我々の身の周りの様々な場面で応用可能な潜在能力を持ってい

表 1.2　熱電変換素子と太陽電池の比較．熱電素子の場合，用途によって数値が大きく異なるので代表的な値を示した．EPT は Energy Payback Time の略で，その素子を作るのに必要なエネルギーを生み出すまでの時間．EPR は Energy Profit Ratio の略で，その素子を生み出すのに用いたエネルギーとその素子が生涯に生み出すエネルギーの比．

項目	熱電変換素子	太陽電池
開放端電圧	0.1 V	1 V
変換効率	5–10%	10–15%
エネルギー密度	10^3 W/m^2	10^2 W/m^2
EPT	1–2 年程度	4 年 (poly-Si)
EPR	20	7–20
寿命	30 年以上	20 年程度

る．にも関わらず，この技術が太陽電池に比べてはるかに知名度が低い理由は，その変換効率の低さにある．本節では，熱電発電技術と太陽電池を比較し，その特徴を概観しよう[7]．

本書では光電変換技術を解説する余裕はないが，実用化されている太陽電池は，シリコン半導体を用いた pn 接合をその基本構造としている．よく知られているように，物体に光を照射すると，光のエネルギーが電子系に吸収され，電子とホールが対になって生み出される．この二つの粒子は pn 接合に自発的に生じた電場によって引き離され，素子の両端に蓄えられ,「電池」のように振る舞う．

このようなメカニズムで動作する太陽電池は，基本的にバンドギャップと同程度の開放端起電力を生じる．シリコンの場合はバンドギャップが 1 eV 程度であるから，0.8–0.9 V 程度の開放端起電力が得られる．太陽電池にはショックレー–クワイサー極限と呼ばれる，変換効率の限界値が計算されており，シリコンの場合は 29%程度である．現在，実用化されている太陽電池の効率は 10 から 15%程度であり，研究室レベルでは 25%を超える値が報告されている．その意味では，シリコンを基盤とする太陽電池は，科学・技術ともに成熟期にあるといえる．現在は，色素増感型の有機太陽電池や，高移動度の化合物半導体を用いた太陽電池の開発も進んでいる．ごく最近には，有機–無機ペロブスカイト型ヨウ化物が単体で優れた性能を示すことが報告され，研究開発が進んでいる[8]．

太陽電池の特性の場合，効率がすべての特性に優先する．なぜなら，太陽は我々の頭上にただ一つ，決まった距離にあるからである．太陽定数として知られる太陽から降り注ぐエネルギーはほぼ 1 kW/m^2 で，効率 10%とすると，1 平方メートルで 100

ワットが得られる．一般家庭で電力を使用するとき，数キロワットはほしいから，屋根いっぱいに太陽電池を敷き詰めないといけない勘定になる．

これに対して，熱電素子の変換効率は低い．材料レベルで10%程度，素子に作り込んだときには熱交換器の効率や接合抵抗などの外部要因のために5%程度に効率が落ちる．しかし太陽と異なり，熱源はただ一つではない．人間の皮膚から放出される排熱，原子炉の冷却水，焼却炉の炉壁，大きさも温度もまちまちである．これらの熱をひとまとめにして効率だけで語るのは公平でない．

シリコンをベースとした太陽電池の寿命がどれくらいなのかは，まさに現在地球規模で実証実験が行われているところである．太陽光はeVオーダーの光子エネルギーを持ち，熱エネルギーに換算すると10000度に達する．このエネルギーは様々な物質に光化学反応を引き起こし得る．カンカン照りの物干し台では，プラスチックの洗濯バサミが数年もたてば劣化してくだけてしまうのはそのためである．頑丈なシリコンを用いた太陽電池もその周りを支える電極や配線その他がどれくらい長時間耐え得るのか，これから試されよう．これに対し，宇宙船ボイジャーに搭載された熱電素子は30年以上動き続けた実績を持つ．その意味では，熱電素子は効率は低いが長生きな，いわば長距離ランナーである．

以上述べてきたように，熱電素子と太陽電池は相補的なエネルギー変換素子である．「あれかこれか」ではなく，「あれもこれも」という発想で両者の適正に応じた使用法を考えるべきだと，著者は考える．

1.5　熱電変換の効率

この章の最後に，様々な発電技術の発電効率を，熱電発電の効率と比較しておこう．**図1.5**に，様々なランキンサイクルによる発電システムの効率を動作温度の関数として示す[9]．様々な発電施設は，右肩上がりの傾向があることがわかる．すなわち，動作温度が大きければ大きいほど効率が高い．これは熱力学的には，動作させる熱機関の温度が高ければそれだけ変換効率が高いことを示している (これは次章で述べる熱機関の特徴である．2.3.3，2.3.4参照)．逆にいえば，左下に位置する発電では多くのエネルギーが低品質 (つまり低温の) 熱となって排出されている．熱電発電は図の左下に位置する技術であり，効率は決して高くないものの，適切な熱の流れの中で使えば有効な技術である．

たとえば，原子力発電では核分裂反応が生み出す熱はずっと高温だが，タービンを

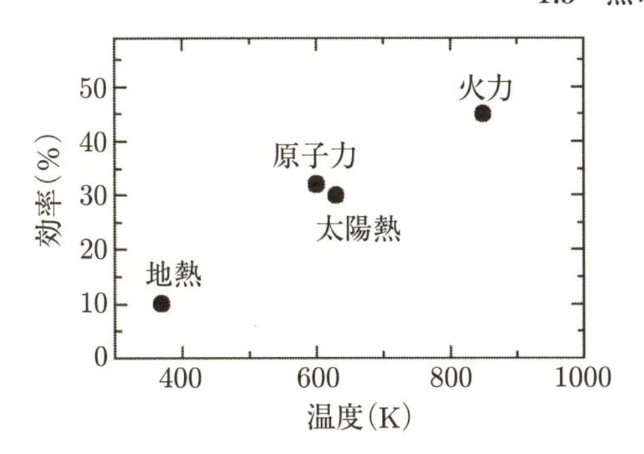

図 1.5　様々な発電システムの効率と発電量[9].

回すのに用いる蒸気は 600 K 程度に押えられている．これは核燃料を封じ込めるためのジルコニウムが高温に弱いという事情があるからである．熱力学が教えるところによれば，同じ熱量でも温度の高い熱量は多くの仕事ができる．その意味では，原子力発電はわざわざ温度を下げて動作させているために，その発電効率が 30%程度にまで落ちている．もしも原子炉内で高温に耐え，変換効率が 30%に達する材料があれば熱電変換によって原子力発電が可能となるかもしれない．実際に，米国ではそれを目指した物質開発の基礎研究があると聞いたことがある．

別の例では，一般家庭の瞬間湯沸し器はガスの燃焼によって 40 °C のお湯を供給する．ガスの燃焼温度は 1200 °C 程度であり，それをわざわざ 1000 °C 以上も冷やしてお湯を沸かしている．もしも，この熱の流れの間に熱電変換素子を組み込むことができればずっと有効にエネルギーを活用できる．自動車のエンジンの内壁や排気ガスなどの熱も同じようにうまく使われずに捨てられている．

こうした排熱を回収することが持続可能な社会を構築する重要な要素技術になることは論を待たない．世界的に，高機能な熱電材料が求められる理由もここにある．

第2章 熱電素子の熱力学

この章では，ゼーベック，ペルチェ，トムソンらによって発見された熱電効果について簡単に紹介する．それらはマクロな電流や熱流に結びついて，電気と熱の相互変換を引き起こす．この現象を使用したエネルギー変換素子が熱電素子であり，ある種の熱機関として機能する．そこで本章では，熱力学の簡単な復習から始めて，熱電素子の変換効率や動作原理を巨視的な視点で概観する．

2.1 熱電パラメーター

前章で見たように，熱電素子の基本構造は熱電対である．熱電対に電流を流して接合部を冷却したり，熱電対の両端に温度差を与えて熱流を生み出し，それを電気エネルギーに変換することが熱電変換である．それゆえ，熱電変換の性能は熱電対の低い抵抗，熱電対の大きな熱起電力が重要であることは直感的にわかると思う．これに加えて熱電対の低い熱伝導が第三の重要な物理量となる．直感的には発電ならば温度差をつけて発電量を増やすため，冷却ならば冷却部分を先端に集中するためである．ただし上の理解はあまり正確でなことがわかる．このことについては 2.4.1 で触れよう．

熱伝導と比熱，あるいは熱伝導と熱電能を混同している人をしばしば見かける．プロの研究者でも，分野外の人たちの中でこれらの量を混同している人が少なくない．おそらくは，熱伝導という現象を身近なものと感じていないからではないかと思われる．少し身近な例で説明しよう．

冬の寒い日に，家に帰ってきて靴を脱いで板の間に上がることを想像してほしい．素足のままで板の間を歩くのと，冬物スリッパを履いて板の間に上がるのとではどちらが温度が低いだろうか．ほとんどの読者は，素足のほうと答えるのではなかろうか．よく考えるとこれは誤りで，家の中のすべてのものは熱平衡状態にあるから板の間もスリッパも同じ温度である．にも関わらず，我々が「板の間は温度が低い」と感じるのは，我々の身体の熱が板の間に流れてゆき，熱量が奪われて (体温が奪われるのではない！)，皮膚表面の温度が下がるからである．一方，スリッパは熱が伝わ

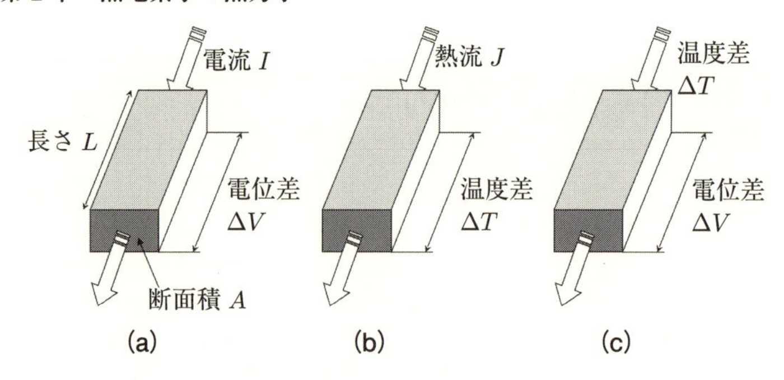

図 2.1　直方体試料における三つの熱電パラメーターの測定原理．(a) 電気抵抗，(b) 熱抵抗，(c) 熱起電力．

りにくく皮膚表面とスリッパの (裏側) に大きな温度差が実現している．この現象を，板の間は熱伝導が良くスリッパは熱伝導が悪いという．人間の「冷たい」という感覚の一部が，こうした熱伝導の問題であったために，熱力学の構築はずいぶん遅れた[10]．

熱の伝導は電気回路と対応させるとわかりやすい．**図 2.1** に，熱電変換に必要な三つのパラメーターの測定原理を示した．断面積 A，長さ L の直方体の一様な試料に電流 I または熱流 J を流すことを考える．まず第一の物理量である抵抗 R は，よく知られたオームの法則

$$\Delta V = RI \tag{2.1}$$

で試料の両端に発生した電圧 (電位差) ΔV と結びついている．抵抗の単位はオーム $\Omega = \mathrm{V/A}$ である．二番目の物理量である熱抵抗 R_{T} は，フーリエの法則

$$\Delta T = R_{\mathrm{T}} J \tag{2.2}$$

を通じて温度差 ΔT に結びついており，単位は K/W である．電流と熱流，電位差と温度差，抵抗と熱抵抗の対応に注意しよう．

これらの物理量は直方体試料のサイズに依存しているから，単位断面積，単位長さあたりの物理量に換算して議論することが便利である．これらの物理量はそれぞれ抵抗率 ρ，熱抵抗率 ρ_{T} と呼ばれ，

$$\rho = \frac{A}{L} R \tag{2.3}$$

$$\rho_{\mathrm{T}} = \frac{A}{L} R_{\mathrm{T}} \tag{2.4}$$

で与えられる．単位はそれぞれ Ωm，Km/W である．

実験的には抵抗や熱抵抗が第一義に測定される量であるが，理論的には電圧や温度差を系の外場と考え，電流や熱流を系の応答を考えたほうが自然であり，抵抗率や熱抵抗率の逆数がより基本的な応答係数と見なされる．それらは (電気) 伝導率 σ，熱伝導率 κ と呼ばれる．すなわち，

$$\sigma = 1/\rho \tag{2.5}$$

$$\kappa = 1/\rho_{\mathrm{T}} \tag{2.6}$$

である．単位も逆数になるから，それぞれ 1/Ωm，W/mK である．Ω の逆数はジーメンスという単位が与えられており，伝導率の単位を S/m と書くこともある．抵抗や熱抵抗の逆数も用いられることがあり，それらはそれぞれコンダクタンス，熱コンダクタンスと呼ばれる．

熱電材料の研究では，かつては電気伝導率には S/cm が，熱伝導率には W/cm K が単位として使われた．最近は，熱伝導率は W/mK 単位で表記されることが多い．この傾向を考慮し，本書でも電気伝導率は S/cm，電気抵抗率は Ω cm，熱伝導率は W/mK を単位として実験結果を紹介する．

三番目の物理量は熱起電力である．それは，前章で述べたように，温度差に比例する電位差のことであり，

$$\Delta V = -\alpha \Delta T \tag{2.7}$$

と書ける．符号のマイナスは，この現象を引き起こしている伝導キャリアの符号に合わせた．すなわち，伝導キャリアが電子ならば，$\alpha < 0$，伝導キャリアがホールならば $\alpha > 0$ である．全く余談ながら，冷戦時代の東欧諸国家では熱起電力の符号が逆向きに決められていた時期がある．この電位差 ΔV を熱起電力といい，1 度あたりの熱起電力 α を**熱電能** (thermoelectric power または thermopower) あるいはゼーベック係数という．その単位は V/K である．

2.2 熱電効果

2.2.1 ゼーベック効果

前節ではゼーベック効果を温度差と電位差の比例関係として式 (2.7) で定義した．しかし，オームの法則を電流密度と電場の関係 $\boldsymbol{j} = \sigma \boldsymbol{E}$ で定義できるように，単位

長さあたりの物理量，すなわち温度勾配に比例する電場として定義することもできる．すなわち，式(2.7)は

$$\boldsymbol{E} = \alpha \boldsymbol{\nabla} T \tag{2.8}$$

と変形できる．式(2.7)の右辺のマイナスは $\boldsymbol{E} = -\boldsymbol{\nabla} V$ として左辺に吸収されている．

2.2.2　ペルチェ効果

図2.2 に示すように，試料を等温環境におき，試料と電源を試料とは材質の異なる導線で結線する．その状態で試料に電流を通電すると，一方の電極で吸熱，他方で発熱が生じる．この現象をペルチェ効果という．これは温度差から電位差が生じるゼーベック効果の逆過程である．

この現象は，試料中を流れる電流が熱流を運び，その絶対値が物質によって異なると考えれば理解できる．すなわち電流 I に対して物質Aの中を流れる熱流 J_{A} を $J_{\mathrm{A}} = \Pi_{\mathrm{A}} I$ と書こう．ここで係数 Π_{A} は物質Aのペルチェ係数である．導線についても同様の式 $J_{\mathrm{B}} = \Pi_{\mathrm{B}} I$ が成り立つので，電極の一方で $J_{\mathrm{A}} - J_{\mathrm{B}}$，他端で $J_{\mathrm{B}} - J_{\mathrm{A}}$ の熱流が生じる．単位断面積あたりでは，電流密度 $\boldsymbol{j}$ と熱流密度 $\boldsymbol{j}_{\mathrm{T}}$ はペルチェ係数 Π を通じて

$$\boldsymbol{j}_{\mathrm{T}} = \Pi \boldsymbol{j} \tag{2.9}$$

で関係付けられる．

ペルチェ係数を直接計測することはあまりない．実験に詳しい読者ならば，温度の計測と熱の計測では，圧倒的に温度の計測の方が容易なことが想像できるであろう．幸いなことに，ペルチェ効果がゼーベック効果の逆過程であることを利用すると，ペルチェ係数とゼーベック係数には普遍な関係式が成立し，

$$\Pi = \alpha T \tag{2.10}$$

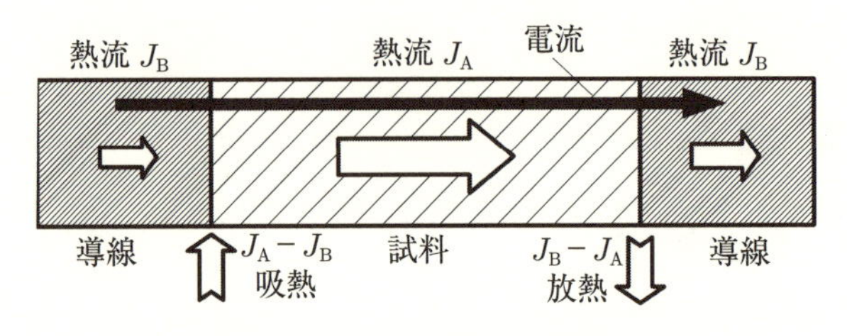

図2.2　ペルチェ効果の模式図．

が系の詳細によらず成り立つ．これはオンサガーの相反関係の一例である[11]．正確を期すならば，線形応答の範囲内で上の式は成り立つ．もし α が温度勾配の関数になったり，Π が電流密度の関数になったら式 (2.10) の関係は保証されない．

2.2.3 トムソン効果

三番目の熱電効果として知られるものがトムソン効果である．これは，温度勾配と電流が同時に存在するときに，それらに比例する熱流が生じる現象である．すなわち x 成分を書き下すと，

$$(j_{\mathrm{T}})_x = \tau_{\mathrm{T}} j_x \left(-\frac{\partial T}{\partial x} \right) \tag{2.11}$$

となる．ベクトルで書きたかったが，右辺の電流密度と温度勾配がともにベクトルなので成分で書かないと誤解しやすい．

この効果はゼーベック係数の温度変化によって生じる．温度勾配のある試料を，勾配に沿って小片に分割しそれぞれの小片は徐々に異なる温度を持って熱平衡にあると考えよう．それぞれの小片はゼーベック係数の温度変化を通じて異なるペルチェ係数を持つと考えてよい．したがって隣り合う ΔT だけ温度が違う小片の境界でペルチェ効果が生じるであろう．その大きさは $\Delta\Pi j_x = T\Delta\alpha j_x$ と書けるので極限を取れば，

$$\tau_{\mathrm{T}} = T\frac{d\alpha}{dT} \tag{2.12}$$

と書ける．

トムソン係数 τ_{T} の計測の利点は，ある試料のゼーベック係数を直接求めることができる点にある．図 2.1 (c) のような配置で熱起電力を測定しても，試料のゼーベック係数 α_{smp} は直接測定できない．必ず導線のゼーベック係数 α_{lead} との差として観測される．実際，試料の両端に T_1，T_2 の温度差を与え，測定器の温度を T_3 とすると，観測される電圧 V_{total} は

$$V_{\mathrm{total}} = \alpha_{\mathrm{lead}}(T_3 - T_1) + \alpha_{\mathrm{smp}}(T_1 - T_2) + \alpha_{\mathrm{lead}}(T_2 - T_3) \tag{2.13}$$

$$= (\alpha_{\mathrm{smp}} - \alpha_{\mathrm{lead}})(T_1 - T_2) \tag{2.14}$$

となって，温度差と電圧の比例係数は試料と導線のゼーベック係数の差であることがわかる．これはペルチェ熱流が異種の物質の接点で生じることと同じである．それゆえ，ゼーベック係数の測定は，よくわかっている導線 (高純度の銅線など) を参照にして測定される．いくつかの教科書にゼーベック係数やペルチェ係数は異種の金

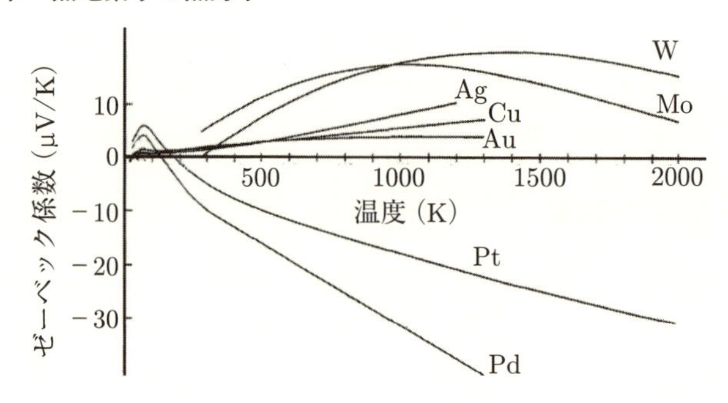

図 2.3　トムソン係数から求められた絶対ゼーベック係数[12].

属の間で定義される，というような記述が見られるが，それは上記のような事情を反映してのことである．これらの物理量は単一の材料に対して明確に定義できるが，計測する際には異種の材料の間の相対値しか計測できない．

トムソン係数は一つの材料のゼーベック係数の温度微分で与えられ，導線の寄与を排除して計測できる．したがってトムソン係数を精密に測定し，絶対零度でゼーベック係数がゼロであることを要請すれば，温度に対して積分することによって

$$\int_0^T \frac{\tau_\mathrm{T}}{T'}dT' = \int_0^T \frac{d\alpha}{dT'}dT' = \alpha(T) - \alpha(0) = \alpha(T) \tag{2.15}$$

を得る．式 (2.15) によって，トムソン熱流の精密計測から材料の絶対ゼーベック係数を実験で求めることができる．

そのようにして求められた絶対ゼーベック係数を**図 2.3** に示す[12]．ゼーベック係数が強い温度変化を示していること，符号が物質によって異なること，1000 K 以上でもほとんどの金属では絶対値が 10 μV/K 程度であることがわかる．ゼーベック係数が，系のどのような微視的パラメーターによって決まるのかは第 5 章で考察する．

2.3　熱力学の復習

熱電変換は，固体中の伝導電子が引き起こす熱と電気エネルギーの直接変換である．固体中の電子の運動を扱う限り，準静的過程が成り立っているものとして，熱力学の復習を行おう．すなわち，温度変化，圧力変化などの各種操作の間，系はそれらの巨視的変数で指定される熱平衡状態を経由しながら変化すると考える．これは直

ちに統計力学が適用できる範囲でもある．

2.3.1 熱力学の基本法則

本書で取り扱う範囲での，熱力学の基本法則は以下のようにまとめられる．

第 0 法則 (熱平衡状態の存在)

巨視的な二つの物体を接触させて，熱や粒子のやりとりを許すと，十分な時間が経つと，それ以上巨視的な変化がない状態になる．このとき二つの物体は同じ温度になり，この状態を熱平衡状態と呼ぶ．熱平衡状態では，熱力学的状態量は少数の巨視的変数のみで決定される．

第 1 法則 (エネルギー保存則)

系の内部エネルギーの増加 dU は，系に加えられた熱 $d'q$ と仕事 $-PdV$ の和に等しい．すなわち，

$$dU = d'q - PdV \tag{2.16}$$

と書ける．すぐ下に示すエントロピーを用いると，

$$dU = TdS - PdV \tag{2.17}$$

と書ける．

第 2 法則 (エントロピー増大の法則)

一定温度 T における微小な熱 $d'q$ は，準静的過程では熱力学的状態量であるエントロピー dS を通じて

$$d'q = TdS \tag{2.18}$$

と書ける．このとき，任意の熱サイクルに対して，

$$\oint \frac{d'q}{T} = \oint dS \leq 0 \tag{2.19}$$

が成り立つ．すなわち，系のエントロピーは減少し，外界のエントロピーは増大する．

第 3 法則 (エントロピーの原点)

絶対零度では，エントロピーはゼロである．すなわち

$$\lim_{T \to 0} S = 0 \tag{2.20}$$

が成り立つ．

2.3.2　ルジャンドル変換

式 (2.17) は，内部エネルギーはエントロピーと体積を自由変数とした全微分形式である．自由変数を入れ替える数学技法として，ルジャンドル変換

$$d(AB) = AdB + BdA \tag{2.21}$$

を導入しよう．内部エネルギー U に加えて，次の三つのエネルギー H，F，G を次式のように

$$dH \equiv d(U+PV) = dU + PdV + VdP = TdS + VdP \tag{2.22}$$

$$dF \equiv d(U-TS) = dU - TdS - SdT = -SdT - PdV \tag{2.23}$$

$$dG \equiv d(F+PV) = dF + PdV + VdP = -SdT + VdP \tag{2.24}$$

導入する．これらはそれぞれ，エンタルピー，ヘルムホルツの自由エネルギー，ギブスの自由エネルギーと呼ばれる．特に重要な量はヘルムホルツの自由エネルギー F である．このエネルギーは自由変数に温度と体積を取り，必然的に一定温度，一定体積の熱力学量を自然に含む．実際，式 (2.23) から，

$$S = -\left(\frac{\partial F}{\partial T}\right)_V \qquad P = -\left(\frac{\partial F}{\partial V}\right)_T \tag{2.25}$$

が導かれる．

さらに，自由エネルギーが全微分可能という条件から微分の順番を入れ替えたものは等しい．これを用いると

$$-\left(\frac{\partial^2 F}{\partial T \partial V}\right) = \left(\frac{\partial S}{\partial V}\right)_T = \left(\frac{\partial P}{\partial T}\right)_V \tag{2.26}$$

が成り立つ．他のエネルギーについても同様の関係式を得ることができ，これらを総称してマックスウェルの関係式と呼ぶ．

2.3.3　カルノーサイクル

カルノーサイクルは，可逆な熱機関としてすべての熱機関の規準になる概念である．カルノーは理想気体に対してこの熱サイクルを考えたが，カルノーサイクルは作業物質によらず同じ熱効率を与える．

カルノーサイクルは次の四つのサイクルで定義される (**図 2.4** (a))．

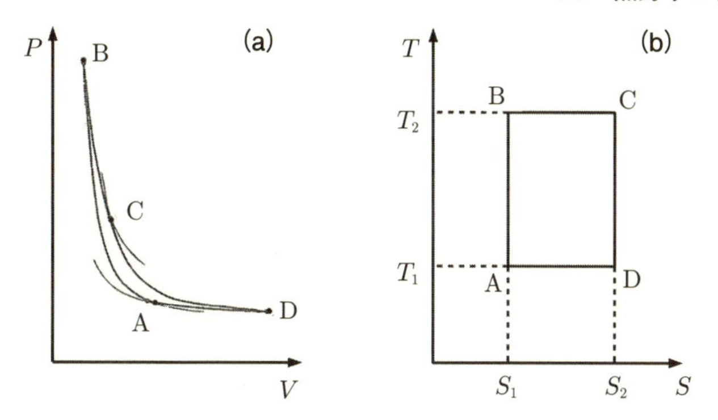

図 2.4　カルノーサイクル．(a) P–V 図，(b) T–S 図．

(1) 過程 A→B　低温部から高温部へ断熱圧縮
(2) 過程 B→C　高温で等温膨張
(3) 過程 C→D　高温部から低温部へ断熱膨張
(4) 過程 D→A　低温で等温圧縮

カルノーサイクルは図 2.4 (b) のように，T–S 図で描くほうが理解しやすい．このときサイクル ABCD は長方形となり，過程 BC で吸収する熱量 $Q_{\rm H}$ は，

$$Q_{\rm H} = \int_{\rm B}^{\rm C} TdS = T_2(S_2 - S_1) = T_2 \Delta S \tag{2.27}$$

となる．同様に，過程 DA で放出する熱量 $Q_{\rm L}(< 0))$ は，

$$Q_{\rm L} = \int_{\rm D}^{\rm A} TdS = T_1(S_1 - S_2) = -T_1 \Delta S \tag{2.28}$$

である．カルノーサイクルの熱効率 $\eta_{\rm C}$ は，仕事 W と吸熱量 $Q_{\rm H}$ の比

$$\eta_{\rm C} = \frac{W}{Q_{\rm H}} = \frac{Q_{\rm H} + Q_{\rm L}}{Q_{\rm H}} = \frac{T_2 - T_1}{T_2} = 1 - \frac{T_1}{T_2} \tag{2.29}$$

となり，二つの熱浴の温度だけで表現でき，作業物質に依存しない (いくつかの教科書にあるような，理想気体を前提にする必要はない)．

カルノー効率は，熱機関の到達できる最高効率である．これは，熱力学の第 2 法則の不等式 (2.19) をカルノーサイクルに適用し，少し変形すると，

$$\frac{Q_{\rm H} + Q_{\rm L}}{Q_{\rm H}} \leq \frac{T_2 - T_1}{T_2} = \eta_{\rm C} \tag{2.30}$$

となり，任意の熱機関の効率の上限が $\eta_{\rm C}$ であることが証明できる．

2.3.4 Curzon–Ahlborn 効率

カルノーサイクルは高温の熱浴に作業物質を準静的に接触させ，ゆっくりと外部に仕事を行う熱機関である．サイクル1周でエントロピーを消費しないので，取り得る熱効率の理論限界を与えるという意味では重要である．しかし能率あるいは仕事率，すなわち単位時間あたりの仕事はゼロであり，実用上は役に立たない．

私たちが現実の熱機関でほしいのは最大能率であり，そのためには高温熱浴と熱機関の間に温度差をつけて熱をすばやく導き，同様に熱機関と低温熱浴の間にも温度差をつけて，すぐに熱を捨てられるようにしなければならない．Curzon と Ahlborn [13] は，**図2.5** に示すようなカルノーサイクルを有限の熱抵抗で二つの熱浴に連結したシステムを考えた．まず高温側を考えると，熱抵抗 R_{TH} のために，カルノーサイクルの高温側の温度は

$$T_{\mathrm{Hi}} = T_{\mathrm{H}} - R_{\mathrm{TH}} Q_{\mathrm{H}} \tag{2.31}$$

と書ける．ここで Q_{H} は高温熱浴からの熱流 (単位時間あたりの熱量) である．同様に，カルノーサイクルの低温側の温度は

$$T_{\mathrm{Li}} = T_{\mathrm{L}} - R_{\mathrm{TL}} Q_{\mathrm{L}} \tag{2.32}$$

と書ける．Q_{L} (< 0) は低温熱浴に出てゆく熱流である．

計算を簡単にするために，ほぼ同時期に考えられた Novikov 熱機関について考えよう．これは図 2.5 (a) で，低温熱浴との熱抵抗をゼロとしたものである．すなわち

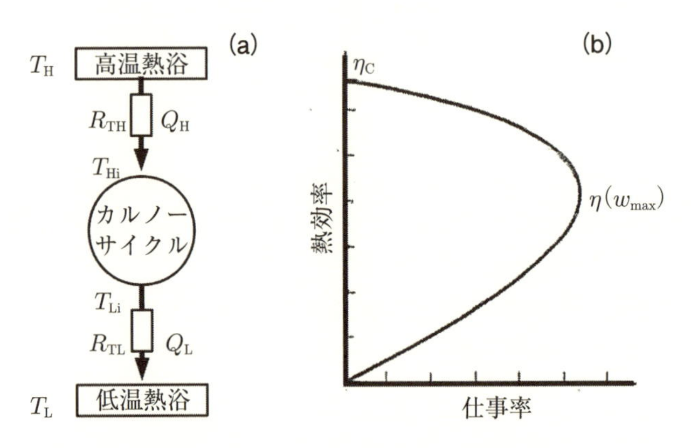

図2.5　(a) Curzon–Ahlborn サイクルの模式図．(b) 仕事率 w と熱効率の関係．

$R_{\mathrm{TL}} = 0$ および $T_{\mathrm{L}} = T_{\mathrm{Li}}$ である．このとき単位時間あたりの仕事 W は，

$$W = Q_{\mathrm{H}} + Q_{\mathrm{L}} = Q_{\mathrm{H}}\left(1 - \frac{T_{\mathrm{L}}}{T_{\mathrm{Hi}}}\right) \tag{2.33}$$

と書ける．ここでカルノーサイクルでは

$$\frac{Q_{\mathrm{H}}}{T_{\mathrm{Hi}}} + \frac{Q_{\mathrm{L}}}{T_{\mathrm{L}}} = 0 \tag{2.34}$$

が成り立つことを用いた．式 (2.31) を用いて T_{Hi} を消去すると，

$$W = Q_{\mathrm{H}}\left(1 - \frac{T_{\mathrm{L}}}{T_{\mathrm{H}} - R_{\mathrm{TH}}Q_{\mathrm{H}}}\right) \tag{2.35}$$

となる．極値条件 $dW/dQ_{\mathrm{H}} = 0$ を求めると，$R_{\mathrm{TH}}Q_{\mathrm{H}}$ についての２次方程式が得られる．これを解いて

$$R_{\mathrm{TH}}Q_{\mathrm{H}} = T_{\mathrm{H}} - \sqrt{T_{\mathrm{H}}T_{\mathrm{L}}} \tag{2.36}$$

が得られる．ここで平方根の前がプラスになる解は非物理的なので捨てた．これを式 (2.35) に代入し最大仕事率

$$\eta_{\mathrm{CA}} = \frac{W}{Q_{\mathrm{H}}} = 1 - \sqrt{\frac{T_{\mathrm{L}}}{T_{\mathrm{H}}}} \tag{2.37}$$

が得られる．カルノー効率と同様に，熱効率は高温の熱浴と低温の熱浴の温度だけで決まっていることが印象的である．図 2.5 (b) に，熱効率 η を仕事率 W の関数で描く．カルノー効率 η_{C} で仕事率がゼロであること，最大仕事率 η_{CA} は η_{C} の 60%程度となることがわかる．実際に稼働している熱機関は η_{CA} に近い効率で動作していると言われている．

2.4　熱電素子の熱力学

熱電素子は一種の熱機関であり，その変換効率を始めとする様々な特性値は熱力学を用いて計算される．

2.4.1　エネルギーの釣り合い

図 2.6 (a) に熱電冷却素子の模式図を示す．いま，R, α および K をそれぞれ素子の抵抗，素子のゼーベック係数，素子の熱コンダクタンスとしよう．これらは，素子

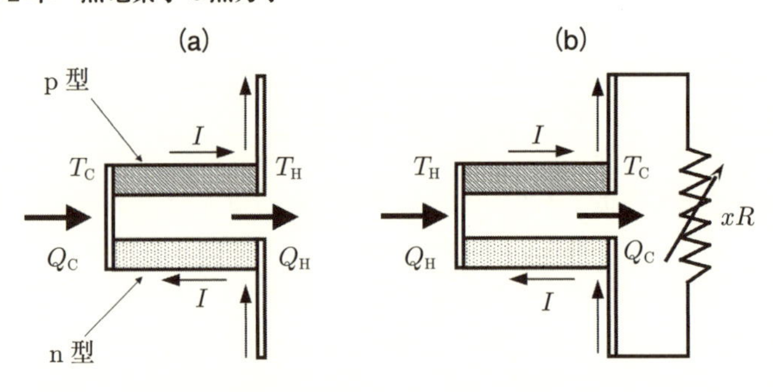

図 2.6　熱電変換素子の模式図. (a) 冷却素子, (b) 発電素子.

を構成する n 型, p 型材料の特性値のほか, 接合抵抗などもろもろの要素を含んだ素子としての特性値とする. 簡単のためこれらは温度変化しないものとしよう. 図の左端の冷却部 (低温部) では, 汲み上げられる熱流 Q_{C} (単位時間あたりの熱量) は, 素子に流入する熱流を正として,

$$Q_{\mathrm{C}} = \alpha T_{\mathrm{C}} I - \frac{1}{2} R I^2 - K \Delta T \tag{2.38}$$

で与えられる. ただし温度差 $\Delta T = T_{\mathrm{H}} - T_{\mathrm{L}}$ (≥ 0) である, ここで, 右辺第 1 項は式 (2.9), (2.10) で与えられるペルチェ熱流, 第 2 項は素子全体で生じたジュール熱流, 第 3 項は放熱部 (高温部) から熱伝導によって逆流する熱流である. 第 2 項の因子 $-1/2$ は, ジュール熱流は素子の中を等方的に流れると仮定し, 発生した半分が冷却部に達していると考える. 同様に, 放熱部で放出される熱流 Q_{H} (< 0) は,

$$Q_{\mathrm{H}} = -\alpha T_{\mathrm{H}} I - \frac{1}{2} R I^2 + K \Delta T \tag{2.39}$$

と書ける. したがって, 電源がする正味の単位時間あたりの仕事は,

$$W = -(Q_{\mathrm{H}} + Q_{\mathrm{C}}) = (\alpha \Delta T + IR) I \tag{2.40}$$

と表される. 式 (2.40) の意味するところは, 電源は熱起電力と抵抗の電圧降下に打ち勝って仕事を供給しているということである.

図 2.6 (b) に示されるように, 熱電発電の際に生じる熱流の釣り合いも同様に計算できて, 高温部について,

$$Q_{\mathrm{H}} = \alpha T_{\mathrm{H}} I - \frac{1}{2} R I^2 + K \Delta T \tag{2.41}$$

低温部について，

$$Q_C = -\alpha T_C I - \frac{1}{2}RI^2 - K\Delta T \tag{2.42}$$

が成り立つ．低温部では熱を捨てているので $Q_C < 0$ である．

熱電冷却の場合には，図 1.1 で用いた「電池」のたとえはあまり適当でないことに注意しよう．式 (2.38) においては，抵抗，ゼーベック係数，熱コンダクタンスの意味は，それぞれジュール熱流，ペルチェ熱流，熱伝導による熱流を特徴づけるパラメーターである．ペルチェ熱流が熱電変換できる熱量を決める一方，ジュール熱による発熱や熱伝導による熱流の逆流を抑えることが性能の向上につながることがわかる．熱電発電の場合にも，本当は「電池」のたとえは適当でない．式 (2.41) を見ると，$\alpha\Delta T$ を開放端起電力と考えるのは正確ではなく，ペルチェ熱流が重要であることを示しているし，熱伝導の熱流は高温熱浴の熱を熱電変換しないで低温熱浴に無駄に捨てる働きをしているから，K を小さくする必要があるのであって，温度差を大きくつけるために K を小さくするのではない．

2.4.2 電力因子

冷却の場合と異なり，発電のためには外部負荷を結線しなければならない．外部負荷の抵抗値 R_{ext} を素子抵抗で規格化し $R_{\text{ext}} = xR$ と書くことにすると，電流 I は $I = \alpha\Delta T/(1+x)R$ で与えられる．それゆえ，出力 P は，

$$P = IV = \frac{(\alpha\Delta T)^2}{R}\frac{x}{(1+x)^2} \tag{2.43}$$

で与えられる．この式は $x = 1$ すなわち素子抵抗と負荷抵抗が等しいとき ($R_{\text{ext}} = R$) に最大値 $P_{\max} = (\alpha\Delta T)^2/4R$ を取ることは容易にわかる．

素子の接合抵抗などの外因要因を除けば，最大出力 $P_{\max}$ は次式

$$\frac{\alpha^2}{\rho} = \alpha^2\sigma \tag{2.44}$$

によって決まる．この量は出力因子または**電力因子** (power factor) と呼ばれる．

2.4.3 性能指数

素子両端でのエネルギーの収支がわかったので，様々な条件で素子の特性を調べよう．まず第一に，放熱部および冷却部の温度はそれぞれ T_H および T_C で一定に固定したときの，最大吸熱量を求めよう．すなわち式 (2.38) を電流 I で微分し，極値条

件 $dQ_\mathrm{C}/dI = 0$ から最適電流 $I_0 = \alpha T_\mathrm{C}/R$ が求まる．この電流値 I_0 を式 (2.38) に代入し，

$$Q_\mathrm{C}^\mathrm{max} = \frac{(\alpha T_\mathrm{C})^2}{2R} - K\Delta T \tag{2.45}$$

$$= K\left(\frac{(\alpha T_\mathrm{C})^2}{2RK} - \Delta T\right) \tag{2.46}$$

が得られる．ここで次式で与えられる**性能指数** (figure of merit) Z

$$Z = \frac{\alpha^2}{RK} \tag{2.47}$$

を導入しよう．これは素子パラメーターに対して定義されている．もしも素子抵抗などの外因要因が無視できる場合，この量は熱電材料の物質パラメーターに還元できる．その場合，素子の性能指数 Z と区別して，小文字の z

$$z = \frac{\alpha^2}{\rho\kappa} = \frac{\alpha^2\sigma}{\kappa} \tag{2.48}$$

を使うことがある．これを用いて式を変形すると，$Q_\mathrm{C}^\mathrm{max}$ は

$$Q_\mathrm{C}^\mathrm{max} = K\left(\frac{ZT_\mathrm{C}{}^2}{2} - \Delta T\right) \tag{2.49}$$

と Z を用いて書ける．当然ながら，最大吸熱量は温度差 ΔT がゼロで最大である．

次に，吸熱量 Q_C 一定，高温部の温度 T_H 一定という条件で最低冷却温度 $T_\mathrm{C}^\mathrm{min}$ を求めよう．今度は式 (2.38) を温度 T_C の関数と思って，電流で微分して，極値条件 $dT_\mathrm{C}/dI = 0$ から最適電流 $I_1 = \alpha T_\mathrm{C}^\mathrm{min}/R$ が得られる．この I_1 を式 (2.38) に代入して，

$$\Delta T = \frac{(\alpha T_\mathrm{C}^\mathrm{min})^2}{2KR} - \frac{Q_\mathrm{C}}{K} \tag{2.50}$$

を得る．予想どおり，吸熱量 Q_C がゼロで最も冷え，最大温度差は

$$\Delta T = \frac{1}{2}Z(T_\mathrm{C}^\mathrm{min})^2 \tag{2.51}$$

低温部の温度と性能指数だけで書ける．

2.4.4　成績係数

三番目の例として変換効率を求めよう．冷却素子の変換効率は，次式で定義される**成績係数** (COP; coefficient of performance) ϕ

$$\phi = \frac{Q_{\mathrm{C}}}{W} \tag{2.52}$$

で評価される．熱電冷却素子では，式 (2.38)，(2.40) を用いて，

$$\phi = \frac{\alpha T_{\mathrm{C}} I - RI^2/2 - K\Delta T}{(\alpha \Delta T + IR)I} \tag{2.53}$$

と書き直せる．電流による微分を取り極値条件 $d\phi/dI = 0$ から最適電流 I_2 は

$$I_2 = \frac{\alpha \Delta T}{R\sqrt{1 + ZT_{\mathrm{M}}} - 1} \tag{2.54}$$

となる．ここで $T_{\mathrm{M}} = (T_{\mathrm{H}} + T_{\mathrm{C}})/2$ である．I_2 を ϕ に代入して，多少計算すると，

$$\phi^{\max} = \frac{T_{\mathrm{C}}\sqrt{1 + ZT_{\mathrm{M}}} - T_{\mathrm{H}}}{\Delta T(\sqrt{1 + ZT_{\mathrm{M}}} + 1)} \tag{2.55}$$

が得られる．式 (2.55) から，成績係数は冷却部と放熱部の温度，および性能指数のみで決まることがわかる．

2.4.5 変換効率

熱電発電の場合には，通常の熱機関の効率と同じように変換効率 η を

$$\eta = \frac{W}{Q_{\mathrm{H}}} = \frac{Q_{\mathrm{H}} + Q_{\mathrm{C}}}{Q_{\mathrm{H}}} \tag{2.56}$$

で定義する．熱電発電素子の場合，式 (2.41)，(2.43) を用いて，

$$\eta = \frac{VI}{\alpha T_{\mathrm{H}} I - RI^2/2 + K\Delta T} \tag{2.57}$$

$$= \frac{x\Delta T}{(1+x)T_{\mathrm{M}} + (1+x)^2/Z + x\Delta T/2} \tag{2.58}$$

と書き直すことができる．極値条件 $d\eta/dx = 0$ を用いて多少計算の後に，最大効率 $\eta^{\max}$ は

$$\eta^{\max} = \frac{\Delta T(\sqrt{1 + ZT_{\mathrm{M}}} - 1)}{T_{\mathrm{H}}\sqrt{1 + ZT_{\mathrm{M}}} + T_{\mathrm{C}}} \tag{2.59}$$

と表せることがわかる．冷却の場合と同じく，式 (2.59) は変換効率が低温部と高温部の温度と性能指数だけで決まることを示している．特に性能指数 Z と絶対温度 T の積は無次元量となり，変換効率と材料特性を結びつけている．ZT をあらためて**無次元性能指数** (dimensionless figure of merit) と呼ぶ．

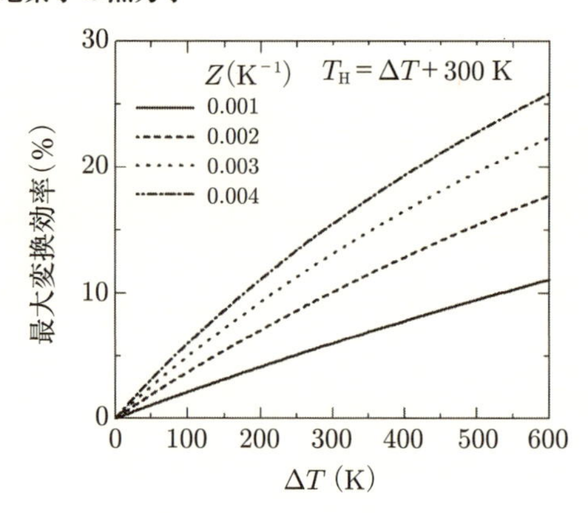

図 2.7　式 (2.59) による最大変換効率の計算例．低温部を 300 K に固定し，高温部との温度差 ΔT に対して，いくつかの性能指数 Z に対してプロットした．

ZT が変換効率を決める物理量になることは，簡単な次元解析からも理解できる．変換効率は二つの熱量の比であるから無次元量であり，これを決定する物理量が無次元であることは自然であろう．式 (2.38) の右辺を見ると，ペルチェ熱流，熱伝導流，ジュール熱流が熱電変換の三要素であることがわかる．それらを決定するパラメーターが α，K，R であったから，この三つと絶対温度 T を用いて無次元量を作ると，自動的に ZT という組み合わせが得られる．

式 (2.55)，(2.59) で与えられる変換効率は，無次元性能指数 ZT が無限大の極限で式 (2.29) で与えられるカルノー効率に一致することに注意しよう．熱電変換は熱機関の一種であり，高温部から熱を受け取り低温部に熱を捨てて初めて発電する．その発電はジュール熱や熱伝導による熱流を伴い，明らかに不可逆なプロセスを含む．それゆえ可逆な熱機関の効率であるカルノー効率を下回る．

図 2.7 に式 (2.59) で与えられる変換効率を温度差の関数として示す．ここでは，低温部分は室温 (300 K) に固定し，高温部分を温度差 ΔT だけ高く設定して計算した．いくつかの曲線は異なる性能指数に対して計算されたものである．この計算ではすべてのパラメーターは温度変化しないので，たとえば実線のデータは 1000 K で ZT が 1 となる性能指数に対する変換効率である．

図 2.7 を見ると，変換効率は温度差 ΔT が大きければ大きいほど，また性能指数 Z が大きければ大きいほど大きい．太陽電池の典型的な変換効率である 10%と競争

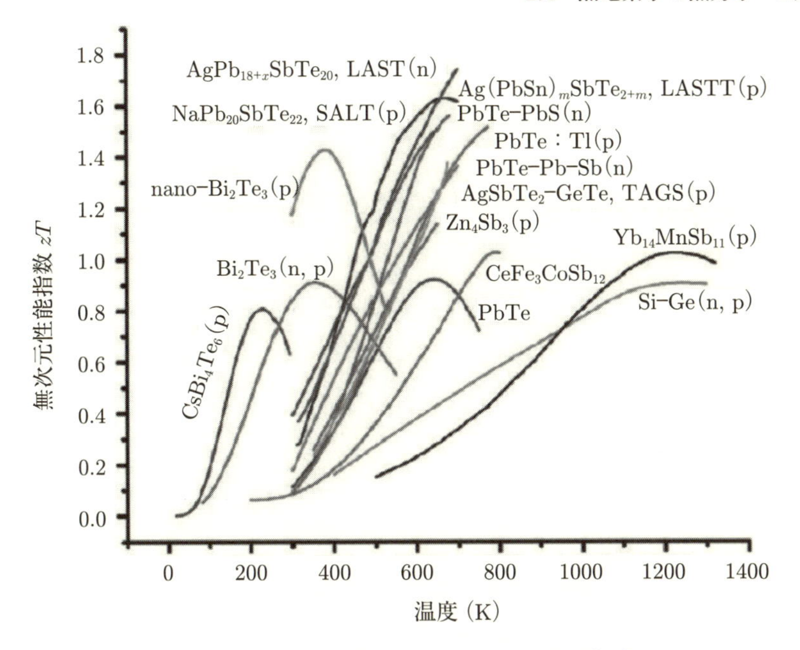

図 2.8　様々な熱電材料の無次元性能指数[14].

するためには温度差 $\Delta T = 300$ K に対して Z は 3×10^{-3} K^{-1} 以上必要であり，無次元性能指数は 600 K で $ZT = 1.8$ となる．式 (2.59) を ZT が極めて小さいとして 1 次で近似すると，

$$\eta^{\max} \sim Z(T_{\mathrm{H}} - T_{\mathrm{C}})/4 \tag{2.60}$$

と評価できる．したがって，$Z(T_{\mathrm{H}} - T_{\mathrm{C}}) = 0.4$ が効率 10%の条件である．温度差が 500 K くらいあれば $ZT = 1$ でだいたい条件を満たす．ちなみに，成績係数は商用の冷蔵庫が 1.2 から 1.3 であり，これを熱電冷却で実現しようとすると $ZT = 3$ が必要とされる．冷却の場合は絶対温度は室温近くに固定されるし温度差もあまりないので，性能指数の向上以外には性能向上の方法がない．これが，熱電冷凍が商用の冷蔵庫を置き換えられない理由である．

図 2.8 に様々な熱電材料の無次元性能指数を示す[14]．この無次元性能指数は熱電材料の特性なので，ZT ではなく zT と書いて区別するほうがよい．図から明らかなように zT は強い温度変化を示し，最大値は 1 から 1.5 程度であることがわかる．そ

のため，目安として $zT = 1$ が開発の目標にされる．残念ながら $zT = 1$ では，図 2.7 の図からわかるように，高温でようやく効率が 10%に到達するに過ぎない．この図に挙げられた様々な物質については第 6 章で詳しく紹介する．

2.5　熱電ポテンシャルと適合因子

前節では，素子の変換効率などを熱電素子の素子パラメーターは温度変化しないものとして解析した．しかし，現実にはすべての素子パラメーターは強い温度変化を示す．熱電発電のように両端に大きな温度差を与えたときの変換効率がどのように与えられるのであろうか．

Snyder と Ursell は熱電変換素子の変換効率が，素子の両端における状態量で決まることを数学的に厳密に示した[15]．以下では文献[15]に従って，その表式を紹介しよう．

まず，二つの熱機関を直列に並べたときの熱効率を計算する．最初の熱機関が Q_1 を吸熱し，$Q_2(<0)$ を放出，それを第 2 の熱機関が吸熱，$Q_3(<0)$ を放出するとする．二つの熱機関の熱効率の総計は $(Q_1 + Q_3)/Q_1$ である．少し変形すると，

$$\eta_{12} = 1 - \frac{-Q_3}{Q_1} \tag{2.61}$$

$$= 1 - \frac{-Q_2}{Q_1} \cdot \frac{-Q_3}{-Q_2} \tag{2.62}$$

$$= 1 - (1 - \eta_1)(1 - \eta_2) \tag{2.63}$$

となる．ここで η_1，η_2 はそれぞれ第 1，第 2 の熱機関の効率である．

大きな温度差の下にある棒状試料を考える．棒状の試料を温度勾配に沿って微小な小片に分割しよう．それぞれの小片は直列につながった熱機関と見なせるから，その効率は式 (2.63) を拡張して，

$$\eta_{12\cdots n} = 1 - (1 - \Delta\eta_1)(1 - \Delta\eta_2)\cdots(1 - \Delta\eta_n) \tag{2.64}$$

と書けるだろう．ここで $\Delta\eta_i$ は，i 番目の小片の効率である．右辺第 2 項が，分割した小片の積で書かれていることに注目すると，

$$\eta_{12\cdots n} \sim 1 - e^{-\Delta\eta_1} e^{-\Delta\eta_1} \cdots e^{-\Delta\eta_n} = 1 - e^{-\sum \Delta\eta_i} \tag{2.65}$$

と書けそうである．$\Delta\eta_i \to 0$ の極限で，

$$\eta = 1 - \exp\left[-\int_{T_c}^{T_h} d\eta\right] = 1 - \exp\left[-\int_{T_c}^{T_h} \frac{\eta_r}{T} dT\right] \tag{2.66}$$

ここで，$\eta_r = \eta/\eta_C$ はカルノー効率 η_C で規格化した効率である．微小領域のカルノー効率が dT/T で与えられることに注意しよう．

いま図 2.9 に示すように，両端に大きな温度差のついた棒状試料を考えよう．簡単のため，断面積は単位断面積とし長さを l とする．この棒状試料の中で，抵抗率，ゼーベック係数，熱伝導率はすべて温度変化するものとする．棒にそって電流 (密度) j が印加され，左側が低温 T_c 右側が高温 T_h にある (つまり $dT/dx > 0$) とする．このとき熱電変換効率は，

$$\eta = \frac{j\int_{T_c}^{T_h} \alpha dT - j^2 \int_0^l \rho dx}{jT_h\alpha_h + \kappa_h dT_h/dx} \tag{2.67}$$

と書ける．分子の第 1 項はペルチェ熱流，第 2 項はジュール熱流であり，分母の第 1 項は高温部でのペルチェ熱流，第 2 項は熱伝導によって試料に流入する熱流である．これを上で考察したような微小部分に分割すると $[T, T+dT]$ 部分の効率 $d\eta$ は

$$d\eta = \frac{dT}{T}\,\frac{j\alpha - j^2\rho\dfrac{dx}{dT}}{j\alpha + \dfrac{\kappa}{T}\dfrac{dT}{dx}} \tag{2.68}$$

と書ける．この式を

$$\frac{1}{u} = \frac{\kappa}{j}\frac{dT}{dx} \tag{2.69}$$

で定義される相対電流密度 u を用いて変形すると，

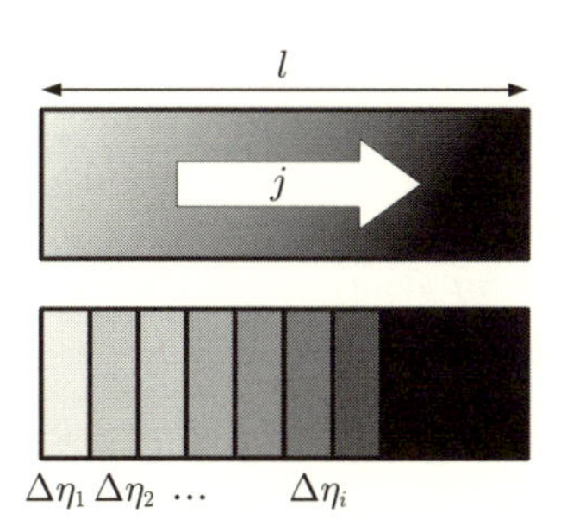

図 2.9 温度によって熱電パラメーターが変化する棒状試料．左端が低温，右端が高温とし，左から右に電流 (密度) j が流れている．

$$d\eta = \frac{dT}{T}\frac{\alpha T - u\rho\kappa T}{\alpha T + 1/u} \tag{2.70}$$

と書ける．したがって式 (2.66) の被積分関数は，

$$\frac{\eta_r}{T} = \frac{\alpha - u\rho\kappa}{\alpha T + 1/u} \tag{2.71}$$

と書ける．

驚くべきことに，式 (2.71) はある関数の温度微分で書ける．以下，それを示そう．まず $1/u$ の温度変化を調べておくと，

$$\frac{d(1/u)}{dT} = \frac{d}{dT}\left(\frac{\kappa dT}{jdx}\right) = \frac{dx}{jdT}\frac{d}{dx}\left(\kappa\frac{dT}{dx}\right) \tag{2.72}$$

となる．最後の変形で電荷保存則 $dj/dx = 0$ を用いた．右辺に出てきたものは，div $\boldsymbol{j}_{\mathrm{T}}$ の x 成分 (いまは 1 次元の問題なので x 成分しかない) だから，熱エネルギーの保存則

$$\frac{d}{dx}\left(\kappa\frac{dT}{dx}\right) = -T\frac{d\alpha}{dT}j\frac{dT}{dx} - j^2\rho \tag{2.73}$$

を用いてさらに変形できる．ここで，右辺第 1 項は式 (2.11)，(2.12) のトムソン熱流，第 2 項はジュール熱流である．この式を用いると，

$$\frac{d(1/u)}{dT} = -T\frac{d\alpha}{dT} - u\rho\kappa \tag{2.74}$$

が得られる．したがって，

$$\frac{d}{dT}\left(\alpha T + \frac{1}{u}\right) = \frac{d\alpha}{dT}T + \alpha + \frac{d}{dT}\left(\frac{1}{u}\right) = \alpha - u\rho\kappa \tag{2.75}$$

が得られ，式 (2.71) の分母の温度微分が分子に等しいことがわかる．すなわち式 (2.71) は直ちに

$$\frac{\eta_{\mathrm{r}}}{T} = \frac{d}{dT}\ln\left(\alpha T + \frac{1}{u}\right) \tag{2.76}$$

と変形でき式 (2.66) は積分可能であることがわかる．すなわち変換効率 η は

$$\eta = 1 - \frac{\alpha_{\mathrm{c}}T_{\mathrm{c}} + 1/u_{\mathrm{c}}}{\alpha_{\mathrm{h}}T_{\mathrm{h}} + 1/u_{\mathrm{h}}} \tag{2.77}$$

と書ける．下付きの添字は，それぞれ試料の両端の低温側と高温側を表す．式 (2.77) が意味するところは，効率は棒状試料の両端の $\alpha T + 1/u$ の値だけで決まり経路に依

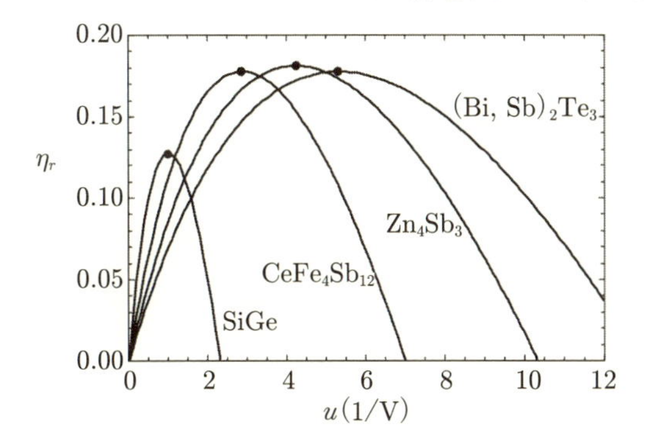

図 2.10 カルノー効率で規格化された変換効率[15]．黒丸は適合因子を示す．

存しないし，一見，性能指数にも顕に依存していない．経路に依存しない物理量を与えるという意味で，彼らは $\alpha T + 1/u$ を熱電ポテンシャルと呼んだ．この表式は試料にどんな温度分布がついていても成立し，試料の端面での $\alpha T + 1/u$ の値を計測できれば変換効率を求められるという意味で極めて強力な表式である．

図 2.10 に様々な熱電材料の規格化された変換効率 η_{r} を u の関数としてプロットしたものを示す．η_{r} は強い u 依存性を示し極値を取ることがわかる．この値は $d\eta_{\mathrm{r}}/du = 0$ から求めることができ，彼らは最大効率を与える因子 s

$$s = \frac{\sqrt{1 + zT} - 1}{\alpha T} \tag{2.78}$$

と定義し，**適合因子** (compatibility factor) と呼んだ．

図 2.10 の意味するところは，zT が大きい物質同士を組み合わせても，同じ u の値で効率が大きくなるようにしなければ材料の性能が活かせないということである．相対電流密度 u は電流と熱伝導熱流の比のような物理量であり，電荷の保存則 $dj/dx = 0$ があるために，図 1.2 のような pn 直列回路で大きく u の値を変化させることはできない．たとえば SiGe の効率を最大にしたとき ($u \sim 1\ \mathrm{V}^{-1}$)，(Bi,Sb)$_2Te_2$ は η_{r} =0.06 くらいしか示さない．p 型・n 型材料の適合因子が近いと両者を同時にピークに持ってくることができる．つまり p 型・n 型熱電材料には相性があり，単に zT が大きいだけでは素子としての高い性能が得られない．

第3章 固体の電子状態

本章では，半導体や金属中の電子が示す電気伝導・熱伝導現象を電子のミクロな性質を基にして理解する．そのために必要な固体物理学の基本概念を固体物理学の学習を前提とせずに導入する．初等的な固体物理学を学んだ読者は，本章を読み飛ばしてもよい．

3.1 ドルーデ理論

ドルーデは19世紀の終わりに，金属の電気伝導に関する画期的な現象論を提出した．彼の理論は，現代においても意味を失っておらず，最も単純に電子物性を理解するための出発点となっている．文献[16]に沿ってドルーデ理論の結果を概観しよう．

彼は，以下の四つの仮定の下で金属の電気伝導を考察した．

(1) 金属には，その中を自由に動き回れる電子が存在し，それは質量 m の単原子分子理想気体のように振る舞う．

(2) 電子は金属中の何かに単位時間あたり τ^{-1} の確率で散乱される．散乱のミクロな起源については特に限定しない．

(3) 電子は散乱されない限り，外力に対してニュートンの運動方程式に従って運動する．すなわち外力を受けていない場合は等速直線運動する．

(4) 電子は散乱直後に，その場所の熱速度 $v = \sqrt{3k_{\mathrm{B}}T/m}$ を持ってランダムな方向に運動する (局所的に熱平衡に達する)．

これらの仮定は，いずれももっともらしくもあり疑わしくもある．当時はトムソンによって電子の存在がようやく実験的に確認された頃であり，量子力学はまだその萌芽すらなかった．

ともかくドルーデの仮定に従って進めよう．まず散乱確率 τ^{-1}，あるいはその逆数の散乱時間 τ の下で運動方程式がどのように記述できるか調べておく．ある時刻 t で電子の運動量を $\boldsymbol{p}(t)$ とすると，時刻 $t+\Delta t$ における電子の運動量は，外力 $\boldsymbol{f}(t)$ の下で $\boldsymbol{p}(t)+\boldsymbol{f}(t)\Delta t$ と書ける．散乱のためにすべての電子がこのように時間発展するわけではない．電子が散乱されない確率は $(1-\Delta t/\tau)$ で与えられるから，Δt の1次

のオーダーで，

$$\boldsymbol{p}(t+\Delta t) = \left(1 - \frac{\Delta t}{\tau}\right)(\boldsymbol{p}(t) + \boldsymbol{f}(t)\Delta t) \tag{3.1}$$

と書ける．少し変形して，$\Delta t \to 0$ で

$$\frac{d\boldsymbol{p}(t)}{dt} = -\frac{1}{\tau}\boldsymbol{p}(t) + \boldsymbol{f}(t) \tag{3.2}$$

となって，散乱の効果は速度に比例する抵抗と等価であることがわかる．

3.1.1　電気伝導

まずは一様電場の下での電気伝導を調べよう．**図 3.1** に示すような棒状試料を考える．式 (3.2) に一様電場 $\boldsymbol{f}(t) = q\boldsymbol{E}$ を代入する．ここで電荷を $q(=\pm e)$ とした．これは，式 (3.2) にキャリアとして正の電荷を運ぶホール (その存在については 5.2.2 で議論する) にも適用したいからである．ここではキャリアを古典粒子と考えているから，運動量を $\boldsymbol{p} = m\boldsymbol{v}$ と書いて，その速度 $\boldsymbol{v}$ についての方程式を求めよう．式 (3.2) は，

$$\frac{d\boldsymbol{v}}{dt} = -\frac{1}{\tau}\boldsymbol{v} + \frac{q}{m}\boldsymbol{E} \tag{3.3}$$

と書ける．いま，電場を加えて十分時間が経過した定常状態に興味があるので左辺をゼロとおくと直ちに

$$\boldsymbol{v} = \frac{q\tau}{m}\boldsymbol{E} = \mu_{\mathrm{e}}\boldsymbol{E} \tag{3.4}$$

を得る．μ_{e} は電子の速度 $\boldsymbol{v}$ と電場 $\boldsymbol{E}$ との比例定数で移動度と呼ばれる．移動度は外力によってどれだけ動きやすいかを示す物理量である．ドルーデ理論では μ_{e} は質量に反比例し，散乱時間に比例している．

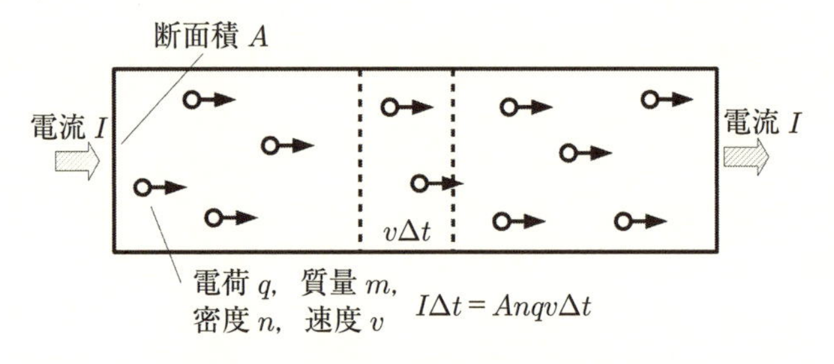

図 3.1　一様電場中の棒状金属試料．

単位体積あたりのキャリアの数を n とすれば，電流密度 $\boldsymbol{j}$ は $\boldsymbol{j} = nq\boldsymbol{v}$ で与えられるので，式 (3.4) は

$$\boldsymbol{j} = nq\boldsymbol{v} = \frac{nq^2\tau}{m}\boldsymbol{E} \tag{3.5}$$

と書けて，電流密度と外部電場の比例関係，すなわちオームの法則が導かれる．その比例係数 σ は

$$\sigma = \frac{nq^2\tau}{m} = nq\mu_{\mathrm{e}} \tag{3.6}$$

で与えられ，式 (2.5) で導入した電気伝導率に等しい．この逆数が電気抵抗率あるいは単に抵抗率 $\rho = 1/\sigma$ であり，典型的な物質の電気抵抗率は理科年表などでたやすく調べることができる．

さて，実際の計測結果から散乱時間の大きさを見積もってみよう．真空中の電子の電荷 1.6×10^{-19} C，質量 9.7×10^{-31} kg，銅の電子の密度 2.0×10^{28} m^{-3} を用い，実測された銅の抵抗率 5×10^{-8} Ωm を用いて計算してみると 3.5×10^{-14} s となる．この時間は非常に短い．τ が式 (3.2) の定常解 (終端速度) に到達するまでの時定数であったことを思い出すと，固体中の電子は一様電場によって加速されても，その加速は散乱によってあっと言う間に (10 fs 程度で) 釣り合うことを意味している．たしかに，我々の日常経験からも，オームの法則は回路を通電すると瞬時に成り立つ．抵抗率を散乱時間の計測手段と見なすと，抵抗率は電子に対するフェムト秒オーダーの時間計測といえる．また，長さ $v\tau$ はキャリアが散乱と散乱の間に進む距離で，平均自由行程という．

直接散乱時間を求めることは難しいが，移動度は実験的に評価可能である．最も単純な場合には，抵抗率とホール係数 R_{H} を計測することで $\mu_{\mathrm{e}} = R_{\mathrm{H}}/\rho$ で与えられ，多くの熱電材料においてはこの方法が用いられる．しかし，電子とホールが共存するような一般の物質の場合には，移動度を求める万能の処方箋はない．ゼーベック係数や磁気抵抗など，他の輸送パラメーターの測定を行い，総合的に評価するしかない．本書では磁場の効果を扱わないので，ホール係数については議論しないが，最も単純なケースは初等的な電磁気学の教科書を参照してほしい．

3.1.2 熱伝導

次に熱伝導を考えよう．**図 3.2** に示すような 1 次元の棒状試料を考える．ある場所 x における熱流密度は，左側からの熱流と右側からの熱流の差で与えられるであろう．すなわち

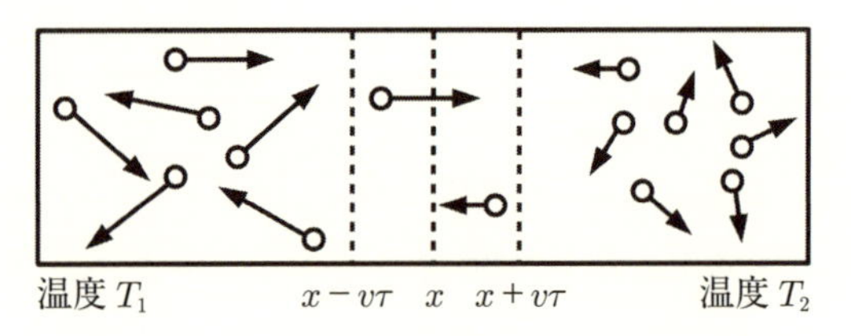

図 3.2　一様な温度勾配下の棒状金属試料.

$$j_{\mathrm{T}} = \frac{1}{2}nv_x\varepsilon[T(x - v_x\tau)] - \frac{1}{2}nv_x\varepsilon[T(x + v_x\tau)] \tag{3.7}$$

と書ける．左辺第 1 項は左側から，第 2 項は右側からの熱流を表す．いま，電子は単原子分子理想気体と同じように振る舞うと仮定しているので，エネルギー ε は電子あたりの内部エネルギーに等しい．τ が非常に小さいために，x 方向の速度成分 v_x と τ の積は非常に短い長さを与えるので，式 (3.7) は x に対する $v_x\tau$ の 1 次の精度で十分よく近似できる．すなわち，

$$j_{\mathrm{T}} = \frac{1}{2}nv_x\frac{d\varepsilon}{dT}\frac{dT}{dx}(-v_x\tau) - \frac{1}{2}nv_x\frac{d\varepsilon}{dT}\frac{dT}{dx}(v_x\tau) \tag{3.8}$$

$$= nv_x^2\tau\frac{d\varepsilon}{dT}\left(-\frac{dT}{dx}\right) \tag{3.9}$$

ここで系を 3 次元に戻そう．すなわち熱流密度や温度勾配をベクトルにし，速度 $v^2 = v_x^2 + v_y^2 + v_z^2 = 3v_x^2$ の関係を用いると，

$$\boldsymbol{j}_{\mathrm{T}} = \frac{1}{3}nv^2\tau\frac{d\varepsilon}{dT}\left(-\boldsymbol{\nabla}T\right) \tag{3.10}$$

を得る．余談ながら，微分演算子 $\boldsymbol{\nabla}$ の前のマイナス符号は，熱が温度の高いほうから低いほうへ流れることを示している．電場とポテンシャル V の関係

$$\boldsymbol{E} = -\boldsymbol{\nabla}V \tag{3.11}$$

を思い出せば，T と V はよく対応している．熱流密度の温度勾配の間の比例係数は熱伝導率と呼ばれ，

$$\kappa = \frac{1}{3}nv^2\tau\frac{d\varepsilon}{dT} = \frac{1}{3}C_v v^2\tau \tag{3.12}$$

で与えられる．ここで C_v は単位体積あたりの比熱であり，最後の等式の変形では，単位体積あたりの内部エネルギー U が $U = n\varepsilon$ で与えられることを用いた．

3.1.3 ウィーデマン–フランツの法則

ドルーデ理論の大きな成功の一つである，ウィーデマン–フランツの法則について見ておこう．金属は電気も熱もよく通す物質であるが，その二つの性質には定量的な関係があり，ウィーデマンとフランツは $\kappa/\sigma T$ が物質によらないことを経験則として発見した．ドルーデ理論によればこの値は直ちに計算でき，

$$\frac{\kappa}{\sigma T} = \frac{C_v v^2 \tau/3}{nq^2 \tau T/m} \tag{3.13}$$

$$= \frac{2}{3}\left(\frac{1}{2}mv^2\right)\frac{C_v}{nq^2 T} \tag{3.14}$$

$$= k_{\mathrm{B}}T\frac{3nk_{\mathrm{B}}/2}{nq^2 T} \tag{3.15}$$

$$= \frac{3}{2}\left(\frac{k_{\mathrm{B}}}{e}\right)^2 \tag{3.16}$$

を得る．3 番目の変形では，熱速度の運動エネルギーと比熱を，古典的等分配則を用いて，それぞれ $3k_{\mathrm{B}}T/2$ と $3nk_{\mathrm{B}}/2$ で置き換えた．また最後の変形で，電荷 $q = \pm e$ を真空中の電子の電荷 e に置き換えた．この結果によれば，たしかに $\kappa/\sigma T$ は普遍定数だけで書かれ，物質にも温度にも依存しない．ただし，ドルーデ理論で得られた式 (3.16) は実測値と約 2 倍異なる．この困難は量子力学を導入することで解消する (5.1.3 参照)．

3.1.4 ゼーベック効果

実は上記の熱伝導の求め方には，正確でない部分がある．図 3.2 では，熱流が左から右に流れているが，同時に電子も流れている．すなわち左から右へ向かう電子のほうが大きな運動エネルギーと熱速度を持っている．これは通常の熱伝導が開回路条件で測定されることとも適合しない．もっと深刻な不具合は，すべての場所で局所的に熱平衡状態が実現しているなら左方向と右方向の電子は同じ速度を持つはずである．しかし図 3.2 の位置 x では，右向きの電子のほうがより大きな熱速度を持っている．これは，位置 x で (ということはすべての場所で) 局所熱平衡を指定する温度が定義できないことを意味しており，ドルーデの仮定 (4) が成り立っていないように見える．これは電場による加速の場合と異なる．電場による加速では，電子は散乱に

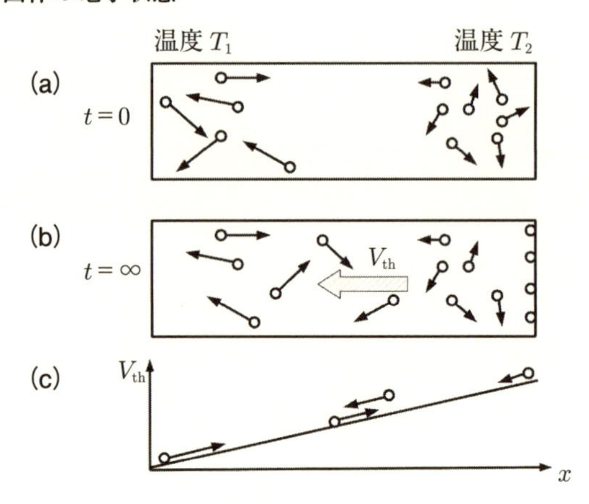

図 3.3　熱電効果の発生の模式図.

よって左向きも右向きも等しい熱速度を持つ.

この矛盾は，熱電効果を考慮すると解消される．開回路条件，すなわち試料の一方から他端に正味の電流が流れない条件で試料の両端に温度差を加えることを考えよう．**図 3.3** (a) に示すように，時刻ゼロで試料の両端に温度差をつけたならば，両端のキャリアは拡散してゆくが，左端のほうが温度が高いので，正味のキャリアの流れは左から右に生じる．しかし，キャリアは試料の外には出られないので，右端にキャリアがたまり，逆に電気的中性条件から，左端はキャリアが不足した状態が実現する．すなわち，図 3.3 (b) に示すように，温度差のある金属は一種のキャパシタのように振る舞う．その結果，金属の内部に温度差による熱電場 $E_{\rm th}$ および熱電気ポテンシャル $V_{\rm th}$ が形成される．定常状態では，このポテンシャルの勾配が，熱エネルギーの勾配と釣り合う．すなわち，二つの位置 x_1 および x_2 において，

$$\frac{1}{2}mv_x(x_1)^2 + qV_{\rm th}[T(x_1)] = \frac{1}{2}mv_x(x_2)^2 + qV_{\rm th}[T(x_2)] \tag{3.17}$$

が成り立つ．このとき図 3.3 (c) に模式的に示すように，キャリアは左向きと右向きで速度が等しくなり，局所平衡が回復している．少し変形して，温度差 $T(x_1) - T(x_2)$ で割ると，

$$-\frac{V_{\rm th}[T(x_1)] - V_{\rm th}[T(x_2)]}{T(x_1) - T(x_2)} = \frac{1}{q}\frac{\frac{1}{2}mv_x(x_1)^2 - \frac{1}{2}mv_x(x_2)^2}{T(x_1) - T(x_2)} \tag{3.18}$$

を得る．$x_1 \to x_2$ の極限を取ると，左辺は定義 (2.7) からゼーベック係数に等しく，

右辺は単原子分子理想気体の熱速度の運動エネルギーが $3k_\mathrm{B}T/2$ であることを用いると,

$$\alpha = \frac{1}{q}\frac{\frac{1}{6}mv(x_1)^2 - \frac{1}{6}mv(x_2)^2}{T(x_1) - T(x_2)} \tag{3.19}$$

$$= \frac{1}{q}\frac{\frac{1}{2}k_\mathrm{B}T(x_1) - \frac{1}{2}k_\mathrm{B}T(x_2)}{T(x_1) - T(x_2)} \tag{3.20}$$

$$= \frac{k_\mathrm{B}}{2q} \tag{3.21}$$

となる. 定義 (2.7) を用いることで, ゼーベック係数の符号は電荷 q の符号と一致する.

式 (3.21) に従えば, すべての物質のゼーベック係数は物質によらず, 温度にもよらない. その値は普遍定数で書かれ, 43 μV/K という値を取る. しかし図 2.3 で見たように, 実際の物質のゼーベック係数はこの値より小さく, しかも物質に強く依存する. この不一致はもちろんドルーデ理論が電子を古典粒子として取り扱ったためであり, 電子の運動エネルギーに等分配則を用いたためである. 物質の個性を反映したゼーベック係数の表式は第 5 章で詳しく扱う.

3.1.5 ペルチェ効果

電子は電荷と運動エネルギーを持っているので, 電子の運動は電流と熱流を同時に引き起こす. 2.2.2 で導入したペルチェ係数の定義 (2.9)

$$\boldsymbol{j}_\mathrm{T} = \Pi \boldsymbol{j}$$

にドルーデ理論を適用して, ペルチェ係数 Π を求めてみよう. すでに調べたとおり, 伝導方向を x とすると, 電流密度, 熱流密度はそれぞれ

$$j = qnv_x \tag{3.22}$$

$$j_\mathrm{T} = \frac{mv_x^2}{2}nv_x \tag{3.23}$$

と書けたので, ペルチェ係数は

$$\Pi = \frac{mv_x^2}{2q} = \frac{k_\mathrm{B}T}{2q} \tag{3.24}$$

となる. やはりゼーベック係数同様, 物質には依存しない. またゼーベック係数との間には

$$\Pi = \alpha T$$

の関係が成り立つ．これは式 (2.10) で与えられるオンサガーの相反関係にほかならない (2.2.2 参照).

3.2　ブロッホの定理とバンド理論

固体中の電子に量子力学を適用し，ドルーデ理論に量子力学を組み込もう．ここでは，二つの極端な近似を経て，一般論を導くことにする．一つは自由電子近似と呼ばれるものであり，ドルーデが電子を単原子分子理想気体に見立てたものを自然に量子力学に拡張したものである．ここでは，箱の中の自由粒子の波動関数を用い，固体の中の電子の特徴を抽出する．もう一つの極端な近似は tight-binding 近似と呼ばれるもので，原子から二原子分子，多原子を経て結晶に至るアプローチである．どちらのアプローチもブロッホ関数と呼ばれる，周期ポテンシャル中の厳密解の例になっている．

3.2.1　自由電子近似

自由電子，すなわちポテンシャルゼロの場を運動する量子のシュレディンガー方程式は

$$-\frac{\hbar^2}{2m}\nabla^2\varphi(\boldsymbol{r}) = E\varphi(\boldsymbol{r}) \tag{3.25}$$

で与えられる．簡単のため 1 次元の量子を考え，あとから 3 次元に戻ってくることにしよう．すなわち $\varphi(x)$ についてのシュレディンガー方程式は，

$$-\frac{\hbar^2}{2m}\frac{d^2\varphi}{d^2x} = E\varphi \tag{3.26}$$

で与えられる．この微分方程式は直ちに解けて，解は $\exp(\pm ikx)$ で書ける．ここで k は固有エネルギー E と

$$E = \frac{\hbar^2}{2m}k^2 \tag{3.27}$$

で結び付けられる．2 次微分方程式の解を $A\exp(ikx) + B\exp(-ikx)$ と書きたくなるが，量子力学ではハミルトニアンと可換な別の演算子があれば，両方の固有状態で記述するほうが便利である．いまの場合，x 方向の運動量演算子

$$\hat{p}_x = \frac{\hbar}{i}\frac{d}{dx} \tag{3.28}$$

とハミルトニアンが可換なので，固有状態を $A\exp(ikx)$ と書き，エネルギー $\hbar^2k^2/2m$, 運動量 $\hbar k$ を持つ粒子を考えるのが標準的である．もちろん，A は規格化因子である．蛇足ながら，固有状態が平面波として得られたから，量子数 k は量子を波動として見たときの波数であり，前期量子論のドブロイの分散関係を満たしていることがわかる．

さてこれで固有値と固有状態が求められたが，固体の性質が反映されていない．固体物理学では，ここで周期的境界条件なる条件を加えて固体の特徴を組み込む．経験的に，我々は金属の性質が金属のバルクの形状や大きさに依存していないことを知っている．したがって金属の電子状態は，バルクのサイズよりはずっと小さく，しかし十分多くの数の電子を含むような領域で「閉じている」と考えるのは自然であろう．

いま，Li や Na のような原子 1 個が自由電子 1 個を放出して金属を形成しているものを念頭において電子状態を考察しよう．ここでは電子と原子の数は等しいから，十分多くの電子を含む領域を原子の数で決めることにし，それを N 個としよう．結晶は単純格子であるとし，その格子定数を a とすれば，周期的境界条件は

$$\varphi(x + Na) = \varphi(x) \tag{3.29}$$

で与えられる．固有状態 $\exp(ikx)$ を上式に代入すれば，

$$\exp(ikNa) = 1 \tag{3.30}$$

を得る．これは波数 k が勝手な値を取れず，

$$k = \frac{2\pi n}{Na} \qquad (n; \text{整数}) \tag{3.31}$$

で表されるとびとびの値を取ることを意味している．

さて，ここで周期的境界条件が何をやったか考えてみよう．我々は金属の中を N 個の原子からなる小世界に区切った．そこでは電子の波動関数は，原子の波動関数の重ね合わせで書けるはず (次節参照) だが，その 1 次独立な関数の数は原子がばらばらであるときの状態と同じはずである．したがって，電子の量子状態として 1 次独立なものはちょうど N 個である．いまの場合，波動関数を区別する量子数は波数 k であるから，1 次独立な k の数は N 個である．

1 次独立な N 個の k の取り方を考えよう．一番素直な気がするのは

$$n = 1, 2, 3, \ldots, N \tag{3.32}$$

であろう．しかし今の場合，この選択はよくない．なぜなら波数 k を古典粒子の運動量と対応づけると，正の運動量の粒子しか含んでいないように見えるからである．よりよい選択は

$$n = -N/2+1, \ldots, -1, 0, 1, \ldots, N/2-1, N/2 \tag{3.33}$$

であろう．k の値で書けば，上の条件はもっと見やすくなり，

$$-\frac{\pi}{a} \leq k \leq \frac{\pi}{a} \tag{3.34}$$

となる．ここで，波数 k で1次独立な数を表現すれば，適当に選んだ数 N が表式に現れないことに注意しよう．これは，固体の電子状態が大きさによらないという仮定を満足している．式 (3.34) で指定される波数空間を，第1ブリルアンゾーンと呼ぶ．蛇足ながら，式 (3.33) にこだわれば左側の不等号は等号を含んではいけない．ここでは N は十分に大きい数を取っているとして，やや無神経に左右の不等号に同じものを用いた．

ブリルアンゾーンを式 (3.34) で定義する限り N の影響はないように見える．適当に選んだ数 N はどこに影響しているであろうか? N はドブロイの分散関係を図示するときの目の細かさに対応している．**図3.4** に，N =20，50 および ∞ で式 (3.27) を描いた．図から明らかなように，N が大きくなるほど，分散関係は連続曲線に近付く．すなわち周期的境界条件は，連続固有値で記述されていた平面波の分散関係を，十分に微小な離散固有値に置き換える効果を与えている．よく知られているように連続固有値に比べて離散固有値ははるかに扱いやすい．一方，N を十分大きく取る

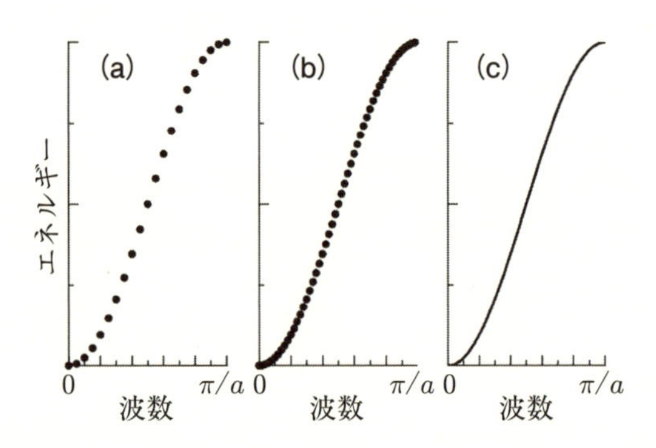

図3.4　N の影響．第1ブリルアンゾーンの半分を (a) N = 20，(b) N = 50，(c) $N = \infty$ に対して図示した．

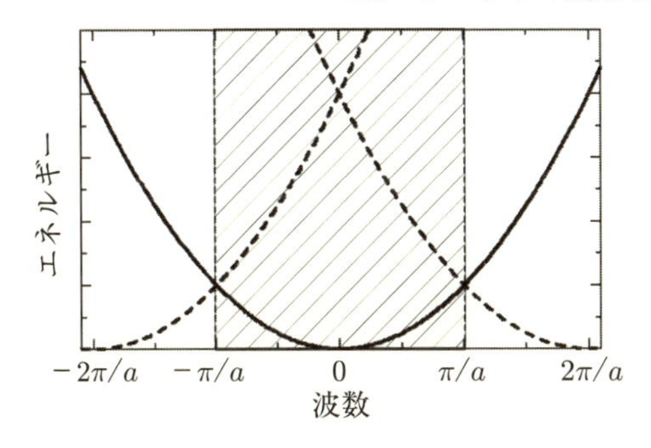

図 3.5　すべての波数空間における，自由電子近似における電子のエネルギー．ハッチした部分が第 1 ブリルアンゾーン．破線は式 (3.35) によって得られた分散曲線.

と，プリンタの解像度が 300DPI でも 600DPI でも文書の出力にほとんど差がないように，$N=\infty$ との差がわからなくなる.

第 1 ブリルアンゾーンで 1 次独立な量子状態が数えつくされたから，すべての波数空間でエネルギーを図示すると，**図 3.5** のように書ける．ここで，任意の整数 m に対して $K_{\mathrm{m}}=2m\pi/a$ を定義すると，$k+K_{\mathrm{m}}$ に対して

$$\varepsilon(k+K_{\mathrm{m}})=\varepsilon(k) \tag{3.35}$$

が成り立つことを使っている (これは 3.2.5 で導く)．破線は式 (3.35) とドブロイの分散関係 (3.27) から得られたものであり，やはり固体中の電子の固有エネルギーを表している．この図を見ると，もはや k は単なる波数と見なすことはできそうにない．また，この図は $k\pm\pi/a$ 付近で不正確である．その不正確さを補正するのは次節以降に譲る．$K_1=2\pi/a$ は第 1 ブリルアンゾーンの大きさに等しく，分散関係は K_1 を周期として繰り返している．$K_{\mathrm{m}}=2m\pi/a$ は逆格子ベクトルと呼ばれる.

以上の議論を 3 次元に拡張するのは容易であろう．固有状態は平面波

$$\varphi(\boldsymbol{r})=A\exp(i\boldsymbol{k}\cdot\boldsymbol{r})=A\exp[i(k_xx+k_yy+k_zz)] \tag{3.36}$$

固有エネルギーは

$$E=\frac{\hbar^2}{2m}(k_x^2+k_y^2+k_z^2) \tag{3.37}$$

運動量は

$$\hbar\boldsymbol{k} = (\hbar k_x, \hbar k_y, \hbar k_z) \tag{3.38}$$

となる．逆格子も任意の整数 l，m，n に対して

$$\boldsymbol{K} = l\boldsymbol{K}_x + m\boldsymbol{K}_y + n\boldsymbol{K}_z \tag{3.39}$$

とベクトルで書ける．ここで $\boldsymbol{K}_x$，$\boldsymbol{K}_y$，$\boldsymbol{K}_z$ は

$$\boldsymbol{K}_x = (2\pi/a, 0, 0) \tag{3.40}$$

$$\boldsymbol{K}_y = (0, 2\pi/b, 0) \tag{3.41}$$

$$\boldsymbol{K}_z = (0, 0, 2\pi/c) \tag{3.42}$$

である．

上では単純な直方体の結晶格子を考え，a，b，c はそれぞれ x，y，z 方向の格子定数とした．本書は本格的な固体物理学の教科書ではないので，一般的な結晶における基本並進ベクトル $\boldsymbol{A}_i$ $(i = x, y, z)$ について多くを述べることはしないが，逆格子の概念は $\boldsymbol{A}_i$ が互いに直交しないときにも成立する．すなわち，任意の格子点

$$\boldsymbol{a} = a_1\boldsymbol{A}_x + a_2\boldsymbol{A}_y + a_3\boldsymbol{A}_z \tag{3.43}$$

に対して，基本逆格子ベクトル $\boldsymbol{K}_j$ $(j = x, y, z)$ を用いた任意の逆格子ベクトル

$$\boldsymbol{K} = b_1\boldsymbol{K}_x + b_2\boldsymbol{K}_y + b_3\boldsymbol{K}_z \tag{3.44}$$

は，次式

$$\boldsymbol{A}_i \cdot \boldsymbol{K}_j = 2\pi\delta_{ij} \tag{3.45}$$

を満たすように定義される．ただし，a_i，b_j は任意の整数である．δ_{ij} はクロネッカーのデルタと呼ばれる記号で $i = j$ のとき 1，それ以外では 0 を返す．このとき，

$$\boldsymbol{a} \cdot \boldsymbol{K} = 2\pi(a_1b_1 + a_2b_2 + a_3b_3) \tag{3.46}$$

が成り立つ．

3.2.2　分子の量子状態

今度は，水素原子から出発して，それを並べて結晶を作ることを考えよう．量子力学で学んだように，水素原子の電子状態は厳密に解ける．すなわち，次のハミルトニアン，

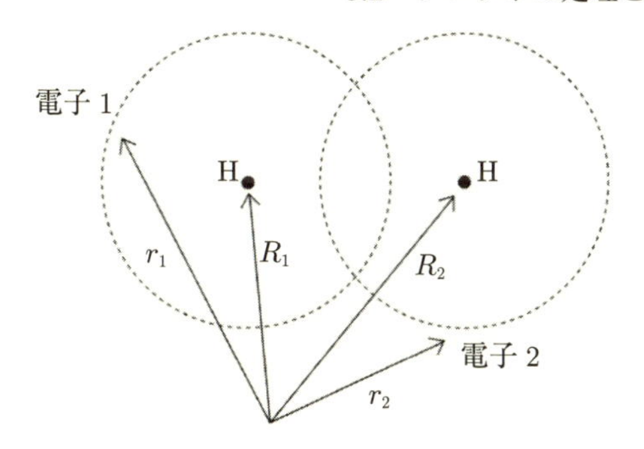

図 3.6 水素分子のモデル．

$$\hat{H}_{\mathrm{atom}} = -\frac{\hbar^2}{2m}\nabla^2 - \frac{e^2}{4\pi\varepsilon_0 r} \tag{3.47}$$

に対して，

$$\hat{H}_{\mathrm{atom}}\varphi(\boldsymbol{r}) = E\varphi(\boldsymbol{r}) \tag{3.48}$$

は，主量子数，方位量子数，磁気量子数の三つの整数で特徴づけられる解を持ち，周期表の基本構造を再現する．

残念なことに，水素原子より少しでも複雑になると厳密な解はない．たとえば，水素分子を考えよう．**図 3.6** に示すように，二つの水素原子 (座標 $\boldsymbol{R}_1$，$\boldsymbol{R}_2$) および二つの電子 (座標 $\boldsymbol{r}_1$，$\boldsymbol{r}_2$) に対して，次のハミルトニアン

$$\hat{H}_2 = -\frac{\hbar^2}{2m}\left(\nabla_1^2 + \nabla_2^2\right) - \sum_{i=1}^{2}\sum_{j=1}^{2}\frac{e^2}{4\pi\varepsilon_0}\left(\frac{1}{|\boldsymbol{r}_i - \boldsymbol{R}_j|}\right) + \frac{e^2}{4\pi\varepsilon_0 r_{12}} \tag{3.49}$$

を考えよう．式の意味は解説するまでもないと思うが，右辺第 1 項は二つの電子の運動エネルギー，第 2 項は原子核と電子のクーロン引力，第 3 項は電子同士のクーロン斥力である．第 3 項の $r_{12} = |\boldsymbol{r}_1 - \boldsymbol{r}_2|$ のために，このハミルトニアンは電子 1 と電子 2 の運動を分離できず，厳密に解けない．そこで，電子 1 の運動を調べるときに，電子 2 については電子密度を平均値で置き換えて，クーロン斥力の項を考えないことにする．このとき，電子 1 の感じる実効的なハミルトニアンは

$$\hat{H}_2^{\mathrm{eff}} = -\frac{\hbar^2}{2m}\nabla_1^2 - \frac{e^2}{4\pi\varepsilon_0}\frac{1}{|\boldsymbol{r}_1 - \boldsymbol{R}_1|} - \frac{e^2}{4\pi\varepsilon_0}\frac{1}{|\boldsymbol{r}_1 - \boldsymbol{R}_2|} \tag{3.50}$$

と，電子 1 の座標だけで書ける．

このハミルトニアンに対する近似解として，次の試行関数

$$\psi(\boldsymbol{r}_1) = C_1\phi_1(\boldsymbol{r}_1) + C_2\phi_2(\boldsymbol{r}_1) \tag{3.51}$$

を考えよう．ここで $\phi_i(\boldsymbol{r})$ は原子 i の 1s 軌道の波動関数，C_1 および C_2 は係数である．この式は，電子 1 は，原子 1 か原子 2 の 1s 軌道のどちらかに存在するということを示しており，近似解としてはもっともらしい．シュレディンガー方程式は

$$\hat{H}_2^{\text{eff}}\left(C_1\phi_1(\boldsymbol{r}_1) + C_2\phi_2(\boldsymbol{r}_1)\right) = E(C_1\phi_1(\boldsymbol{r}_1) + C_2\phi_2(\boldsymbol{r}_1)) \tag{3.52}$$

で与えられる．式 (3.52) の左から ϕ_1^* を掛け，座標で積分すると，

$$C_1E_{1\text{s}} + C_2t = C_1E \tag{3.53}$$

を得る．第 1 項の計算が $E_{1\text{s}}$ になるのは，電子 2 は水素原子 2 にいて原子 2 は電子 1 にとって中性に見えるからである．さらに，ϕ_1 と ϕ_2 は (ほぼ) 直交しているとして

$$\int d^3r_1\ \phi_1^*(\boldsymbol{r}_1)\phi_2(\boldsymbol{r}_1) = 0 \tag{3.54}$$

とし，

$$t = \int d^3r_1\ \phi_1^*(\boldsymbol{r}_1)\hat{H}_2^{\text{eff}}\phi_2(\boldsymbol{r}_1) \tag{3.55}$$

とおいた．この量は重なり積分と呼ばれる．同様に，式 (3.52) の左から ϕ_2^* を掛け，座標で積分すると，

$$C_1t + C_2E_{1\text{s}} = C_2E \tag{3.56}$$

を得る．式 (3.53)，(3.56) が $C_1 = C_2 = 0$ 以外の解を持つためには，

$$\det\begin{bmatrix} E_{1\text{s}} - E & t \\ t & E_{1\text{s}} - E \end{bmatrix} = 0 \tag{3.57}$$

が必要十分である．これを解いて，求める固有エネルギーは

$$E = E_{1\text{s}} \pm |t| \tag{3.58}$$

と書ける．1s 軌道同士の場合には，簡単な見積もりから t の符号はマイナスになることがわかる (理由を考えてみよ) ので，t を絶対値をつけて示す．

固有状態も求めよう．エネルギーの低い $E_1 = E_{1\text{s}} - |t|$ に対する固有状態は，規格化条件も考慮して

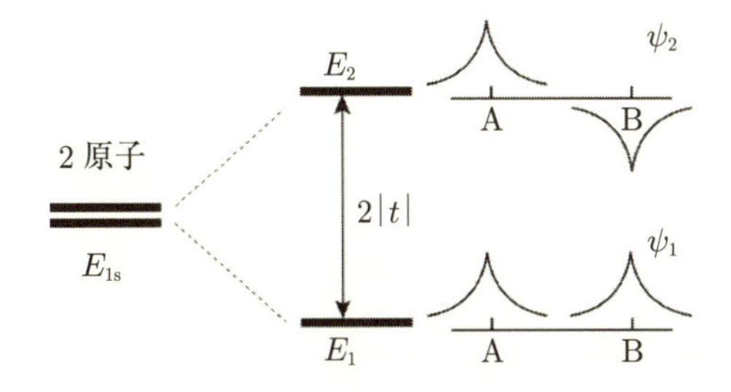

図 3.7　水素分子の電子状態とエネルギー準位.

$$\psi_1 = \frac{1}{\sqrt{2}}(\phi_1 + \phi_2) \tag{3.59}$$

と書ける．同様にエネルギーの高い $E_2 = E_{1s} + |t|$ に対する固有状態は

$$\psi_2 = \frac{1}{\sqrt{2}}(\phi_1 - \phi_2) \tag{3.60}$$

と書ける．この様子を**図 3.7** に示す．波動関数 ψ_1 は二つの原子の中点で有限の値を持つのに対し，波動関数 ψ_2 はゼロとなる．波動関数の絶対値の自乗は電子の存在確率を与えるから，ψ_1 は ψ_2 より原子と原子の間で電子が存在できる確率が大きいことを示す．ψ_1 を**結合** (bonding) **軌道**，ψ_2 を**反結合** (anti-bonding) **軌道**という．結合軌道がエネルギーが低くなっているのは，不確定性

$$\Delta x \Delta p \sim \hbar/2 \tag{3.61}$$

から理解できる．原子と原子の間に存在確率を持つ結合軌道のほうが，位置のゆらぎ Δx は大きく，そのため運動量のゆらぎ Δp は小さい．いま運動エネルギーは $(\Delta p)^2/2m$ で評価できるから，結合軌道の電子のほうが運動エネルギーが小さい．

次に水素原子が一直線に並んだ仮想的 3 量体を考えてみよう．ハミルトニアンは

$$\hat{H}_3^{\mathrm{eff}} = -\frac{\hbar^2}{2m}\nabla_1^2 - \frac{e^2}{4\pi\varepsilon_0}\sum_{j=1}^{3}\frac{1}{|\boldsymbol{r}_1 - \boldsymbol{R}_j|} \tag{3.62}$$

と書け，水素分子のときと同様に試行関数は

$$\psi(\boldsymbol{r}_1) = C_1\phi_1 + C_2\phi_2 + C_3\phi_3 \tag{3.63}$$

と書ける．左から ϕ_i^* を掛けて座標で積分すると，

$$C_1 E_{1s} + C_2 t = C_1 E \tag{3.64}$$

$$C_1 t + C_2 E_{1s} + C_3 t = C_2 E \tag{3.65}$$

$$C_2 t + C_3 E_{1s} = C_3 E \tag{3.66}$$

となる．ただし，1番と3番の電子の間の重なり積分は無視した．これが自明でない解を持つためには，

$$\det \begin{bmatrix} E_{1s} - E & t & 0 \\ t & E_{1s} - E & t \\ 0 & t & E_{1s} - E \end{bmatrix} = 0 \tag{3.67}$$

を解けばよい．三つのエネルギーは低い順に，$E_{1s} - \sqrt{2}|t|$，E_{1s}，$E_{1s} + \sqrt{2}|t|$ となり，対応する固有状態は

$$\psi_1 = \frac{1}{2}\left(\phi_1 + \sqrt{2}\phi_2 + \phi_3\right) \tag{3.68}$$

$$\psi_2 = \frac{1}{\sqrt{2}}\left(\phi_1 - \phi_3\right) \tag{3.69}$$

$$\psi_3 = \frac{1}{2}\left(\phi_1 - \sqrt{2}\phi_2 + \phi_3\right) \tag{3.70}$$

と書ける．**図3.8** に水素三量体の電子状態とエネルギー準位の模式図を示す．図3.7と比較すると，ψ_1 が結合軌道，ψ_3 が反結合軌道と呼べそうである．それに対して ψ_2

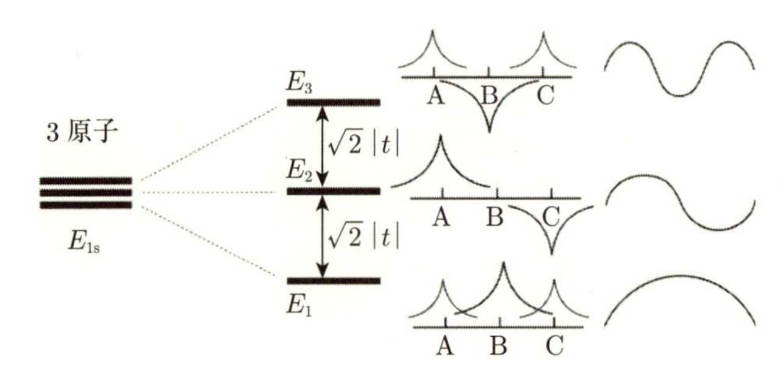

図3.8　水素三量体の電子状態とエネルギー準位．左側に対応する定在波のイメージを示す．

は，そのエネルギーはもとの孤立した水素原子の 1s 準位と等しく，混成の効果がないような軌道である．この軌道は**非結合** (non-bonding) **軌道**と呼ばれる．

3.2.3　分子から結晶へ

図 3.8 (右) に示すように，水素分子，水素三量体の波動関数の形を見ると，それぞれの原子の 1s 波動関数にかかる係数は両端を固定端とする定在波の振幅と比べることができる．この関係を式で表すと規格化因子を除いて，

$$\psi_j = \sum_{n=1}^{N} \phi_n \sin\left(\frac{\pi j n}{N+1}\right) \tag{3.71}$$

のように表せることがわかる．実際に $N = 2$，3 を代入して係数が式 (3.59)，(3.60) および式 (3.68)，(3.69)，(3.70) と対応していることを確かめよ．

定在波の形は，分子の場合は両端の原子の外側に波動関数がはみ出さないという境界条件があるからである．では周期的境界条件を満たす N 個の原子からなる水素結晶の電子状態はどのようになるであろうか．**図 3.9** のように格子定数 a で 1 次元に並ぶ水素結晶を考えよう．一つの電子が感じる有効ハミルトニアンは

$$\hat{H}_N^{\text{eff}} = -\frac{\hbar^2}{2m}\nabla^2 - \frac{e^2}{4\pi\varepsilon_0}\sum_{n=1}^{N}\frac{1}{|\boldsymbol{r} - n\boldsymbol{a}|} \tag{3.72}$$

と書ける．分子のときと同じように，各原子の 1s 軌道の線形結合で試行関数

$$\varphi(\boldsymbol{r}) = \sum_{n=1}^{N} C_n \phi_n(\boldsymbol{r} - n\boldsymbol{a}) \tag{3.73}$$

を用いよう．シュレディンガー方程式 $\hat{H}_N^{\text{eff}}\varphi = E\varphi$ の左側から ϕ_j^* を掛け，座標で積分すると

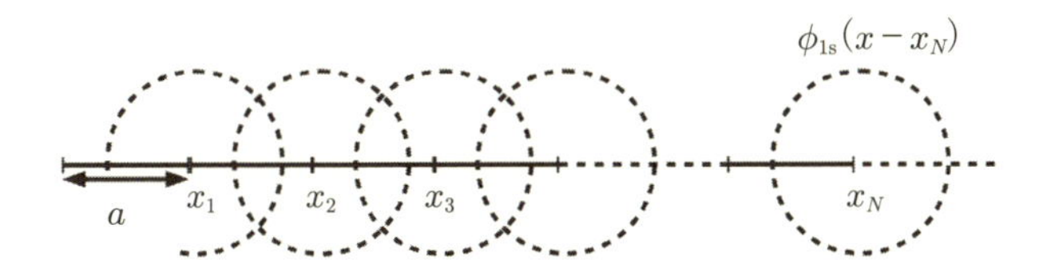

図 3.9　1 次元水素結晶のモデル．

$$C_{j-1}t + C_jE_{1s} + C_{j+1}t = EC_j \tag{3.74}$$

を得る．ただし重なり積分は最近接原子間だけ考慮した．

この式の構造は，ベクトル $\boldsymbol{C} = {}^t[C_1, C_2, \cdots]$ についての連立方程式が (端を除いて) 3 重対角行列で書けることを示している．よく知られているように，このタイプの方程式は波動の解を持つ．したがって，$C_j = e^{ikaj}$ を仮定して，解と固有値を調べよう．代入すると直ちに固有エネルギーは，

$$E = e^{-ka}t + E_{1s} + e^{ika}t = E_{1s} - 2|t|\cos ka \tag{3.75}$$

と求められる．解は，

$$\varphi_k(x) = C\sum_{n=1}^{N} e^{ikna}\phi_n(x - na) \tag{3.76}$$

$$= C\sum_{n=1}^{N} e^{ikR_n}\phi_n(x - R_n) \tag{3.77}$$

で与えられる．ここで 1s 軌道が持つ 3 次元的な広がりを無視し，原子が並んでいる方向を x 軸によって 1 次元的に示した．この試行関数は，後に示すブロッホ関数の一例であり，この方法は tight-binding 近似と呼ばれる．**図 3.10** にこの波動関数を模式的に示す．原子波動関数の大きさだけに注目すると，点線で示す平面波とよく似ていることがわかる．

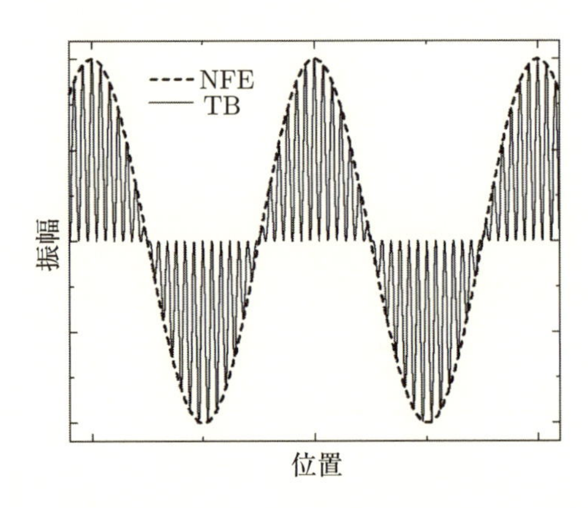

図 3.10　Tight-binding 近似 (TB) と自由電子近似 (NFE) の波動関数の模式図.

$N=2$ および 3 の場合の C_j と比較すると，ここで導入した k は異なる N 個の $\boldsymbol{C}$ を区別する量であり，とびとびの N 個の異なる値を取ることがわかるだろう．また図 3.8 を N 個の原子に拡張したものを想像すると，k は N 個の原子にわたって広がる波の波数に対応していることが予想できる．その意味では，ここで導入した k は自由電子近似で調べた第 1 ブリルアンゾーン内の波数と同じ意味を持ちそうである．

上記の論理を 3 次元に拡張するのは難しくない．各格子点 $\boldsymbol{R}_n$ ごとに原子の波動関数を配し，位相 $\exp(i\boldsymbol{k}\cdot\boldsymbol{R}_n)$ を加味して 1 次結合を取ればよい．すなわち，

$$\varphi_{\boldsymbol{k}}(\boldsymbol{r}) = C\sum_{n_x,n_y,n_z} e^{i\boldsymbol{k}\cdot\boldsymbol{R}_n}\phi(\boldsymbol{r}-\boldsymbol{R}_n) \tag{3.78}$$

が tight-binding 近似の波動関数であり，

$$\varepsilon(\boldsymbol{k}) = E_{1\mathrm{s}} - 2|t_x|\cos(k_x a) - 2|t_y|\cos(k_y b) - 2|t_z|\cos(k_z c) \tag{3.79}$$

がその固有エネルギーである．

3.2.4 エネルギーバンド

これまでは，仮想の水素 1 次元結晶を考えてきた．水素原子の軌道としては 1s 軌道のみを考えてきたが，当然それ以外の軌道も互いに混成して tight-binding 近似の電子状態を構成する．その様子を模式的に**図 3.11** に示す．図 (下) は，これまで議論してきた 1s 軌道による電子状態の模式図である．電子の取り得る準位は関数 $\cos(ka)$ として，波数 k に対してほぼ連続と見なしてよいような稠密な分布を示す．その最

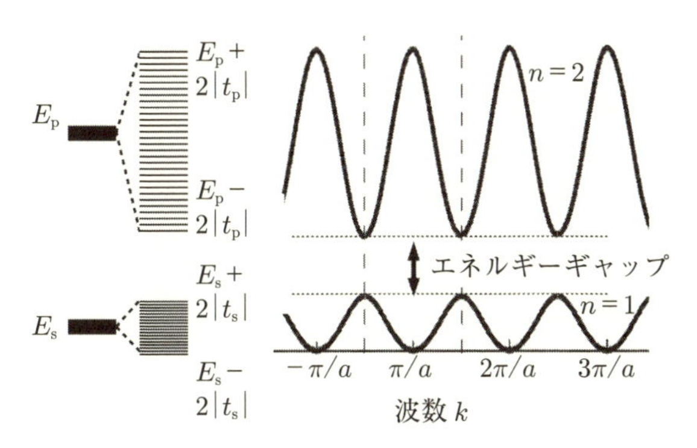

図 3.11 Tight-binding 近似による電子のエネルギーバンドの模式図.

大値と最小値は，もともとの 1s 軌道のエネルギー準位の周りに重なり積分 $\pm|2t_{\mathrm{s}}|$ だけ広がっている．

孤立した水素原子で考えると，1s エネルギー準位の上には 2s，2p，3s，3p，3d と順に高いエネルギー準位が続く．その一つの準位を象徴的に E_{p} と書こう．本来は縮退している 2s 準位があり，さらに 2p 準位は 3 重に縮退しているが，ここではあくまで概念図として眺めてほしい．軌道の混成効果のために，孤立原子のときにはただ一つの固有エネルギーであった E_{p} の周りに重なり積分 $\pm|2t_{\mathrm{p}}|$ だけ広がった，ほぼ連続的な電子状態が生じる．

もしも $E_{\mathrm{p}} - |2t_{\mathrm{p}}| > E_{\mathrm{s}} + 2|t_{\mathrm{s}}|$ であれば，$E_{\mathrm{s}} + 2|t_{\mathrm{s}}|$ より大きく，$E_{\mathrm{p}} - 2|t_{\mathrm{p}}|$ よりも小さいエネルギーを持つ固有状態は存在しない．すなわち，エネルギー軸に沿って電子の固有状態を眺めると，連続的に固有状態が存在するエネルギー領域と，固有状態が許されないエネルギー領域が交互に現れることが想像できる．これらのエネルギー領域をバンド (帯) と呼び，特に固有状態が許されないバンドを禁制バンドと呼ぶ．また電子状態が存在する領域を許容バンドということがある．

バンドというエネルギー状態が，孤立原子と真空中の自由電子の中間的な性格を持っていることに注意しよう．とびとびに現れる禁制バンドは，もともとの孤立原子の持っていた，とびとびの固有エネルギーの名残であり，許容バンドの中で，電子がほぼ連続的な固有状態を持っていることは真空中の自由電子の特徴に通じる．

このバンド構造を反映して，電子状態 (3.78) の $\varphi_{\boldsymbol{k}}(\boldsymbol{r})$ の固有状態のラベルは，波数 $\boldsymbol{k}$ だけでなくバンドを識別する適当な番号 n の二つに拡張でき，$\varphi_{n\boldsymbol{k}}(\boldsymbol{r})$ と書かれる．単純な物質ならば，バンドはもとの原子の軌道をラベルにできるが，実際の物質では多くの原子軌道が混成してバンドを形成するので，適当な番号 n で指定するのが便利である．図は $n=1$ と $n=2$ のバンドを示している．

これまで考察してきた水素固体では，1s 軌道からできたバンドがちょうど半分まで埋まった状態が実現する．電子はフェルミ粒子でありパウリ原理が働く．波数 k とスピンの向きで指定される量子状態を，最大でもただ一つの電子しか占有できない．したがって，電子は波数ゼロの最低エネルギーの状態から低い順番に占有しバンドの半分までを埋める．励起状態は稠密に分布したエネルギー状態のどれかであり，励起エネルギーはほぼゼロエネルギーと見なせる．

それに対してヘリウム固体では，もともと 1s 軌道に電子が 2 個いたので，1s バンドは完全に埋め尽くされる．すなわち，電子の最大エネルギーは，1s バンドの最大値 $E_{\mathrm{s}} + 2|t_{\mathrm{s}}|$ に等しい．第 1 励起状態は，一つ上のバンドの最小値 $E_{\mathrm{p}} - 2|t_{\mathrm{p}}|$ となる

ので，励起には有限のエネルギーが生じている．これをエネルギーギャップという．

水素固体もヘリウム固体も同じ関数 (3.78) で記述される状態であるが，バンドのどこまでを電子が占有するかによって，系の励起状態は大きく異なる．固体物理学では，前者を金属，後者を半導体または絶縁体と呼ぶ．半導体や絶縁体では，あるバンドが絶対零度で完全に占有され，そのすぐ上のバンドは完全に空となる．前者を価電子バンド，後者を伝導バンドと呼ぶ．半導体や絶縁体では，伝導バンドに励起された電子は温度の低下とともに指数関数的に減少し，電気伝導率は指数関数的に小さくなる．金属も半導体・絶縁体もともに周期性を持った結晶であるが，電気伝導率は 10^{30} 倍も違い得る．

3.2.5 周期ポテンシャル中の電子

再び，ただ一つのバンドだけを考えよう．これまで，二つの極端な近似を調べてきた．一つは自由電子近似，もう一つは tight-binding 近似である．前者はドルーデ理論を量子力学に自然に拡張し，波数空間を強調した記述である．一方，後者は実空間の原子波動関数を足し合わせて波動関数を構築した．各原子の波動関数の特徴を引き継いでいる点で実空間を強調した記述である．図 3.10 に見られるように，この二つの関数はよく似ている．その特徴を一般的に論じよう．

まずは 1 次元の電子系を考えよう．格子定数 a の結晶では，そのポテンシャル $V(x)$ は a だけの並行移動に対し不変であり，

$$V(x+a) = V(x) \tag{3.80}$$

を満たす．このポテンシャルの中の 1 電子問題を考えると，ハミルトニアンも

$$\hat{H}(x+a) = \hat{H}(x) \tag{3.81}$$

という並進対称性を持つ．いま，a だけの平行移動演算子 $\hat{T}$ を

$$\hat{T}\varphi(x) = \varphi(x+a) \tag{3.82}$$

で定義する．明らかに，

$$[\hat{T}, \hat{H}] = 0 \tag{3.83}$$

でハミルトニアンと $\hat{T}$ は可換である．したがって共通の固有状態を持つ．$\hat{T}$ をあらわに書き下そう．テーラー展開を利用すると，

$$\varphi(x+a) = \sum_{n=0}^{\infty} \frac{1}{n!} \frac{d^n \varphi}{dx^n} a^n \tag{3.84}$$

$$= \sum_{n=0}^{\infty} \frac{a^n}{n!} \frac{d^n}{dx^n} \varphi(x) \tag{3.85}$$

$$= \sum_{n=0}^{\infty} \frac{a^n}{n!} \left(\frac{i}{\hbar} \hat{p}_x \right)^n \varphi(x) \tag{3.86}$$

$$= \exp\left(\frac{ia\hat{p}_x}{\hbar} \right) \varphi(x) \tag{3.87}$$

を得る．上の変形で，式 (3.28) を用いた．

式 (3.87) から明らかに e^{ika} は $\hat{T}$ の固有値である．ところが任意の逆格子ベクトル $K_n = 2\pi n/a$ に対して $k + K_n$ は同じ固有値 e^{ika} を与える．$k + K_n$ に対する波動関数はすべて縮退しており，適当な係数 C_n を用いて，一般解は，

$$\varphi_k(x) = C_0 e^{ikx} + C_1 e^{i(k+K_1)x} + \cdots + C_n e^{i(k+K_n)x} + \cdots \tag{3.88}$$

$$= e^{ikx} \sum_{n=-\infty}^{\infty} C_n e^{iK_n x} \tag{3.89}$$

$$= e^{ikx} u_k(x) \tag{3.90}$$

と書ける．ここで $u_k(x)$ は

$$u_k(x) = \sum_{n=-\infty}^{\infty} C_n e^{iK_n x} \tag{3.91}$$

で表される．波数 k に対して定義した関数なので $u_k(x)$ と書いたが，$u_k(x)$ は k に依存しない．$u_k(x)$ は a だけの平行移動に対して不変である．実際，

$$u_k(x+a) = \sum_{n=-\infty}^{\infty} C_n e^{iK_n(x+a)} \tag{3.92}$$

$$= \sum_{n=-\infty}^{\infty} C_n e^{iK_n a} e^{iK_n x} \tag{3.93}$$

$$= \sum_{n=-\infty}^{\infty} C_n e^{iK_n x} = u_k(x) \tag{3.94}$$

である．式 (3.90) はブロッホ関数と呼ばれ，周期ポテンシャル中の 1 電子状態の厳密

解を与える (ブロッホの定理). 量子数 $k+K_m$ に対するブロッホ関数 $\varphi_{k+K_m}(x)$ は,

$$\varphi_{k+K_m}(x) = e^{i(k+K_m)x}u_{k+K_m}(x) \tag{3.95}$$

$$= e^{ikx}\sum_{n=-\infty}^{\infty} C_n e^{i(K_n+K_m)x} \tag{3.96}$$

$$= e^{ikx}u_k(x) \tag{3.97}$$

となって, 量子数 k のブロッホ関数と一致する. 細かいことを言えば, 式 (3.97) の u_k と式 (3.91) の u_k とは個々の係数 C_n は異なっているかもしれないが, 任意の C_n の組み合わせに対して同じブロッホ関数 $\varphi_k(x)$ が定義されているわけだからこれらは同一視できる. ブロッホ関数はハミルトニアンの固有関数でもあるので, 式 (3.35)

$$\varepsilon(k+K_m) = \varepsilon(k)$$

が成り立つ. 自由電子近似での波数 $k+K_m$ に対する解は

$$e^{i(k+K_m)x} = e^{ikx}e^{iK_m x} = e^{ikx}u_k(x) \tag{3.98}$$

と書き直せて, e^{ikx} と $e^{i(k+K_m)x}$ は同じ波数 k に対するブロッホ関数に属する.

以上の議論を 3 次元に拡張するのは難しくない. ブロッホ関数は量子数 $\boldsymbol{k}$ で指定され, 基本並進操作に対して不変な関数 $u(\boldsymbol{r}+\boldsymbol{R}_i) = u(\boldsymbol{r})$ を用いて,

$$\varphi_{\boldsymbol{k}}(\boldsymbol{r}) = e^{i\boldsymbol{k}\cdot\boldsymbol{r}}u(\boldsymbol{r}) \tag{3.99}$$

となる.

再び 1 次元で考えると, ブロッホ関数の量子数 k が自由電子近似では波数に対応したことはすでに見た. ただし, k は第 1 ブリルアンゾーンの中で定義された量であり, 逆格子ベクトル K_n に対して k と $k+K_n$ とは区別できない. k の範囲が同一のブリルアンゾーンに限定される限り, ブロッホ関数の $\hbar k$ もまた運動量を与えることを後の式 (3.116) で示す. エネルギーは下記のように求められ,

$$\varepsilon = \varepsilon(k) = \langle\varphi_k|\hat{H}|\varphi_k\rangle \tag{3.100}$$

量子数 k の関数として与えられる. エネルギーと運動量の関係を波動の角周波数と波数の関係に見立て, $\varepsilon(k)$ のことを分散関係という. 分散関係は解析的に求められることは稀である. すでに調べた二つの例

$$\varepsilon(k) = \begin{cases} \hbar^2k^2/2m & \text{(自由粒子)} \\ 2t\cos(ka) & \text{(tight-binding)} \end{cases} \tag{3.101}$$

をまとめておく．1s 軌道では $t<0$ であったが，t の符号は原子軌道で異なるので，以後は $|t|$ の表記をやめる．

3.2.6　固体中の電子の運動方程式

ブロッホ関数で記述される電子 (ブロッホ電子) は，真空中の電子とは全く異なる速度や質量を持つ．まずは速度をハイゼンベルグの運動方程式を用いて計算してみよう．すなわち，位置 x の時間変化をハミルトニアンと x との交換関係を用いて，

$$v = \langle \frac{dx}{dt} \rangle = \langle \frac{i}{\hbar}[\hat{H}, x] \rangle \tag{3.102}$$

$$= \frac{i}{\hbar}\int dx\ u^*(x)e^{-ikx}[\hat{H}, x]u(x)e^{ikx} \tag{3.103}$$

と書き下す．ハミルトニアンに特別な制限を設けずに一般論として解こう．数学的な便法として，以下の恒等式

$$\frac{d}{dk}\left(e^{-ikx}\hat{H}e^{ikx}\right) = -ixe^{-ikx}\hat{H}e^{ikx} + e^{-ikx}\hat{H}ixe^{ikx} \tag{3.104}$$

$$= e^{-ikx}i[\hat{H}, x]e^{ikx} \tag{3.105}$$

を用いよう．これを式 (3.103) に入れて,「部分積分」を行うと,

$$v = \frac{1}{\hbar}\int dx\ u^*(x)\frac{d}{dk}\left(e^{-ikx}\hat{H}e^{ikx}\right)u(x) \tag{3.106}$$

$$\begin{aligned} &= \frac{1}{\hbar}\frac{d}{dk}\int dx\ u^*(x)e^{-ikx}\hat{H}u(x)e^{ikx} \\ &\quad - \frac{1}{\hbar}\int dx\frac{du^*}{dk}e^{-ikx}\hat{H}e^{ikx}u(x) \\ &\quad - \frac{1}{\hbar}\int dx\ u^*(x)e^{-ikx}\hat{H}e^{ikx}\frac{du}{dk} \end{aligned} \tag{3.107}$$

$$= \frac{1}{\hbar}\frac{d}{dk}\varepsilon(k) \tag{3.108}$$

を得る．最後の変形では $du/dk = 0$ を使った．式 (3.108) は，ブロッホ電子の速度が分散関係から導かれることを意味しており，重要な表式である．3 次元に拡張することも容易で,

$$\boldsymbol{v} = \frac{1}{\hbar}\boldsymbol{\nabla}_k\ \varepsilon(\boldsymbol{k}) \tag{3.109}$$

がその表式である．記号 $\boldsymbol{\nabla}_k$ は,

$$\boldsymbol{\nabla}_k = \left(\frac{\partial}{\partial k_x}, \frac{\partial}{\partial k_y}, \frac{\partial}{\partial k_z}\right) \tag{3.110}$$

で与えられる微分演算子である．二つの近似で得られた分散関係から計算された速度は，それぞれ

$$v(k) = \begin{cases} \hbar k/m & (\text{自由粒子}) \\ -2ta\sin(ka)/\hbar & (\text{tight-binding}) \end{cases} \tag{3.111}$$

となる．

ブロッホ電子の速度がわかったので，次は運動方程式を求めよう．ここではやや不正確ながら直観的な方法で求めよう．時間 Δt の間に力 F を受けて運動した電子の得たエネルギーの増分 $\Delta\varepsilon$ は

$$\Delta\varepsilon = \frac{d\varepsilon}{dk}\Delta k = \hbar v \Delta k \tag{3.112}$$

と書ける．最後の変形には，速度の式 (3.108) を用いた．エネルギーの増分は系に加えられた仕事

$$F\Delta x = Fv\Delta t \tag{3.113}$$

と等しい．したがって，両者を等置すると，

$$Fv\Delta t = \hbar v \Delta k \tag{3.114}$$

を得る．$\Delta t \to 0$ の極限で

$$F = \hbar\frac{dk}{dt} \tag{3.115}$$

を得る．この式を 3 次元に拡張すると，

$$\boldsymbol{F} = \hbar\frac{d\boldsymbol{k}}{dt} \tag{3.116}$$

となる．式 (3.116) がブロッホ電子が従う運動方程式である．外力としては，ほとんどの場合ローレンツ力なので運動方程式は，

$$\hbar\frac{d\boldsymbol{k}}{dt} = q\boldsymbol{E} + q\boldsymbol{v}\times\boldsymbol{B} \tag{3.117}$$

と表せる．ここで $\boldsymbol{B}$ は磁束密度である．磁束密度は電子にサイクロトロン運動を引き起こすが，本書では詳しく述べない．

式 (3.116) は，量子数 $\hbar\boldsymbol{k}$ が一つのブリルアンゾーンの中に収まっている限りは運

動量と同じように振る舞うことを意味している．その意味で量子数 $\hbar\boldsymbol{k}$ は結晶運動量と呼ばれる．結晶運動量と運動量の最大の違いは，任意の逆格子ベクトル $\boldsymbol{K}$ に対して，$\hbar(\boldsymbol{k}+\boldsymbol{K})$ は同じ固有値を与える量子数である点にある．これは一つのブリルアンゾーンから，別のブリルアンゾーンに散乱が生じるときに深刻であり，そのような過程はウムクラップ過程と呼ばれる (5.1.5 参照).

最後に質量の表式を調べよう．式 (3.108) の時間微分を行うことにより，加速度 dv/dt は，

$$\frac{dv}{dt} = \frac{1}{\hbar}\frac{d^2\varepsilon}{dk^2}\frac{dk}{dt} \tag{3.118}$$

$$= \frac{1}{\hbar^2}\frac{d^2\varepsilon}{dk^2}F \tag{3.119}$$

と書ける．これをニュートンの運動方程式 $F = mdv/dt$ と比較すると，有効質量 m^* の逆数を

$$\frac{1}{m^*} \equiv \frac{1}{\hbar^2}\frac{d^2\varepsilon}{dk^2} \tag{3.120}$$

と定義できる．二つの近似の場合に適用すると

$$1/m^* = \begin{cases} 1/m & (\text{自由粒子}) \\ -2ta^2\cos(ka)/\hbar^2 & (\text{tight-binding}) \end{cases} \tag{3.121}$$

と書ける．特に tight-binding 近似の場合，有効質量は重なり積分の逆数で書ける．すなわち $k \sim 0$ で次式,

$$m^* = -\frac{\hbar^2}{2a^2}\frac{1}{t} \tag{3.122}$$

で与えられ，バンド幅 $4|t|$ が広いほど質量が軽いことを示している．3 次元に拡張すると，質量の逆数は 2 階のテンソル

$$\left(\frac{1}{m^*}\right)_{ij} \equiv \frac{1}{\hbar^2}\frac{\partial^2\varepsilon(\boldsymbol{k})}{\partial k_i \partial k_j} \tag{3.123}$$

で与えられる．質量がテンソルになるのはやや奇妙に思えるが，剛体の慣性モーメントがテンソルであることを思い出すと納得できるであろう．物質が擬 1 次元的，擬 2 次元的な場合，質量テンソルがその異方性を担う．たとえば式 (3.79) で，x，y，z 方

向の重なり積分が大きく異なるとき，重なり積分は tight-binding 近似では質量の逆数に比例し，運動方向によって異なる質量を与える．

3.3　ボルツマン方程式

ボルツマン方程式は，非平衡分布関数を決定する古典的方程式である．マクロな流体を扱うのに強力なこの理論形式は，いくつかの量子力学的補正を加えることによって，電子の伝導現象においても有効に機能する．ボルツマン方程式は，非平衡熱力学の枠組と基本的に同じ関係式を与え，系のミクロな情報と量子統計だけを用いて輸送係数を計算することができる．

3.3.1　導出

いま，ある古典粒子の存在確率を f としよう．明らかに f は時刻 t，速度 $\boldsymbol{v}$，位置 $\boldsymbol{r}$ の関数であり，運動方程式を通じて速度 $\boldsymbol{v}$，位置 $\boldsymbol{r}$ が時間発展する．電子の問題にしやすいように速度の代わりに，運動量 $\hbar\boldsymbol{k}$ を引数に選んでおく．粒子がただ一つの場合，$f = f(t, \boldsymbol{k}, \boldsymbol{r})$ は粒子が存在する場所と速度で 1, それ以外ではゼロである．時間発展しても，粒子のいるところで 1，それ以外でゼロだから，時刻 Δt だけ経ったときの f は，

$$f\left(\boldsymbol{k} + \frac{d\boldsymbol{k}}{dt}\Delta t, \boldsymbol{r} + \boldsymbol{v}\Delta t, t + \Delta t\right) = f(\boldsymbol{k}, \boldsymbol{r}, t) \tag{3.124}$$

となるべきである (このイメージを模式的に**図 3.12** に示す)．以上の議論は，N 個の

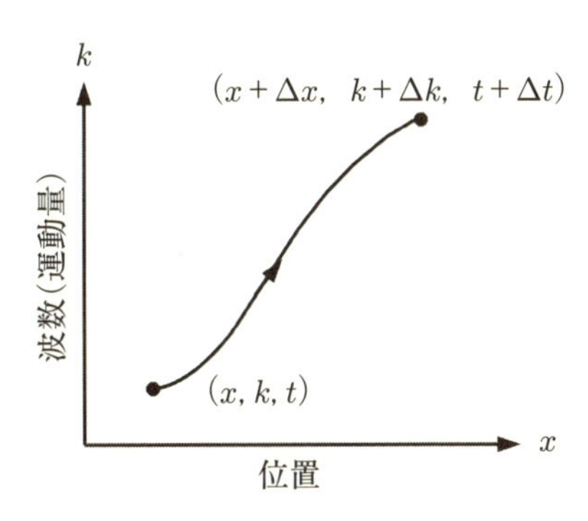

図 3.12　分布関数 f の時間変化．

粒子を含む系にも容易に拡張できることがわかるだろう．ある時刻でのすべての粒子の位置と速度に対する値で f は 1，それ以外でゼロであり，時間発展した後の速度と位置で同じ値を返すはずだから式 (3.124) が成り立つ．

簡単のため 1 次元で考えよう．Δt の 1 次で式 (3.124) を展開すると，

$$\left\{\frac{\partial f}{\partial t}+\frac{\partial f}{\partial k}\frac{dk}{dt}+\frac{\partial f}{\partial x}\frac{dx}{dt}\right\}\Delta t=0 \tag{3.125}$$

を得る．いま粒子は散乱を通して力学的な可逆な運動を失う．その結果，右辺はゼロでない何かになるはずで，それを次式

$$\left\{\frac{\partial f}{\partial t}+\frac{qE}{\hbar}\frac{\partial f}{\partial k}+v\frac{\partial f}{\partial x}\right\}\Delta t=\left(\frac{\partial f}{\partial t}\right)_{\text{scatt}}\Delta t \tag{3.126}$$

のように書こう．ただし外力として電場 $F=qE$ のみを考え，式 (3.116) を使った．$\Delta t\to 0$ の極限で，

$$\frac{\partial f}{\partial t}+\frac{qE}{\hbar}\frac{\partial f}{\partial k}+v\frac{\partial f}{\partial x}=\left(\frac{\partial f}{\partial t}\right)_{\text{scatt}} \tag{3.127}$$

を得る．式 (3.127) をボルツマン方程式と呼び，この方程式の解 f は非平衡状態の粒子の分布関数を与える．

いうまでもなく，式 (3.127) を解析的に解くことはできない．そこで平衡状態からのズレが小さいと思って，式 (3.127) を線形化することを試みる．平衡状態の分布関数としては，フェルミ–ディラック分布関数

$$f^0(\boldsymbol{k})=\left[\exp\left(\frac{\varepsilon(\boldsymbol{k})-\mu}{k_{\text{B}}T}\right)+1\right]^{-1} \tag{3.128}$$

を採用しよう．$\varepsilon(\boldsymbol{k})$ は式 (3.100) で与えられる電子のエネルギー，μ は化学ポテンシャルである．この関数の取り扱いに不慣れな読者は，初等的な統計力学の教科書[11, 16]を適宜参照してほしい．平衡からのズレを関数 g

$$g(t,\boldsymbol{k})=f-f_0 \tag{3.129}$$

で定義する．式 (3.127) では f は位置の関数であるが，もとの f^0 は位置の関数ではない．そのため g においても位置の依存性を落とした．以下では，位置の情報は，温度 T と化学ポテンシャル μ の場所依存性を通じてのみ生じると考える．すなわち

$$f^0(\boldsymbol{k},\boldsymbol{r}) = \left[\exp\left(\frac{\varepsilon(\boldsymbol{k}) - \mu(\boldsymbol{r})}{k_{\mathrm{B}}T(\boldsymbol{r})}\right) + 1\right]^{-1} \tag{3.130}$$

と考えることにする．

温度が場所に依存するのは，熱力学の第 0 法則に反するように思えるが，温度勾配が十分小さい場合には第 2 章の図 2.9 で考察したように，マクロな試料を十分小さな領域に分割する．それらの小区画は十分に巨視的な数の電子を含んでおり，温度は均一で熱平衡状態にあると考える．そしてそれらの小区画同士はわずかに異なる温度で連結されて試料全体を構成している，と考えるのである．実験的に実現する温度勾配は，最大でも 100 K/cm 程度であり，試料の小区画を $1\ \mu\mathrm{m} = 10^{-4}$ cm とすれば，隣り合う小区画の温度差は 0.01 K 程度となって，室温付近での実験では問題にならない．

式 (3.129) を式 (3.127) に代入すると，

$$\frac{\partial}{\partial t}(g + f^0) + \frac{qE}{\hbar}\frac{\partial}{\partial k}(g + f^0) + v\frac{\partial}{\partial x}(g + f^0) = \left(\frac{\partial f}{\partial t}\right)_{\mathrm{scatt}} \tag{3.131}$$

となる．右辺の散乱の寄与はどうなるかわからないのでまずは触らないことにする．左辺第 2 項だけを取り出して変形してみよう．

$$\text{第 2 項} = \frac{qE}{\hbar}\frac{\partial f^0}{\partial \varepsilon}\frac{\partial \varepsilon}{\partial k} = \frac{qE}{\hbar}\hbar v\frac{\partial f^0}{\partial \varepsilon} = \left(-\frac{\partial f^0}{\partial \varepsilon}\right)v(-qE) \tag{3.132}$$

となる．ここで速度の式 (3.109) を用い，$\partial g/\partial k$ の項は E との積が 2 次のオーダーで小さいので無視した．

同様に，第 3 項の計算も進めよう．式 (3.129) が空間の関数でないので，f^0 についての勾配を取ればよい．すなわち，

$$\text{第 3 項} = v\frac{\partial f^0}{\partial x} \tag{3.133}$$

$$= v\left(\frac{\partial f^0}{\partial \mu}\frac{\partial \mu}{\partial x} + \frac{\partial f^0}{\partial T}\frac{\partial T}{\partial x}\right) \tag{3.134}$$

$$= \frac{\partial f^0}{\partial \varepsilon}v\left(-\frac{\partial \mu}{\partial x} - \frac{\varepsilon - \mu}{T}\ \frac{\partial T}{\partial x}\right) \tag{3.135}$$

のように変形できる．最終的に，線形化されたボルツマン方程式は，

$$\frac{\partial g}{\partial t}+\left(-\frac{\partial f^0}{\partial \varepsilon}\right)v\left(\frac{\varepsilon-\mu}{T}\ \frac{\partial T}{\partial x}+\frac{\partial \mu}{\partial x}-qE\right)=\left(\frac{\partial f}{\partial t}\right)_{\mathrm{scatt}} \tag{3.136}$$

のようにまとめられる．

3.3.2　緩和時間近似

さて，ボルツマン方程式の線形化は，右辺の散乱項のためにまだ完成していない．実際，散乱の効果を第一原理的に取り込むことは容易でないので，ドルーデ理論のときと同じく緩和時間近似を採用する．すなわち，散乱による時間変化を散乱時間（緩和時間）$\tau(\boldsymbol{k})$ で置き換え，

$$\left(\frac{\partial f}{\partial t}\right)_{\mathrm{scatt}}=-\frac{g(\boldsymbol{k})}{\tau(\boldsymbol{k})} \tag{3.137}$$

と書き換える．

ある時刻で突然，電場 $\boldsymbol{E}$ や温度勾配 $-\boldsymbol{\nabla}T$ をゼロにしたとしよう．十分長い時間が経てば，系は平衡状態に戻ってゆくはずである．線形化されたボルツマン方程式では g がゼロになればいいはずで，実際，式 (3.136) は

$$\frac{\partial g}{\partial t}=-\frac{1}{\tau}g \tag{3.138}$$

となって，時定数 τ でゼロに漸近する．その意味では緩和時間の導入は系の非平衡状態から平衡状態への回復をうまく記述できそうである．

定常状態 $\partial g/\partial t=0$ を調べよう．そうすると直ちに g が求められ，

$$g=\left(-\frac{\partial f^0}{\partial \varepsilon}\right)\tau v\left\{\left(qE-\frac{\partial \mu}{\partial x}\right)+\frac{\varepsilon-\mu}{T}\left(-\frac{\partial T}{\partial x}\right)\right\} \tag{3.139}$$

を得る．化学ポテンシャルの勾配 $\partial\mu/\partial x$ と電場 E は実験上は電気化学ポテンシャルの勾配として観測される．それゆえ，以後は $\partial\mu/\partial x$ を E に含めて，

$$g=\left(-\frac{\partial f^0}{\partial \varepsilon}\right)\tau v\left\{qE+\frac{\varepsilon-\mu}{T}\left(-\frac{\partial T}{\partial x}\right)\right\} \tag{3.140}$$

と書くことにしよう[17]．式 (3.140) は，平衡状態からの分布関数のズレが平衡状態の物理量で書けることを示す．3 次元に拡張するのは難しくない．ベクトルになる量に気をつけて，

$$g = \left(-\frac{\partial f^0}{\partial \varepsilon}\right)\tau \boldsymbol{v}\cdot\left\{q\boldsymbol{E}+\frac{\varepsilon-\mu}{T}(-\boldsymbol{\nabla}T)\right\} \tag{3.141}$$

となる.

3.3.3 輸送係数の計算

上で得られた非平衡分布 g を用いて，輸送係数を系の微視的物理量を用いて計算しよう[18]．まず，温度勾配がなく，直流電場が印加されたときの電流密度 $\boldsymbol{j}$ を計算しよう．ドルーデ理論のときの表式を自然に拡張して，

$$\boldsymbol{j} = nq\boldsymbol{v} = \sum_{\boldsymbol{k}} n(\boldsymbol{k})q\boldsymbol{v}(\boldsymbol{k}) \tag{3.142}$$

を得る．量子数 $\boldsymbol{k}$ の和は第 1 ブリルアンゾーンで取るが，$\boldsymbol{k}$ は波数空間内で十分稠密に分布していると考え，次のように

$$\sum_{k_x,k_y,k_z} \to \frac{2}{(2\pi)^3}\int d^3k \tag{3.143}$$

和を積分に置き換える．ただし計算される量はすべて単位体積あたりの物理量である．ここで積分の前の分子の 2 はスピンの自由度であり，分母の $(2\pi)^3$ は，k が式 (3.31) で与えられるように $2\pi/Na$ ごとに分布していることを表す．

結局，電流密度 $\boldsymbol{j}$ は，

$$\begin{aligned}\boldsymbol{j} &= \frac{2q}{(2\pi)^3}\int d^3k\ f\boldsymbol{v}(\boldsymbol{k}) && (3.144)\\ &= \frac{2q}{(2\pi)^3}\int d^3k\ g(\boldsymbol{k})\boldsymbol{v}(\boldsymbol{k}) && (3.145)\\ &= \frac{2q^2}{(2\pi)^3}\int d^3k\ \left(-\frac{\partial f^0}{\partial \varepsilon}\right)\tau(\boldsymbol{k})(\boldsymbol{vv})\boldsymbol{E} && (3.146)\end{aligned}$$

ここで，記号 $(\boldsymbol{vv})$ は，以下で定義される行列 (2 階のテンソル)

$$(\boldsymbol{vv}) = \begin{bmatrix} v_x^2 & v_xv_y & v_xv_z \\ v_yv_x & v_y^2 & v_yv_z \\ v_zv_x & v_zv_y & v_z^2 \end{bmatrix} \tag{3.147}$$

である．蛇足ながら

$$\frac{2q}{(2\pi)^3}\int d^3k\ f^0(\boldsymbol{k})\boldsymbol{v}(\boldsymbol{k}) = 0 \tag{3.148}$$

であることに注意しよう．平衡状態では電場に平行な向きに進む電子と反対向きに進む電子は同数である．

式 (3.146) とオームの法則 $\boldsymbol{j} = \sigma\boldsymbol{E}$ を見比べて，電気伝導率テンソル $\hat{\sigma}$ は，

$$\hat{\sigma} = \frac{2q^2}{(2\pi)^3}\int d^3k\ \left(-\frac{\partial f^0}{\partial\varepsilon}\right)\tau(\boldsymbol{vv}) \tag{3.149}$$

と書ける．いま磁束密度 $\boldsymbol{B} = 0$ なので電気伝導率テンソルは対角成分しか値を持っていない．成分であらわに書くと，電場を x 方向にかけ x 方向に電流密度が生じるとき，電気伝導率 σ_{xx} は

$$\sigma_{xx} = \frac{2q^2}{(2\pi)^3}\int d^3k\ \left(-\frac{\partial f^0}{\partial\varepsilon}\right)\tau v_x^2 \tag{3.150}$$

と書ける．

全く同様に，電流密度 $\boldsymbol{j}$ が温度勾配 $-\boldsymbol{\nabla}T$ によって生じたとして，

$$\boldsymbol{j} = \frac{2q}{(2\pi)^3}\int d^3k\ \left(-\frac{\partial f^0}{\partial\varepsilon}\right)\tau(\boldsymbol{vv})\frac{\varepsilon-\mu}{T}(-\boldsymbol{\nabla}T) \tag{3.151}$$

を得る．ここで $\boldsymbol{j} = \sigma_{\mathrm{P}}(-\boldsymbol{\nabla}T)$ で定義されるペルチェ伝導率 σ_{P} は[19]，やはり 2 階のテンソルとして，

$$\hat{\sigma}_{\mathrm{P}} = \frac{2q}{(2\pi)^3}\int d^3k\ \left(-\frac{\partial f^0}{\partial\varepsilon}\right)\tau(\boldsymbol{vv})\frac{\varepsilon-\mu}{T} \tag{3.152}$$

で与えられる．

ペルチェ伝導率は，ゼーベック係数を用いて書き換えられる．いま試料に電流が流れない条件 (開放端条件) で温度勾配を与えると，電流密度は

$$\boldsymbol{j} = \hat{\sigma}\boldsymbol{E} + \sigma_{\mathrm{P}}(-\boldsymbol{\nabla}T) = 0 \tag{3.153}$$

と書けて，温度勾配と電場の比例関係

$$\hat{\sigma}\boldsymbol{E} = \hat{\sigma}_{\mathrm{P}}\boldsymbol{\nabla}T \tag{3.154}$$

が導かれる．ゼーベック係数の定義から，ゼーベック係数テンソル $\hat{\alpha}$ は

$$\hat{\alpha} = \hat{\sigma}_{\mathrm{P}}(\hat{\sigma})^{-1} \tag{3.155}$$

と表せる．簡単のため xx 成分だけあらわに書くと，

$$\alpha_{xx} = \frac{1}{qT} \frac{\int d^3k \ \left(-\frac{\partial f^0}{\partial \varepsilon}\right) \tau v_x^2 (\varepsilon - \mu)}{\int d^3k \ \left(-\frac{\partial f^0}{\partial \varepsilon}\right) \tau v_x^2} \tag{3.156}$$

となる．

最後に熱伝導率についても求めよう．まず，熱流密度が

$$\boldsymbol{j}_{\mathrm{T}} = \sum_{\boldsymbol{k}} (\varepsilon - \mu) n(\boldsymbol{k}) \boldsymbol{v}(\boldsymbol{k}) \tag{3.157}$$

と書けることに注意しよう．エネルギー ε は，電子 1 個あたりの内部エネルギー，化学ポテンシャルは電子 1 個あたりのヘルムホルツの自由エネルギーなので，

$$\varepsilon - \mu \sim (U - F)/n = TS/n \tag{3.158}$$

となって，たしかに電子 1 個の運ぶ熱に対応している．電流密度の計算と同じく，和を積分に置き換えて，

$$\boldsymbol{j}_{\mathrm{T}} = \frac{2}{(2\pi)^3} \int d^3k \ (\varepsilon - \mu) \boldsymbol{v} g \tag{3.159}$$

を得る．$\boldsymbol{j}_{\mathrm{T}}$ と $(-\boldsymbol{\nabla} T)$ の係数が熱伝導率テンソルであるから，

$$\hat{\kappa}^0 = \frac{2}{(2\pi)^3} \frac{1}{T} \int d^3k \left(-\frac{\partial f^0}{\partial \varepsilon}\right) \tau (\boldsymbol{v}\boldsymbol{v}) (\varepsilon - \mu)^2 \tag{3.160}$$

を得る．電気伝導率の場合と同様に xx 成分で書くと，

$$\kappa_{xx}^0 = \frac{2}{(2\pi)^3} \frac{1}{T} \int d^3k \left(-\frac{\partial f^0}{\partial \varepsilon}\right) \tau v_x^2 (\varepsilon - \mu)^2 \tag{3.161}$$

上付きのゼロは，この熱伝導率が電場ゼロで計測されるべき熱伝導率であり，通常の実験で観測される熱伝導率と区別したいためである．

同様に $\boldsymbol{j}_{\mathrm{T}}$ と $\boldsymbol{E}$ の間の係数を κ_{P}(名前はついていない) とすると，$\hat{\kappa}_{\mathrm{P}}$ テンソルは

$$\hat{\kappa}_{\mathrm{P}} = \frac{2q}{(2\pi)^3} \frac{1}{T} \int d^3k \left(-\frac{\partial f^0}{\partial \varepsilon}\right) \tau (\boldsymbol{v}\boldsymbol{v}) (\varepsilon - \mu) = T \hat{\sigma}_{\mathrm{P}} \tag{3.162}$$

と書けて，ペルチェ伝導率テンソルと温度の積で書ける．これは式 (2.10) で触れたオンサガーの相反関係の一例である．

立方晶では，輸送係数テンソルはすべてスカラーに還元され σ_{xx}，α_{xx}，κ_{xx}^0 をす

べてスカラー量 σ，α，κ^0 とすればよい．立方晶における電流密度，熱流密度の関係式は，

$$\boldsymbol{j} = \sigma\boldsymbol{E} + \sigma\alpha(-\boldsymbol{\nabla}T) \tag{3.163}$$

$$\boldsymbol{j}_{\mathrm{T}} = T\sigma\alpha\boldsymbol{E} + \kappa^0(-\boldsymbol{\nabla}T) \tag{3.164}$$

とまとめられる．式 (3.163)，(3.164) は，(伝導電子の) ボルツマン方程式と呼ばれる．電場 $\boldsymbol{E}$ をポテンシャル V を用いて $(-\boldsymbol{\nabla}V)$ と書けば，式の対称性はなおよい．

最後に実験で観測される熱伝導率 κ と電場ゼロで定義される熱伝導率 κ^0 の関係を調べておこう．式 (3.163) から電流密度をゼロとおき，

$$\sigma\boldsymbol{E} = -\sigma\alpha(-\boldsymbol{\nabla}T) \tag{3.165}$$

を式 (3.164) に代入すると，

$$\boldsymbol{j}_{\mathrm{T}} = (\kappa^0 - \sigma\alpha^2 T)(-\boldsymbol{\nabla}T) \tag{3.166}$$

を得る．したがって，

$$\kappa = \kappa^0\left(1 - \frac{\sigma\alpha^2 T}{\kappa^0}\right) \tag{3.167}$$

となる．右辺のカッコの中の 2 項目を

$$z^0 T = \frac{\sigma\alpha^2 T}{\kappa^0} \tag{3.168}$$

と書き直し，z^0T を電子だけで計算される無次元性能指数と考えると，観測される熱伝導率は因子 $1 - z^0T$ だけ小さくなる．通常の物質では z^0T はとても小さいので κ と κ^0 はほとんど区別する必要はないが，熱電材料では注意が必要である．

第4章　格子振動

結晶の中では，原子が規則正しく周期的に配列しており，互いに力を及ぼし合って平衡位置付近で振動している．固体中の原子と原子の間の相互作用をバネの復元力で近似したものが弾性体であり，その力学的運動は，N 質点系の連成振動で理解できる．ここで N は周期的境界条件を満たす結晶中の原子の数である．すなわち，結晶中の原子の運動は基準振動数で振動する基準モードの重ね合わせとして理解できる．この振動現象を量子化したものがフォノンであり，原子のランダムな振動である熱を伝搬する．本章では，弾性体の古典力学から出発してフォノンを導入し，その輸送現象を概観する．

4.1　格子振動

4.1.1　単振動

力学の復習から始めよう．**図 4.1** (a) に示すようにバネ定数 K のバネの一端を壁に固定し，他端に質量 m の質点をつなぎ，水平で滑らかな床の上で振動させる．そのときの運動方程式は

$$m\frac{d^2x}{dt^2} = -Kx \tag{4.1}$$

と書ける．ここで x は平衡位置からの変位である．解を $x = Xe^{-i\omega t}$ と置くと，

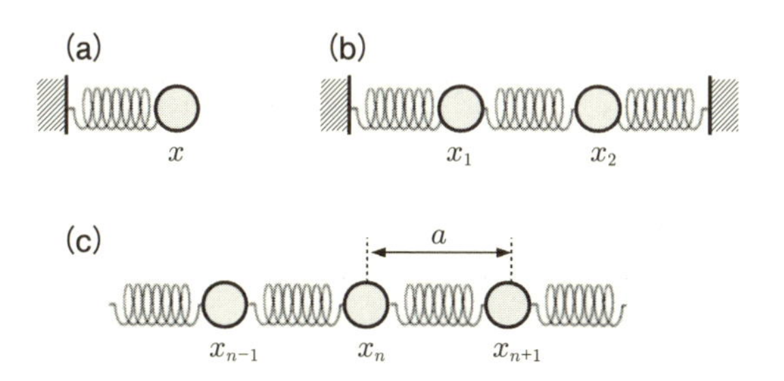

図 4.1　バネにつながれた質点．(a) 1 個の質点，(b) 2 個の質点，(3) N 個の質点．

$$-m\omega^2 = -K \tag{4.2}$$

が得られる．すなわち $\omega = \pm\sqrt{K/m}$ であり一般解は

$$x = X_1 e^{-i\sqrt{K/m}t} + X_2 e^{i\sqrt{K/m}t} \tag{4.3}$$

となる．ここで X_1，X_2 は初期条件で決まる定数である．

今度は図 4.1 (b) のように 2 個のおもりをつなぐ．ここでは二つの質点に働く力が対称になるように，両端を壁につないだ状態の運動方程式を考える．二つの質点の平衡位置からの変位をそれぞれ x_1，x_2 として，

$$m\frac{d^2x_1}{dt^2} = -Kx_1 + K(x_2 - x_1) \tag{4.4}$$

$$m\frac{d^2x_2}{dt^2} = -K(x_2 - x_1) - Kx_2 \tag{4.5}$$

と書ける．式の対称性に注目すると

$$m\frac{d^2}{dt^2}(x_1 + x_2) = -K(x_1 + x_2) \tag{4.6}$$

$$m\frac{d^2}{dt^2}(x_1 - x_2) = -3K(x_1 - x_2) \tag{4.7}$$

を得る．これは，改めて $x_1 + x_2$ と $x_1 - x_2$ を独立な変数と見なせば，これらは異なるバネ定数を持った独立な運動方程式と見ることができて直ちに解ける．すなわち

$$x_1 + x_2 = X_1 e^{-i\omega_1 t} + X_2 e^{i\omega_1 t} \tag{4.8}$$

$$x_1 - x_2 = Y_1 e^{-i\omega_2 t} + Y_2 e^{i\omega_2 t} \tag{4.9}$$

ただし $\omega_1 = \sqrt{K/m}$，$\omega_2 = \sqrt{3K/m}$ であり，X_1，X_2，Y_1，Y_2 は初期条件で決まる定数である．$x_1 + x_2$ および $x_1 - x_2$ を基準座標 (規準座標とも書く)，ω_1 および ω_2 を基準 (規準) 振動数という．2 質点の問題に限っては，二つの基準座標はそれぞれ重心座標と相対座標に対応づけられる．

4.1.2 N 個の連成振動

今度は図 4.1 (c) にあるような 1 次元に配列した N 個の質点を考えよう．質点の数を十分大きく取り，端の効果を考えなくてよいように，周期的境界条件 $x_n = x_{n+N}$

を仮定する．これは第 3 章で用いた式 (3.29) と等価であることに注意しよう．このとき n 番目 の質点の運動方程式は，

$$m\frac{d^2x_n}{dt^2} = K(x_{n+1} - x_n) - K(x_n - x_{n-1}) \tag{4.10}$$

と書ける．第 3 章で学んだように，周期的境界条件の下では進行波の解があるかどうか調べることが大切である．今の系では，それが基準振動数と基準座標を見出すことにほかならない．まず時間部分を $x_n = X_n e^{-i\Omega t}$ とおいて方程式 (4.10) に代入すると，

$$-\Omega^2 X_n = \omega^2(X_{n+1} - 2X_n + X_{n-1}) \tag{4.11}$$

と書き直せる．ここで $K = m\omega^2$ とおいた．この式は第 3 章の tight-binding 近似で現れた連立方程式 (3.74) と同型であり，波動の解を持つ．そこで進行波の形を予想し，$X_n = X_0 e^{inka}$ とおくと

$$-\Omega^2 = \omega^2(e^{ika} - 2 + e^{-ika}) \tag{4.12}$$

となり，さらに変形して

$$\Omega = \Omega_k = 2\omega\left|\sin\frac{ka}{2}\right| \tag{4.13}$$

を得る．この Ω_k は各原子の座標 x_n が同じ周期で運動できる振動数を与えているから，基準振動数にほかならない (Ω は k をラベルとするので，以後 Ω_k と書く)．

電子の場合と同じく，基準振動数の取り得る独立な数は，k の 1 次独立な個数に等しい．すなわち，整数 m で指定される任意の逆格子ベクトル $K_m = 2m\pi/a$ に対して，$\Omega_k = \Omega_{k+K_m}$ である．周期的境界条件 $X_n = X_{n+N}$ より，電子系の場合と同じく，$e^{iNka} = 1$ となるから，$k = 2\pi l/Na$ で表される N 個の連続な整数 l で指定される．第 3 章で見たとおり，1 次独立な k の範囲を第 1 ブリルアンゾーン $-\pi/a \leq k \leq \pi/a$ にとっておくほうが便利であり，式 (4.13) をその範囲で**図 4.2** に示す．以後 k についての和は，この N 個で取ることにする．

図 4.2 をもう少し詳しく見ておこう．まず，長波長極限 $k \sim 0$ の様子は，式 (4.13) をテーラー展開して

$$\Omega_k = \omega|k|a = v|k| \tag{4.14}$$

と書け，周波数と波数の比例関係を導くことができる．ここで $v = \omega a$ は，この分散関係を持つ波動の伝播速度であり，固体の縦波の音速度に対応する．一方，ブリル

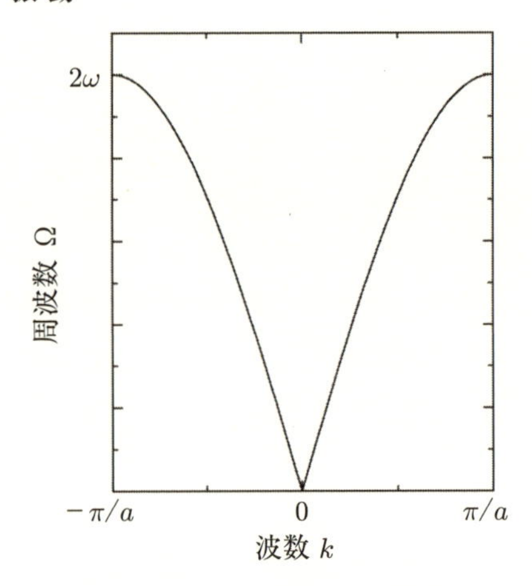

図 4.2　1 次元の音波の分散関係.

アンゾーンの端 $k = \pm\pi/a$ では $d\Omega_k/dk = 0$ である．$d\Omega_k/dk$ は波束の群速度であったから，ブリルアンゾーンの端では群速度がゼロ，すなわち定在波になっていることを示している．このことは電子のエネルギーに対する式 (3.35) と同様に，格子振動においても $\Omega_k = \Omega_{k+K_m}$ が成り立つことから理解できる．$K_1 = 2\pi/a$ に対して，$k = \pi/a$ の波と $k = -\pi/a$ の波は等価であり，$d\Omega/dk = 0$ は，ゾーンの端では右向きにも左向きにも波は進行しない.

基準振動数が式 (4.13) のように求まったので，対応する基準座標を求めよう．答を先に書いてしまうと，

$$Q_k = \frac{1}{\sqrt{N}} \sum_n e^{-inka} x_n \tag{4.15}$$

が，基準振動数 Ω_k についての基準座標に対応する．右辺の $1/\sqrt{N}$ は座標の規格化因子である．これを用いると，式 (4.10) は

$$\frac{d^2 Q_k}{dt^2} = -{\Omega_k}^2 Q_k \tag{4.16}$$

と変形できる (各自試みよ)．この式は座標 Q_k に対する単振動であり，確かに Q_k は基準座標になっている.

本書では詳しく述べないが，第 2 量子化 (場の量子化) というテクニックを用いると，規準振動数 Ω_k の振動を，エネルギー $\hbar\Omega_k$ の粒子として記述することができる.

これは，1 次元の結晶の中の格子振動 (縦波の音波) を量子化したものに対応し，フォノンと呼ばれる音の量子である．フォノンはボーズ粒子であり，一つの量子状態に無限個のフォノンを生成することができる．

4.1.3 3 次元への拡張

電子の場合と同じく，上記の議論を 3 次元に拡張することは容易である．簡単のため等方的な 3 次元系 (立方晶) を考える．このとき，x，y，z 方向にそれぞれ周期的境界条件を満たす 1 辺 L の立方体を考えて，その中に含まれる質点の数を N とする．当然，右辺で和を取るべき 1 次独立な波数ベクトル $\boldsymbol{k}$ の個数も N，基準振動の数も N となる．ところで，3 次元の N 質点系の力学的自由度は古典的には $6N$ (1 質点あたり位置と運動量の 2 自由度)，量子力学的には位置と運動量には不確定性関係があるので $3N$ である．したがって，あと $2N$ 個の基準振動が数え落とされている．

残りの $2N$ 個の基準振動は，1 次元格子では考慮されていなかった横波に関する基準振動である．1 次元の場合には波の伝搬方向も，質点の変位方向もともに x 方向であった．波数の方向を 3 次元の波数ベクトルに拡張しただけでは，波数の伝搬方向と質点の変位は常に平行となり，縦波 (疎密波) だけしか記述できない．3 次元系では，質点は平衡位置の周りに独立な 3 方向に運動できるから伝搬方向と垂直な変位が伝搬するモードである横波を考慮する必要がある．この場合の復元力は，結晶のずり応力に対するものであり，縦波の復元力とは異なる．実際，立方結晶のように対称性がよい場合には二つの横波と一つの縦波の三つのモードとなるが，一般には縦波と横波の変位が入り混じった三つのモードになる．

対応するフォノンの分散関係 $\Omega_{\boldsymbol{k}} = \Omega(\boldsymbol{k})$ の表式は少々複雑である．1 次元の弾性体は質点とバネの連成振動系でよく近似できたが，3 次元の弾性体の場合，ずり変形に対する復元力がバネでつながれた格子ではうまく表現できない．そこで格子点 i と格子点 j の周りで振動する 2 質点の間の復元力を一般的に書き下そう．すなわちポテンシャル U は，

$$U = \frac{1}{2}\sum_{i,j}(\boldsymbol{u}_j)^t \hat{K}(\boldsymbol{R}_i - \boldsymbol{R}_j)\boldsymbol{u}_i \tag{4.17}$$

と，格子点 i，j の平衡位置 $\boldsymbol{R}_i$，$\boldsymbol{R}_j$ からの変位 $\boldsymbol{u}_i$，$\boldsymbol{u}_j$ の 2 次形式で表現される．ここで一般化されたバネ定数 $\hat{K}(\boldsymbol{R}_i - \boldsymbol{R}_j)$ は相対座標 $\boldsymbol{R}_i - \boldsymbol{R}_j$ によって決まる行列 (2 階テンソル) であり，その行列要素は U の 2 次微分

$$K_{\mu\nu}(\boldsymbol{R}_i - \boldsymbol{R}_j) = \frac{\partial^2 U}{\partial u_i^\mu \partial u_j^\nu} \tag{4.18}$$

で与えられる．ただし，μ や ν は変位 $\boldsymbol{u}$ の x，y，z 成分のいずれかである．格子点の和は，周期的境界条件を満たす範囲でとる．この式で1次元の問題を考えてみよう．まず，$K_{\mu\nu}$ はスカラー量に還元され，もっとも簡単な場合は定数 K と書ける．このとき，同じ座標 u_i に対して $Ku_i^2/2$，隣り合う2点 i と $i-1$ に対して $-Ku_iu_{i-1}$ がポテンシャルに寄与し，1次元の連成振動の場合の復元力ポテンシャル $U = \sum_i K(u_i - u_{i-1})^2/2$ が得られる．

i 番目の格子点にある質点の運動方程式の μ 成分は，

$$M\frac{d^2}{dt^2}u_i^\mu = -\frac{\partial U}{\partial u_i^\mu} = -\sum_{j,\nu} K_{\mu\nu}(\boldsymbol{R}_i - \boldsymbol{R}_j)u_j^\nu \tag{4.19}$$

と書ける．ベクトルでまとめて書くと

$$M\frac{d^2}{dt^2}\boldsymbol{u}_i = -\sum_j \hat{K}(\boldsymbol{R}_i - \boldsymbol{R}_j)\boldsymbol{u}_j \tag{4.20}$$

となる．1次元の場合と同じく，波動となる解

$$\boldsymbol{u}_i(t) = \boldsymbol{\lambda} e^{i(\boldsymbol{k}\cdot\boldsymbol{R}_i - \Omega t)} \tag{4.21}$$

を運動方程式 (4.20) に代入すると，直ちに

$$M\Omega^2 \boldsymbol{\lambda} = -\hat{K}_{\boldsymbol{k}} \boldsymbol{\lambda} \tag{4.22}$$

を得る．ただし

$$\hat{K}_{\boldsymbol{k}} = \sum_i \hat{K}(\boldsymbol{R}_i) e^{-i\boldsymbol{k}\cdot\boldsymbol{R}_i} \tag{4.23}$$

である．ここで $\hat{K}$ が相対座標の関数であることを利用して，原点にある格子点の周りの和で置き換えた．式 (4.22) は運動方程式 (4.20) を時間と空間に対してフーリエ変換したものと言い換えてもよい．式 (4.22) は，与えられた行列 $\hat{K}_{\boldsymbol{k}}/M$ に対する固有値 Ω^2 と固有ベクトル $\boldsymbol{\lambda}$ を求める式と見ることができ，解を求めることによって基準振動数と基準振動を求めることができる．この行列は3行3列なので固有値と固有ベクトルは3個あり，対称性がよければ一つが縦波の，残り二つが横波の分散関係を与える．

長波長極限の振る舞いを見ておこう．式 (4.23) は

$$\hat{K}_{\boldsymbol{k}} = \sum_i \hat{K}(\boldsymbol{R}_i)(e^{-i\boldsymbol{k}\cdot\boldsymbol{R}_i} + e^{-i\boldsymbol{k}\cdot\boldsymbol{R}_i} - 2) \tag{4.24}$$

$$= -4\sum_i \hat{K}(\boldsymbol{R}_i)\left(\sin\frac{\boldsymbol{k}\cdot\boldsymbol{R}_i}{2}\right)^2 \tag{4.25}$$

と変形できる．したがって長波長極限 $\boldsymbol{k} \sim 0$ では

$$\hat{K}_{\boldsymbol{k}} \sim -\sum_i \hat{K}(\boldsymbol{R}_i)|\boldsymbol{R}_i|^2\cos^2\theta_i|\boldsymbol{k}|^2 = \hat{S}_{\mathrm{tot}}|k|^2 \tag{4.26}$$

と近似的に書ける．ここで θ_i は，原点をから見た格子点 $\boldsymbol{R}_i$ と波数 $\boldsymbol{k}$ のなす角であり，$\hat{S}_{\mathrm{tot}} = \sum\hat{K}(\boldsymbol{R}_i)|\boldsymbol{R}_i|^2\cos^2\theta_i$ である．この $\hat{S}_{\mathrm{tot}}$ に対して，固有値方程式 (4.22) を対角化して求めた固有値を S_μ とすると，

$$\Omega_\mu = \sqrt{S_\mu/m}|\boldsymbol{k}| = v(\boldsymbol{k})|\boldsymbol{k}| \tag{4.27}$$

となり，確かに音波の分散関係が得られる．

4.2 音響フォノンと光学フォノン

4.2.1 2 種類の原子からなる結晶

再び，1 次元の格子モデルとして N 個の連成振動を考える．**図 4.3** に示すように，もともと 1 種類の原子の連成振動だった系が，あるとき急に奇数番目の格子点にある質点の質量が，偶数番目の格子点の質量より無限小 δ だけ異なったと考えよう．あるいは格子間の距離が，あるとき急に無限小 δa だけ交互に異なったと考えよう (このような状況は，様々な相転移現象を通じて，現実の固体でも実現する)．この場合，質量差あるいは距離の差は無視できるほど小さいから，変化の前後でフォノンの分散関係は図 4.2 とほとんど変わらないはずである．

しかし，これを周期的境界条件を満たす 1 次元の固体と考えると，このわずかな変化は大きな変化をもたらす．すなわち，格子定数は，変化前の値 a から $2a$ となりブリルアンゾーンを大きく変える．その様子を**図 4.4** (a) に示す．第 1 ブリルアンゾーンは格子定数の逆数で決まるから，図 4.2 の範囲 $-\pi/a \leq k \leq \pi/a$ から，図 4.4 (a) の点線の範囲 $-\pi/2a \leq k \leq \pi/2a$ に変更される．1 次独立な波数は第 1 ブリルアン

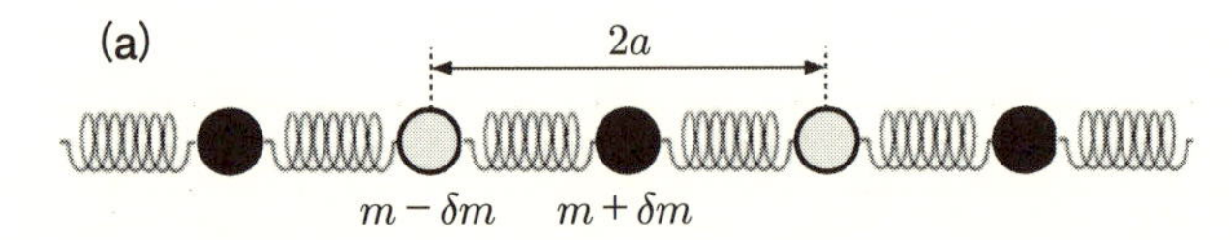

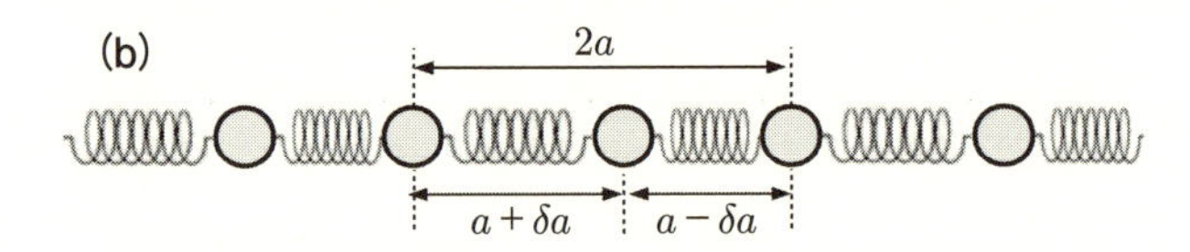

図 4.3　(a) 質量がわずかに異なる二つの質点からなる連成振動系，(b) 格子間距離が交互にわずかに異なる連成振動系.

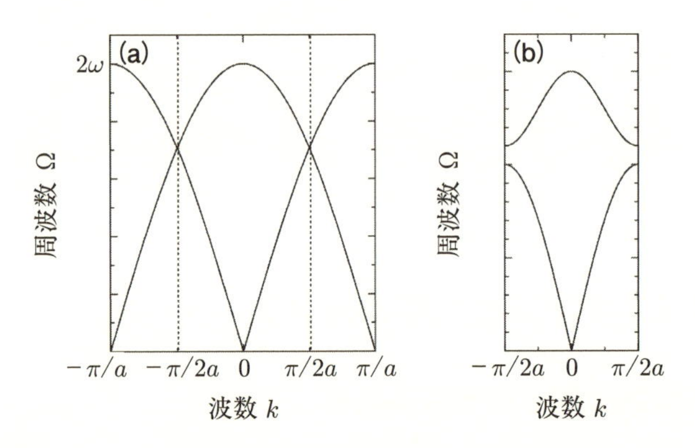

図 4.4　音響フォノンと光学フォノンの分散関係. (a) 単一原子からなる格子を単純に半分に折り返した図. 図中の二つの破線の間の領域が，新しい第 1 ブリルアンゾーン. (b) 現実の 2 原子固体 (あるいはボンド交代した固体) のフォノン分散.

ゾーンの中に限られ，周波数は，逆格子ベクトル K_m の平行移動で $\Omega_{k+K_m} = \Omega_k$ であった. 今回の場合も同様に，$-\pi/a \leq k \leq -\pi/2a$ の分散関係は，逆格子ベクトル π/a だけ平行移動した状態 $0 \leq k \leq \pi/2a$ と等価である. したがって，分散関係は，あたかも図 4.2 を半分に折り返したような図形となる. 図 4.2 のところでも考察したように，ゾーンの端 $k = \pm\pi/2a$ では二つの量子状態が縮退しているから何らかの微小な相互作用でその縮退が解けて，現実の物質では図 4.4 (b) のような分散関係が実現する.

4.2.2　光学フォノン

図 4.4 のフォノンをさらに考察しよう．いま単位胞は 2 個の原子を含むから，周期的境界条件を満たす N 個の単位胞には $2N$ 個の原子が存在し，量子力学的な運動の自由度は $2N$ 個ある．同時に，ブリルアンゾーンが半分に畳まれたために，第 1 ブリルアンゾーンの中には 2 本のフォノン分枝が生じている．1 本のフォノン分枝あたり，N 個の基準振動が含まれるから，2 本の分枝で運動の自由度は過不足なく表現されている．

二つの分枝の特徴を見てみよう．周波数の低いほうの分枝は，もとの格子の波数 k がゼロの近くの分散関係と同じであり，もとの格子の音響フォノンの分枝である．式 (4.15) を用いて，基準振動の様子を直観的に調べよう．まず $k=0$ では，基準振動は，質点の平衡位置からの変位 x_n の和であり，すべての質点は同時刻には同じ向きに変位している．では，ゾーンの端ではどのような振動が基準振動になっているであろうか．式 (4.15) に $k=\pi/2a$ を代入すると，$Q_{\pi/2a}=N^{-1/2}\sum_n e^{-in\pi/2}x_n=N^{-1/2}\sum_n(-i)^n x_n$ となる．基準振動は実関数であるべきだから $k=\pi/2a$ の振動は $t=0$ で模式的に**図 4.5** (a) のように描ける．

この様子は，本質的に縮退している上のフォノン分枝も同じであろう．では，上のフォノン分枝の $k=0$ はどのような振動であろうか．ここは，元の格子の $k=\pm\pi/a$ の振動であるから，同様に式 (4.15) に $k=\pm\pi/a$ を代入し，$Q_{\pi/a}=N^{-1/2}\sum_n(-1)^n x_n$ を得る．この振動は，図 4.5 (b) に示すように，交互に逆方向に振動するモードであ

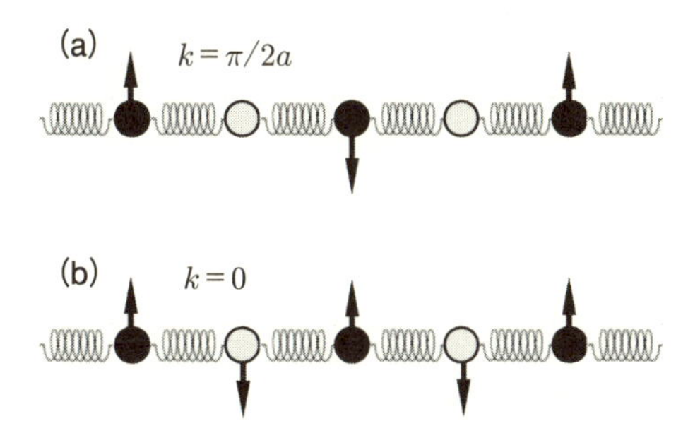

図 4.5　光学フォノンの基準振動モード．(a) $k=\pi/2a$，(b) $k=0$ (もとの格子の $k=\pi/a$)．図の矢印は横波を描いているが，変位の方向は紙面に垂直な方向や鎖に平行な方向でもよい．

る．以上をまとめると，上のフォノン分枝では，隣り合う原子は(程度の差はあるが)互いに逆方向に運動していることがわかる．

上側のフォノン分枝は，下側の音響フォノンモードに対して，光学フォノンモードと呼ばれる．もし，単位胞に含まれる二つの原子が異なる電荷を持っていたとしたら，光学フォノンモードでは，二つの原子は相対的に逆向きに運動しているから，単位胞内部で分極が生じている．このような振動は，固有振動数に対応するエネルギーを持った電場を外部から加えると外部電場によって励起できそうであることから光学フォノンと呼ばれる．この周波数を持つ外部電場としては，赤外線がもっとも身近であるからである．

これまでの話を対称性のよい 3 次元の結晶に拡張しよう．単位胞に 2 個の原子を含む系では，その量子力学的運動の自由度は $6N$ であり，それらは三つの音響フォノンモードと三つの光学フォノンモードに分類される．それぞれのモードは周期的境界条件を満たす単位胞の数 N と同じだけの 1 次独立な基準振動を持つ．すでに調べた通り，三つの音響モードのうちの一つは縦波，残りの二つは横波であり，それぞれ **LA** (Longitudinal Acaustic)，**TA** (Transverse Acaustic) と略記される．同様に三つの光学モードも，一つは縦波，二つは横波であり **LO** (Longitudinal Optical)，**TO** (Transverse Optical) と略記される．単位胞に M 個の原子が含まれる場合には，三つの音響フォノンモードと $3M-3$ 個の光学フォノンモードが存在する．音響フォノンモードは，$k \sim 0$ ですべての原子が一斉に振動するモードであり，単位胞の原子の数に関係なく常に三つであることに注意しよう．

4.3 格子比熱

格子振動の性質のうち，熱電変換に関係するものは格子比熱とフォノンによる熱伝導である．解析的に調べられる格子比熱のモデルとしては，孤立した原子の振動によるものと調和振動子によるものの 2 種類がある．前者はアインシュタインモデル，後者はデバイモデルと呼ばれる．

4.3.1 アインシュタインモデル

アインシュタインモデルでは，同一の固有振動数 ω を持つ N 個の調和振動子を考える．これらは熱平衡状態にあるとして，1 個の調和振動子の分配関数 Z_1 は

$$Z_1 = \sum_{n=1}^{\infty} e^{-n\hbar\omega/k_{\rm B}T} = \frac{e^{-\hbar\omega/k_{\rm B}T}}{1-e^{-\hbar\omega/k_{\rm B}T}} = \frac{1}{e^{\hbar\omega/k_{\rm B}T}-1} \tag{4.28}$$

で与えられる．ここでエネルギーとして

$$E = \hbar\omega\left(n+\frac{1}{2}\right) \tag{4.29}$$

を用い，ゼロ点振動のエネルギーは無視した (あるいはゼロ点振動のエネルギーを基準に測ったエネルギーを使ったと言ってもいい)．1 個の調和振動子のエネルギー E_1 は，

$$E_1 = \frac{1}{Z_1}\sum_{n=1}^{\infty} n\hbar\omega e^{-n\hbar\omega/k_{\rm B}T} = \frac{\hbar\omega}{e^{\hbar\omega/k_{\rm B}T}-1} \tag{4.30}$$

と書ける．この式は，化学ポテンシャルゼロのボーズ–アインシュタイン分布に従う 1 個の量子の平均エネルギーと見なすこともできる．

N 個の調和振動子は独立なので，内部エネルギー E_N は $E_N = NE_1$ であり，定積比熱 $C^{\rm E}$ は

$$C^{\rm E} = N\left(\frac{\partial E_1}{\partial T}\right)_V = Nk_{\rm B}(\hbar\omega/k_{\rm B}T)^2\frac{e^{\hbar\omega/k_{\rm B}T}}{(e^{\hbar\omega/k_{\rm B}T}-1)^2} \tag{4.31}$$

と計算できる．上付きの添字はアインシュタインモデルを表す．

上の計算では，調和振動子を 1 次元で扱ったが，3 次元の場合もエネルギーの式 (4.29) は変わらない．振動の自由度が三つになるので単純に 3 倍し，

$$C^{\rm E} = 3Nk_{\rm B}(\hbar\omega/k_{\rm B}T)^2\frac{e^{\hbar\omega/k_{\rm B}T}}{(e^{\hbar\omega/k_{\rm B}T}-1)^2} \tag{4.32}$$

が 3 次元結晶におけるアインシュタイン比熱の表式である．この式の高温極限 $T\to\infty$ をとると，$C^{\rm E}\to 3Nk_{\rm B}$ が得られ，固体の比熱は構成原子の数だけで決まる．これはデュロン–プティの法則として知られる．一方，低温極限 $T\to 0$ では，$C^{\rm E}\propto \exp(-\hbar\omega/k_{\rm B}T)$ となって比熱は活性化型となる．多くの固体の比熱は T^3 に比例し，この結果は実験結果に合わず，次で述べるデバイモデルが必要である．ただし，ラットリングと呼ばれる特殊な格子振動では，アインシュタインモデルが近似的によく当てはまる (第 5 章参照)．

4.3.2 デバイモデル

デバイモデルは，式 (4.13) で与えられるフォノンの分散関係を考慮した格子比熱の表式である．解析的な計算を可能とするために，ゾーンの端の効果や 3 次元の結晶構造に依存した分散関係を無視し，長波長極限の分散関係がすべての波数で成り立つとしたモデルである．すなわち次の分散関係

$$\Omega_{\boldsymbol{k}} = v|\boldsymbol{k}| \tag{4.33}$$

がすべてのフォノンに対して成り立つと仮定する．

分散関係を式 (4.13) から式 (4.33) に変更したことに伴い，周波数にはあるカットオフ Ω_{D} を導入しなければならない．カットオフ周波数以下の周波数を持つフォノンの波数の数を計算しよう．(k_x, k_y, k_z) で表現される波数空間において，原点から半径 Ω_{D}/v を半径とする球の体積は $4\pi(\Omega_{\mathrm{D}}/v)^3/3$ であり，許される波数は $(L/2\pi)^3$ の密度で分布しているから，球の中に $(\Omega_{\mathrm{D}}/v)^3 L^3/6\pi^2$ 個ある．1 次独立なフォノンの数は 1 自由度あたり N 個であったから，

$$\frac{1}{6\pi^2}\frac{\Omega_{\mathrm{D}}^3 L^3}{v^3} = N \tag{4.34}$$

あるいは

$$\Omega_{\mathrm{D}} = \left(6\pi^2 n v^3\right)^{1/3} \tag{4.35}$$

と書ける．ここで $n = N/L^3$ は原子の密度である．デバイモデルでは Ω_{D} よりも大きな周波数のフォノンは定義されない．

いよいよ比熱を計算しよう．まず，波数 $\boldsymbol{k}$，縦波・横波モードを識別するラベル λ に対する基準振動についてのフォノンの内部エネルギーは

$$E_{\boldsymbol{k}\lambda} = \frac{\hbar\Omega_{\boldsymbol{k}\lambda}}{\exp(\hbar\Omega_{\boldsymbol{k}\lambda}/k_{\mathrm{B}}T) - 1} \tag{4.36}$$

で与えられる．したがって，内部エネルギーは

$$E = \sum_{\lambda=1}^{3}\sum_{\boldsymbol{k}} E_{\boldsymbol{k}\lambda} = \sum_{\lambda=1}^{3}\int_0^{\Omega_{\mathrm{D}}} D_\lambda(\omega)\frac{\hbar\omega\, d\omega}{\exp(\hbar\omega/k_{\mathrm{B}}T) - 1} \tag{4.37}$$

と書ける．最後の変形で，波数 $\boldsymbol{k}$ についての和を周波数の積分の置き換え，あらためて積分変数を ω にした．ここで $D_\lambda(\omega)d\omega$ は，周波数 $[\omega, \omega + d\omega]$ に含まれる，モー

ド λ の基準振動の数で，フォノンの状態密度と呼ばれる．内部エネルギーが求まったから，比熱は直ちに，

$$C = \frac{\partial E}{\partial T} = k_{\mathrm{B}} \sum_{\lambda=1}^{3} \int_{0}^{\Omega_{\mathrm{D}}} D_{\lambda}(\omega) \frac{x^2 e^x \ d\omega}{(e^x - 1)^2} \tag{4.38}$$

となる．ここで $x = \hbar\omega/k_{\mathrm{B}}T$ とおいた．

デバイモデルにおける D_{λ} を求めよう．すでに式 (4.34) によって，周波数 Ω 以下の基準振動の数は求まっているのでこれを Ω について微分すればよい．実際，

$$D_{\lambda}(\Omega) = \frac{dN}{d\Omega} = \frac{1}{2\pi^2} \frac{\Omega^2 L^3}{v_{\lambda}^3} \tag{4.39}$$

簡単のため，音速 v_{λ} はモードによらないとすると式 (4.38) の λ による和は，3 倍に置き換えられ，デバイモデルによる定積比熱 C^{D} は，

$$C^{\mathrm{D}} = \frac{3L^3\hbar^2}{2\pi^2 v^3 k_{\mathrm{B}} T^2} \int_{0}^{\Omega_{\mathrm{D}}} \frac{\omega^4 e^x \ d\omega}{(e^x - 1)^2} \tag{4.40}$$

と書き下せる．積分変数を $x = \hbar\omega/k_{\mathrm{B}}T$ に変換し，次式で定義されるデバイ温度

$$\theta_{\mathrm{D}} = \hbar\Omega_{\mathrm{D}}/k_{\mathrm{B}} \tag{4.41}$$

を用いて変形すると，最終的なデバイモデルによる比熱は，

$$C^{\mathrm{D}} = 9Nk_{\mathrm{B}} \left(\frac{T}{\theta_{\mathrm{D}}}\right)^3 \int_{0}^{x_{\mathrm{D}}} \frac{x^4 e^x \ dx}{(e^x - 1)^2} \tag{4.42}$$

と表される．ただし，$x_{\mathrm{D}} = \hbar\Omega_{\mathrm{D}}/k_{\mathrm{B}}T = \theta_{\mathrm{D}}/T$ であり，上の式を導くときに式 (4.34) を用いた．

式 (4.42) の高温，低温極限を調べよう．まず高温極限では x_{D} はほとんどゼロに近いから積分は

$$\int_{0}^{x_{\mathrm{D}}} \frac{x^4 e^x \ dx}{(e^x - 1)^2} \sim \int_{0}^{x_{\mathrm{D}}} \frac{x^4 dx}{x^2} = \frac{1}{3} x_{\mathrm{D}}^3$$

となって，$C \to 3Nk_{\mathrm{B}}$ を得る．これはデュロン–プティの法則にほかならない．一方，低温極限では $x_{\mathrm{D}} \to \infty$ として，積分は単なる定数になる．したがって，

$$C \sim \frac{12\pi^4}{5} Nk_{\mathrm{B}} \left(\frac{T}{\theta_{\mathrm{D}}}\right)^3 \tag{4.43}$$

となって T^3 に比例する．

図 4.6 に，デバイモデルおよびアインシュタインモデルによる格子比熱を示す．デバイモデルに対してはデバイ温度 θ_{D}，アインシュタインモデルにおいてはアインシュ

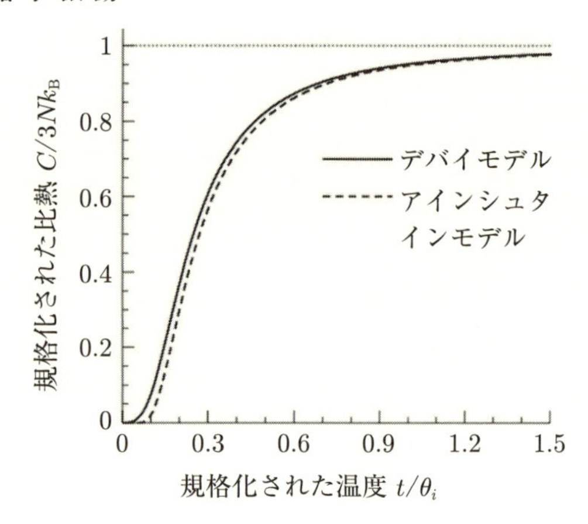

図4.6 デバイモデルとアインシュタインモデルによる格子比熱.

タイン温度 $\theta_{\mathrm{E}} = \hbar\omega/k_{\mathrm{B}}$ を用いて規格化された温度 $t = T/\theta_i$ $(i = \mathrm{E, D})$ を横軸にとった. 高温極限では, 二つのモデルともに $3Nk_{\mathrm{B}}$ に漸近し, デュロン–プティの法則が再現されているのに対して, 低温の振る舞いは活性化型となるアインシュタインモデルよりも, デバイモデルのほうが比熱が大きい.

4.4 フォノンによる熱伝導

すでに述べたようにフォノンはボーズ粒子であり, 熱平衡状態では化学ポテンシャルゼロのボーズ–アインシュタイン分布 f^{B}

$$f^{\mathrm{B}} = [\exp(\hbar\Omega_{\boldsymbol{k}}/k_{\mathrm{B}}T) - 1]^{-1} \tag{4.44}$$

に従う. 電子の熱伝導の場合と同じく, フォノンの熱流密度 $\boldsymbol{j}_{\mathrm{T}}$ は

$$\boldsymbol{j}_{\mathrm{T}} = \sum_{\boldsymbol{k}} \hbar\Omega_{\boldsymbol{k}} f \boldsymbol{v}(\boldsymbol{k}) \tag{4.45}$$

と書ける. f は温度勾配があるときの非平衡分布関数である. 電子系のときと同じく, 緩和時間近似を使い,

$$f - f^{\mathrm{B}} = \left(-\frac{\partial f^{\mathrm{B}}}{\partial \varepsilon}\right) \tau \boldsymbol{v} \cdot (-\boldsymbol{\nabla} T). \tag{4.46}$$

を得る．これを用いてフォノンによる熱伝導率は

$$\hat{\kappa}_{\mathrm{ph}} = \sum_{\boldsymbol{k}} \hbar\Omega_{\boldsymbol{k}} (\boldsymbol{v}\boldsymbol{v}) \tau \left(-\frac{\partial f^{\mathrm{B}}}{\partial \varepsilon} \right) \tag{4.47}$$

で与えられる．

ここで式 (4.47) の物理的意味を考えよう．簡単のため立方晶を仮定し，式 (3.147) をスカラーに還元し熱伝導率をスカラーで考える．さらに音速と緩和時間が波数 $\boldsymbol{k}$ に依存しないとき，式 (4.47) は，

$$\kappa_{\mathrm{ph}} = \frac{1}{3} v l \left[\sum_{\boldsymbol{k}} \hbar\Omega_{\boldsymbol{k}} \left(-\frac{\partial f^{\mathrm{B}}}{\partial \varepsilon} \right) d^3 k \right] \tag{4.48}$$

と書き直せる．ここで電子のときと同じく，$v_x^2 = v_y^2 = v_z^2 = v^2/3$ を用い，平均自由行程 $l = v\tau$ を導入した．カッコで囲まれた部分は格子比熱 C に等しい．したがって，熱伝導率は格子比熱と速度と平均自由行程の積と言える．ドルーデ理論で得られた電子の場合の熱伝導率の表式はフォノンにもそのまま当てはまり，

$$\kappa_{\mathrm{ph}} = \frac{1}{3} C v^2 \tau = \frac{1}{3} C v l \tag{4.49}$$

と書ける．この式 (4.49) が，熱電材料設計で最も基本的な式である．

第5章 熱電材料の設計指針

本章では，第 3，4 章で解説した輸送パラメーターを基にして，高機能の熱電材料の設計指針について，なるべく一般性を失わず議論する．特に，様々な状況に応じて導かれる，ゼーベック係数の表式に焦点を当てて解説する．

5.1 金属の電気伝導

5.1.1 金属とは何か

固体物理学で定義される金属とは，一つ (または複数の) バンドが途中まで占有された系のことである．ここでは簡単のため，1 本のバンドが途中まで占有された系を考える．

電子はフェルミ粒子であり，スピン自由度を考慮すれば一つの量子状態をただ一つの電子しか占有できない．そのため，運動エネルギーが最低である $\boldsymbol{k} = 0$ の状態を占有できる電子はスピンアップとダウンの 2 個までで，3 番目の電子は $\boldsymbol{k} \neq 0$ の状態を占有する．以下順々に，電子は高い運動エネルギーの状態を占有し，絶対零度 $T = 0$ では，あるエネルギー E_{F} 以下の状態が占有された電子状態が実現する．

この E_{F} はフェルミエネルギーと呼ばれ，金属の電子状態を支配するエネルギースケールになる．それゆえ，この値は様々な単位で表現され，フェルミ温度 $T_{\mathrm{F}} = E_{\mathrm{F}}/k_{\mathrm{B}}$，フェルミ波数 $k_{\mathrm{F}} = \sqrt{2mE_{\mathrm{F}}}/\hbar$，フェルミ速度 $v_{\mathrm{F}} = \hbar k_{\mathrm{F}}/m$ と呼ばれる．典型的な例として，アルカリ金属ではフェルミ温度は 10^4 K のオーダーであり，室温の熱ゆらぎの二桁以上大きく $T/T_{\mathrm{F}} = k_{\mathrm{B}}T/E_{\mathrm{F}} \ll 1$ が成立している．この状態を，電子系は強く縮退しているという．絶対零度では化学ポテンシャルはフェルミエネルギーに等しいが有限温度ではわずかな温度変化が生じる．大雑把にいえば，$\mu = \varepsilon_{\mathrm{F}} \left[1 + O(k_{\mathrm{B}}T/E_{\mathrm{F}})^2\right]$ であり，補正項は室温において 10^{-4} のオーダーでほとんどの場合は μ と E_{F} の違いは無視できる (例外は比熱の計算である)．

第 3 章で見たとおり，電気伝導とは伝導電子が電場または温度勾配を駆動力として生じる励起状態の物理現象である．金属の電子系はフェルミエネルギーの直上に，波数空間に十分に稠密に分布した励起状態を持ち，熱エネルギー $k_{\mathrm{B}}T$ で簡単に励起され電気伝導に寄与する．

特殊な場合として，$E_{\mathrm{F}} \sim k_{\mathrm{B}}T$ を考える．すぐ後で調べるが，フェルミエネルギーはキャリア濃度に対する増加関数なので，このような状況は低いキャリア濃度の系で実現する．キャリア濃度を見積もると，300 K において $n \sim 10^{19}$ cm^{-3} となり，格子定数を 0.3 nm とすれば，格子点あたり 0.1%程度の電子が伝導を担う．この状況は，金属と半導体の中間的な性格を持ち，高濃度の不純物ドーピングされた半導体で実現する．このような物質は縮退半導体と呼ばれ，熱電材料の多くがこの分類に含まれる．この状態は広い意味では金属であるが，電気伝導を担う電子はほとんど古典粒子として取り扱える．

5.1.2　状態密度の導入

第3章で調べた輸送パラメーターの微視的表現は結晶運動量 $\hbar\boldsymbol{k}$ による積分で与えられる．しかし，積分の中にあるフェルミ分布関数のエネルギー微分 $\partial f^0/\partial\varepsilon$ はエネルギー $\varepsilon(\boldsymbol{k}) \sim \mu$ で大きな値を持つから，積分は等エネルギー面上で積分したあと，エネルギーで積分するほうが都合がよい．

そこで式 (4.39) と同じように，電子の状態密度という概念を導入しよう．すなわち，微小なエネルギー幅 $[\varepsilon, \varepsilon + d\varepsilon]$ に含まれる量子状態の密度 (単位体積あたりの数) を $D(\varepsilon)d\varepsilon$ として状態密度 $D(\varepsilon)$ を定義する．定義から明らかに電子密度 n は，

$$n = \int_0^\infty d\varepsilon\; D(\varepsilon) f^0(\varepsilon) \tag{5.1}$$

で与えられる．ただし $k = 0$ のエネルギーをゼロとおいた．

自由電子近似の下では，状態密度は解析的に求めることができる．等エネルギー面は半径 k の球殻であり，状態密度の定義から

$$D(\varepsilon)d\varepsilon = \frac{2}{(2\pi)^3} 4\pi k^2 dk \tag{5.2}$$

と書ける．右辺の数因子 $2/(2\pi)^3$ は，式 (3.143) で示したように，スピン自由度 2 と波数空間での量子状態の分布間隔である．バンド分散を代入して実際に計算すると，

$$D(\varepsilon) = \frac{1}{\pi^2} k^2 \frac{dk}{d\varepsilon} = \frac{1}{\pi^2} k^2 \frac{m}{\hbar^2 k} \tag{5.3}$$

$$= \frac{\sqrt{2}m^{3/2}}{\pi^2\hbar^3}\varepsilon^{1/2} \tag{5.4}$$

と書ける．状態密度がエネルギーの平方根に比例していることが 3 次元自由電子の特徴である．2 次元や 1 次元の自由電子の状態密度を計算してみると，それぞれ ε^0, $\varepsilon^{-1/2}$ に比例することがわかる．よい練習になるので，興味ある読者は自ら試みてほしい．

ちなみにキャリア濃度とフェルミエネルギーの関係は

$$n = \int_0^{E_\mathrm{F}} D(\varepsilon)d\varepsilon \tag{5.5}$$

から直ちに，

$$E_\mathrm{F} = \frac{\hbar^2}{2m}(3\pi^2 n)^{2/3} \tag{5.6}$$

が得られ，E_F は n の増加関数であることが確かめられた．

状態密度はフェルミ分布を含む積分の近似解法に役立つ．$\mu \gg k_\mathrm{B}T$ では，次の公式

$$\int_0^\infty d\varepsilon\ G(\varepsilon)\left(-\frac{\partial f^0}{\partial\varepsilon}\right) = G(\mu) + \frac{\pi^2}{6}(k_\mathrm{B}T)^2 G''(\mu) + \cdots \tag{5.7}$$

が成り立つ．証明は初等的な統計力学の教科書を参照してほしい[16]．ここで G は，

$$\frac{dG}{d\varepsilon} = D(\varepsilon)\varepsilon^n \tag{5.8}$$

のような，その微分が状態密度とエネルギーのべき関数の積で書けるような関数である．この展開はゾンマーフェルト展開と呼ばれる．

5.1.3 金属の輸送パラメーターの計算

散乱時間 τ を定数として電気伝導率を計算する．式 (3.150) から，

$$\sigma_{xx} = \frac{2q^2}{(2\pi)^3}\int d^3k\ \left(-\frac{\partial f^0}{\partial\varepsilon}\right)v_x^2\tau \tag{5.9}$$

$$= q^2\tau\int_0^\infty d\varepsilon\ \left(-\frac{\partial f^0}{\partial\varepsilon}\right)D(\varepsilon)v_x^2 \tag{5.10}$$

$$= q^2\tau D(\mu)v_x^2(\mu) \tag{5.11}$$

$$= \frac{1}{3}q^2\tau D(E_\mathrm{F})v_\mathrm{F}^2 \tag{5.12}$$

と変形できる．ここで 1 行目から 2 行目は状態密度の定義 (5.2) を用い，2 行目から 3 行目ではゾンマーフェルト展開 (5.7) の右辺第 1 項 $G(\mu) = D(\mu)v_x(\mu)^2$ で積分を

近似した．また，最後の変形では $v_x^2 = v^2/3$ を用い，散乱時間は定数として積分の外に出した．自由電子の状態密度の式 (5.4) を代入して少し計算すると，

$$\sigma_{xx} = \frac{nq^2\tau}{m}$$

が導かれ，ドルーデ理論の結果式 (3.6) と一致する．これは自由電子近似がドルーデ理論に最低限度の量子力学的補正を加えたものであり，もっともらしい．しかし，式 (5.12) のほうが金属としてはよい式である．金属では，E_{F} の周り $k_{\mathrm{B}}T$ 程度のエネルギー幅の電子しか電気伝導に寄与できない．寄与できる電子の "密度" は状態密度 $D(E_{\mathrm{F}})$ に対応し，式 (5.1) で与えられる全キャリア濃度 n のごく一部である．その代わり，それぞれの電子はとても速い速度 v_{F} で電気伝導に寄与する．

次は熱伝導率を計算しよう．電気伝導率と同様に式 (3.161) から，

$$\kappa_{xx}^0 = \frac{\tau}{T}\int_0^\infty d\varepsilon\ D(\varepsilon)\left(-\frac{\partial f^0}{\partial \varepsilon}\right)v_x^2(\varepsilon-\mu)^2 \tag{5.13}$$

$$= \frac{\tau}{3T}\frac{\pi^2}{3}(k_{\mathrm{B}}T)^2 D(E_{\mathrm{F}})v_{\mathrm{F}}^2 \tag{5.14}$$

上の変形で，ゾンマーフェルト展開 (5.7) の右辺第 2 項を使った．ここで関数 G は $G(\varepsilon) = D(\varepsilon)v^2(\varepsilon-\mu)^2$ であり，$G(\mu) = 0$ となるので，展開の第 1 項はゼロである．そのため第 2 項が現れた．$v_x^2 = v^2/3$ は電気伝導率と同じである．

ウィーデマン–フランツの法則を調べよう．式 (5.12)，(5.14) を用いて直ちに，

$$\frac{\kappa_{xx}^0}{\sigma_{xx}T} = \frac{\pi^2}{3}\left(\frac{k_{\mathrm{B}}}{e}\right)^2 = L_0 \tag{5.15}$$

を得る．ドルーデ理論のときと同じく q^2 を e^2 に置き換えた．数因子はドルーデ理論のとき式 (3.16) の 3/2 から $\pi^2/3$ に変更されて約 2 倍となる．このほうが実験結果と定量的によく合うことがわかった．この普遍定数はローレンツ数 $L_0 = 2.44 \times 10^{-8}$ $\mathrm{W\Omega/K^2}$ と呼ばれる．

5.1.4　Mott の公式

最後にゼーベック係数を計算しよう．式 (3.156) を状態密度を用いて書き直すと，

$$\alpha_{xx} = \frac{1}{qT}\frac{\int_0^\infty d\varepsilon\ D(\varepsilon)\left(-\frac{\partial f^0}{\partial \varepsilon}\right)v_x^2\tau(\varepsilon-\mu)}{\int_0^\infty d\varepsilon\ D(\varepsilon)\left(-\frac{\partial f^0}{\partial \varepsilon}\right)v_x^2\tau} \tag{5.16}$$

となる．そのままゾンマーフェルト展開を使いたいが，分子の関数 $D(\varepsilon)v_x^2\tau$ に μ 付近でエネルギー依存性がないと $\varepsilon-\mu$ が μ の周りで反対称なので積分の値がゼロになる．これが金属のゼーベック係数が式 (3.21) のドルーデ理論の結果 $k_{\rm B}/2q$ よりずっと小さい理由である．そこで $L(\varepsilon)=D(\varepsilon)v_x^2\tau$ を $(\varepsilon-\mu)$ の周りで展開し，

$$L(\varepsilon)=L(\mu)+L'(\mu)(\varepsilon-\mu)+\cdots \tag{5.17}$$

と書いて代入する．すると分子は，

$$\begin{aligned}
\text{分子} &= \int_0^\infty d\varepsilon \left\{L(\mu)(\varepsilon-\mu)+L'(\mu)(\varepsilon-\mu)^2\right\}\left(-\frac{\partial f^0}{\partial\varepsilon}\right) &(5.18)\\
&= \frac{\pi^2}{3}(k_{\rm B}T)^2L'(\mu) &(5.19)
\end{aligned}$$

となる．一方，分母は

$$\text{分母}=\int_0^\infty d\varepsilon\ L(\varepsilon)\left(-\frac{\partial f^0}{\partial\varepsilon}\right)=L(\mu) \tag{5.20}$$

と書ける．$L(\mu)$ は Mott によって，**電気伝導率的関数** (conductivity-like function) と命名された関数で，化学ポテンシャルが μ であるときの電気伝導率を与える関数である．これは電気伝導率に似ているが，現実の物質で化学ポテンシャルを自由に変化させることはできないので，実験によって求められない物理量であることに注意しよう．ただし，実測された伝導率をそのまま使ったり，そのキャリア濃度依存性を用いて解析している実験の論文も見受けられる．ゼーベック係数は $L(\varepsilon)$ の対数微分で書け，

$$\alpha_{xx}=\frac{\pi^2}{3}\frac{k_{\rm B}}{q}(k_{\rm B}T)\frac{\partial}{\partial\varepsilon}\ln L(\varepsilon)|_{\varepsilon=E_{\rm F}} \tag{5.21}$$

とまとめられる．これが Mott の公式と呼ばれるゼーベック係数の表式である．エネルギー微分をフェルミエネルギーでの割り算に置き換えると，

$$\alpha_{xx}\propto\frac{k_{\rm B}}{q}\frac{k_{\rm B}T}{E_{\rm F}} \tag{5.22}$$

と近似でき，金属のゼーベック係数が温度に比例すること，その係数からフェルミエネルギーを評価できることがわかる．

ドルーデ理論では，式 (3.21) に見られるようにゼーベック係数は電荷あたりの比熱であった．厳密な計算はしないが，金属の電子比熱もまたおよそ $nk_{\rm B}\cdot k_{\rm B}T/E_{\rm F}$ に

等しい．金属の伝導電子は $E_{\rm F}$ の周りのエネルギー幅 $k_{\rm B}T$ 程度の電子しかエントロピーを運べない．そのような電子の個数は単位体積あたり $D(E_{\rm F})k_{\rm B}T$ なので，全内部エネルギーは $E = D(E_{\rm F})k_{\rm B}T \cdot k_{\rm B}T$ となる．したがって比熱は $C = \partial E/\partial T = 2D(E_{\rm F})k_{\rm B}^2 T \sim nk_{\rm B} \cdot k_{\rm B}T/E_{\rm F}$ と見積もられる．上の見積もりでは，状態密度がエネルギー依存性のない定数として $D(E_{\rm F}) \sim 1/E_{\rm F}$ を用いた．比熱とゼーベック係数の関係は Behnia によって指摘され，多くの物質でその相関が調べられている (5.1.7 参照)．

$L(\varepsilon)$ を電気伝導率 σ と同一視することが許されれば，電気伝導率をキャリア濃度と移動度の積 $\sigma = nq\mu_{\rm e}$ と書き直し，その対数微分を取ると，

$$\frac{\partial}{\partial \varepsilon}\ln\sigma = \frac{1}{\sigma}\frac{\partial\sigma}{\partial\varepsilon} = \frac{1}{n}\frac{\partial n}{\partial\varepsilon} + \frac{1}{\mu_{\rm e}}\frac{\partial\mu_{\rm e}}{\partial\varepsilon} \tag{5.23}$$

と書ける．右辺第 1 項は式 (5.6) を使うと $3/2\varepsilon$ に等しい．右辺第 2 項は，移動度がエネルギー依存性 $\mu_{\rm e} = \mu_{\rm e0}\varepsilon^{\rm r}$ を持つと仮定すると，r/ε と書ける．両者を合わせて，ゼーベック係数は，

$$\alpha_{xx} = \frac{\pi^2}{3}\frac{k_{\rm B}^2 T}{qE_{\rm F}}\left(\frac{3}{2} + r\right) \tag{5.24}$$

を得る．これが縮退領域 ($E_{\rm F} \gg k_{\rm B}T$) のゼーベック係数の表式である．

5.1.5　金属中の電子の散乱過程

これまで散乱過程については，緩和時間 τ を現象論的に導入しパラメーターとして扱ってきた．実際，電子系において緩和過程を第一原理的に計算することは極めて難しい．ここではいくつかの散乱機構について紹介し，提案されている表式について簡単に紹介したい．

第 3 章で示したように，周期結晶の中の電子はブロッホ関数という固有状態を持つ．電場や温度勾配を外力として，量子数 $\boldsymbol{k}$，エネルギー ω で指定される状態 $(\boldsymbol{k}, \omega)$ に電子が励起されたとしよう．電子は結晶の周期性を破る乱れによって，別の状態 $(\boldsymbol{k}', \omega')$ に散乱される．周期性を破る要因としては，(1) 周期結晶中に含まれる格子欠陥や不純物などの静的な乱れ，(2) 周期結晶の熱振動による動的な乱れ，(3) 別の電子による散乱，の三つに大別できる．散乱確率はフェルミの黄金律

$$\frac{1}{\tau} = \frac{2\pi}{\hbar}|\langle \boldsymbol{k}', \omega'|V|\boldsymbol{k}, \omega\rangle|^2 \tag{5.25}$$

で計算される．V は散乱を記述する相互作用である．

静的な乱れによる散乱は不純物散乱と呼ばれており，不純物濃度 n_{imp} に比例する．すなわち

$$\tau_{\mathrm{imp}}^{-1} \propto n_{\mathrm{imp}} \tag{5.26}$$

で書ける．特にユニタリー極限と呼ばれる強い散乱の場合には

$$\frac{1}{\tau_{\mathrm{imp}}} = \frac{4\pi\hbar n_{\mathrm{imp}}}{mk_{\mathrm{F}}} \tag{5.27}$$

と書け，温度に依存しない[17]．

次に，格子振動による散乱について考察しよう．第4章で見たように，格子振動の量子であるフォノンはエネルギーと運動量を持つ．電子はフォノンに散乱されるが，フォノンと電子の間には，結晶運動量の保存則が成り立っている．すなわち電子の結晶運動量の変化 $\hbar(\boldsymbol{q}'-\boldsymbol{q})$ はフォノンの運動量 $\boldsymbol{k}$ と逆格子ベクトル $\boldsymbol{G}$ による運動量の和に等しく

$$\boldsymbol{q}'-\boldsymbol{q}=\boldsymbol{k}+\boldsymbol{G} \tag{5.28}$$

が成り立つ．**図 5.1** にその様子を模式的に示す．図 5.1 (a) では，フォノンの運動量 $\boldsymbol{k}$ が十分小さく，$\boldsymbol{q}$，$\boldsymbol{q}'$，$\boldsymbol{k}$ はすべて同じブリルアンゾーン内部に収まっている．このような場合は，通常の運動量保存則と同じく，$\boldsymbol{q}'=\boldsymbol{q}+\boldsymbol{k}$ が成立する．それに対して，散乱先 $\boldsymbol{q}+\boldsymbol{k}$ が隣りのブリルアンゾーンになる場合，適当な逆格子ベクトル $\boldsymbol{G}$ を考えて，散乱先を $\boldsymbol{q}+\boldsymbol{k}-\boldsymbol{G}$ と取り直すことにより，散乱過程を同一ブリルアンゾーン内に留めることができる．このような散乱をウムクラップ過程という．この場合，真空中で見られた運動量保存則は成り立たず，結晶全体の運動量 $\boldsymbol{G}$ が励起され，

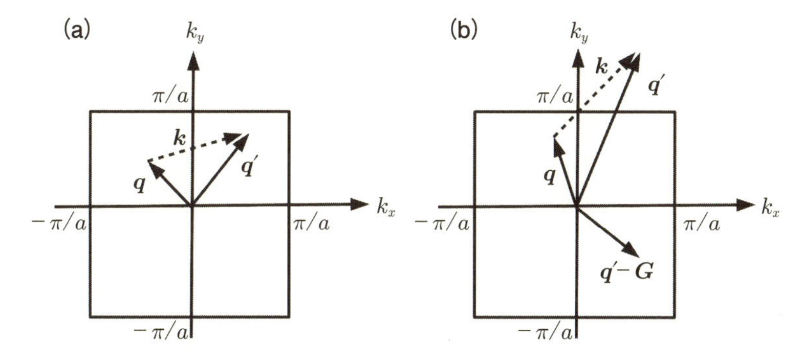

図 5.1　二つの散乱の模式図．(a) 正常散乱，(b) ウムクラップ散乱．

やがて散逸し，運動量保存則が破れて散乱による散逸 (不可逆性) が生じる．もちろん，フォノンのエネルギー $\hbar\omega$ との間にエネルギーの保存則

$$\varepsilon(\boldsymbol{q}') - \varepsilon(\boldsymbol{q}) = \hbar\omega \tag{5.29}$$

も成り立っている．電子系のエネルギーは格子系に移っているので，この過程は非弾性過程であり散逸を生じる．

実際の電子–格子散乱では，図 5.1 のように勝手なベクトル $\boldsymbol{q}$，$\boldsymbol{q}+\boldsymbol{k}$ を取ることはできない．運動量とエネルギーの保存則 (5.28)，(5.29) を満たすために，フェルミ球のごく一部の電子だけが散乱に寄与する．その様子を定性的に説明しよう．デバイ温度 θ_{D} よりも十分高温では，第一ブリルアンゾーン内のすべての音響フォノンモードが熱励起されており，フォノンの個数は温度依存しない．一方，電子はフェルミ面近傍の $k_{\mathrm{B}}T/E_{\mathrm{F}}$ 程度の電子だけが伝導に寄与する．この状況では，**図 5.2** (a) のように，フォノンを介してどんな運動量移送も可能である．すなわち，どの電子もフェルミ球の表面 $k_{\mathrm{B}}T$ 程度の状態のどこにでも散乱されることができる．

一方，低温極限では，図 5.2 (b) に示されるように，フォノンは $k_{\mathrm{B}}T$ 以下のエネルギーを持ったフォノンだけが熱励起されている．熱励起されたフォノンの最大波数 q は s を音速として $q \sim k_{\mathrm{B}}T/\hbar s$ 程度である．この場合，電子は散乱元からほんの少し離れた場所へしか散乱されない．散乱の頻度は，伝導に寄与する電子 ($\propto T$) とフォ

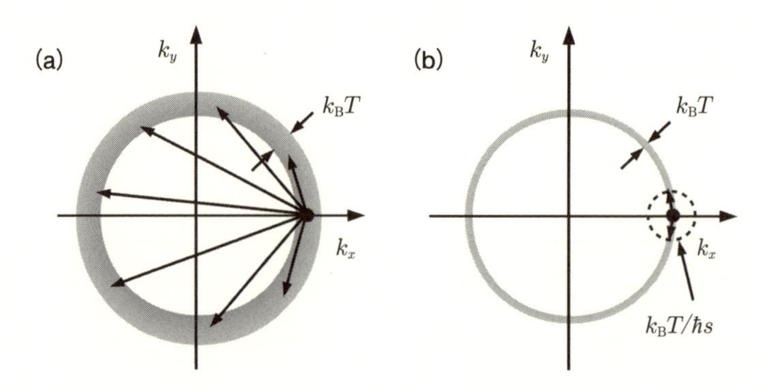

図 5.2　($k_{\mathrm{F}}, 0, 0$) にいる電子が，フォノンによって散乱されることが可能な状態．(a) デバイ温度より高温，(b) 十分低温．フェルミ球の一部しか，散乱の前後でエネルギー保存則を満たせない．十分低温になると運動量保存則を満たすことができる状態はさらに狭まる．

ノンの数 ($\propto T^3$) と運動量保存則を満たす波数空間の領域 ($\propto T$) の積で与えられ合計 T^5 に比例する．すべての温度領域について，ブロッホとグリュナイゼンは，電子格子相互作用による散乱確率を

$$\tau_{\mathrm{e\text{–}ph}}^{-1} \propto k_{\mathrm{B}} T \left(\frac{T}{\theta_{\mathrm{D}}}\right)^4 \int_0^{\theta_{\mathrm{D}}/T} \frac{4x^4 \, dx}{(e^x - 1)} \tag{5.30}$$

と計算した．高温極限，低温極限で散乱確率がそれぞれ T，T^5 に比例することを示すのは難しくない．読者自身で確かめてほしい．

三つ目の散乱は電子–電子散乱である．通常の電子系では，この散乱は電子–フォノン散乱がなくなった十分低温で生じる抵抗率の温度変化を説明するものである．散乱の温度依存性は散乱に寄与する電子の数は $k_{\mathrm{B}}T/E_{\mathrm{F}}$ に比例し，電子の散乱の行き先も $k_{\mathrm{B}}T/E_{\mathrm{F}}$ に比例しているので散乱確率は

$$\tau_{\mathrm{e\text{–}e}}^{-1} \sim (k_{\mathrm{B}}T/E_{\mathrm{F}})^2 \tag{5.31}$$

と表される．ただし，二つの電子が単にエネルギーと運動量を交換しただけならばそれは可逆的であり散逸は生じない．ウムクラップ過程など，何らかの不可逆性が入り込まないかぎり大きな抵抗率は生じない[21]．そもそもフェルミエネルギーは熱エネルギーより二桁大きいので，この散乱は通常の金属では非常に小さく，格子振動による散乱に隠れている．しかし，遷移金属酸化物や重い電子系と呼ばれる物質群 (第 7 章) では電子–電子散乱が非常に大きい．Kadowaki と Woods は電子–電子散乱に伴う T^2 に比例する抵抗率の比例係数 A が電子の比熱係数 γ と相関することを見出した．その様子を**図 5.3** に示す[20]．

散乱の起源が異なる複数の散乱は，散乱確率の和で書ける．すなわち，不純物散乱，電子–フォノン散乱，電子–電子散乱の 3 種類の散乱が共存するとき，散乱時間は

$$\tau^{-1} = \tau_{\mathrm{imp}}^{-1} + \tau_{\mathrm{e-ph}}^{-1} + \tau_{\mathrm{e-e}}^{-1} \tag{5.32}$$

と書ける．これをマティーセンの規則と呼ぶ．散乱時間の逆数と抵抗率は比例しているので，各々の抵抗率の和として

$$\rho = \rho_{\mathrm{imp}} + \rho_{\mathrm{e-ph}} + \rho_{\mathrm{e-e}} \tag{5.33}$$

と書くことがある．

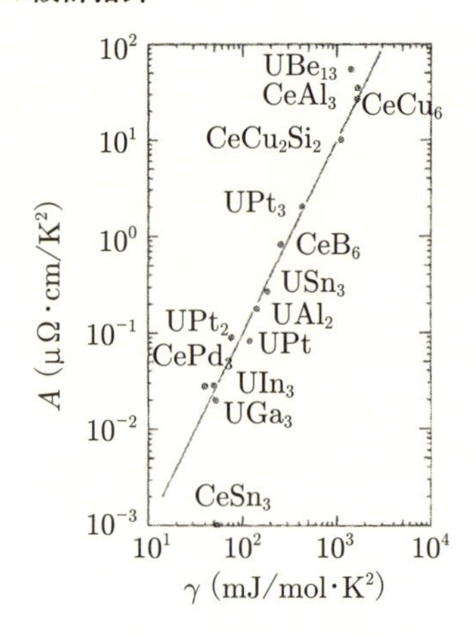

図 5.3　電子–電子散乱による T^2 に比例する抵抗率の比例係数 A と電子比熱係数 γ の関係[20].

5.1.6　最小ゼーベック係数

5.1.3 および 5.1.4 で，金属の電気伝導率，熱伝導率，ゼーベック係数の表式がそろった．金属の場合は，単位体積あたりアボガドロ数程度の膨大な数の電子が電気伝導を担うので，フォノンが担う熱伝導率 κ_{ph} よりも電子のそれ κ_{e} が大きいと考えてよい．たとえば，銅の電気伝導率 10^5 S/cm から見積もられる熱伝導率は室温で 70 W/mK で，通常の熱電材料の格子熱伝導率より一桁以上大きい．

この条件の下で性能指数は，

$$zT = \frac{\alpha^2 \sigma T}{\kappa_{\mathrm{ph}} + \kappa_{\mathrm{e}}} < \frac{\alpha^2 \sigma T}{\kappa_{\mathrm{e}}} = \frac{\alpha^2}{L_0} \tag{5.34}$$

となり，性能指数の上限はゼーベック係数の自乗 α^2 とローレンツ数 L_0 だけで書けることがわかる．ここで σ，κ_{e} として式 (5.12)，(5.14) を用いた．実用上の性能指数の目標値 $zT = 1$ を満たすためには

$$\alpha_{\min} = \sqrt{L_0} = \sqrt{\frac{\pi^2}{3}} \frac{k_{\mathrm{B}}}{|e|} = 155\ \mu\mathrm{V/K} \tag{5.35}$$

より大きなゼーベック係数が必要である．性能指数は三つの熱電パラメーターで書かれて自由度が大きいが，十分に電気伝導率が高い金属では，ゼーベック係数の大き

さが 155 μV/K を超えない限り，絶対に $zT = 1$ を実現できないことを示している．この値を最小ゼーベック係数と呼ぶ．

熱電対を用いた熱電変換の研究は数多くあるが，最小ゼーベック係数に到達していない材料の場合はどれほど楽観的な見積もりをしても大きな変換効率は期待できない．熱電対の典型的なゼーベック係数として 30 μV/K を用いると，予想される zT の最大値は $(\alpha/\alpha_{\min})^2 \sim 0.04$ となる．

5.1.7　Behnia の分類

Behnia らは[22]，ゼーベック係数の温度係数が電子比熱係数 γ と相関があることを指摘した．**図 5.4** には，ゼーベック係数の温度係数 α/T の低温極限の値を電子比熱係数 γ の関数として示す．多くの物質で γ と α/T がよく相関していることがわか

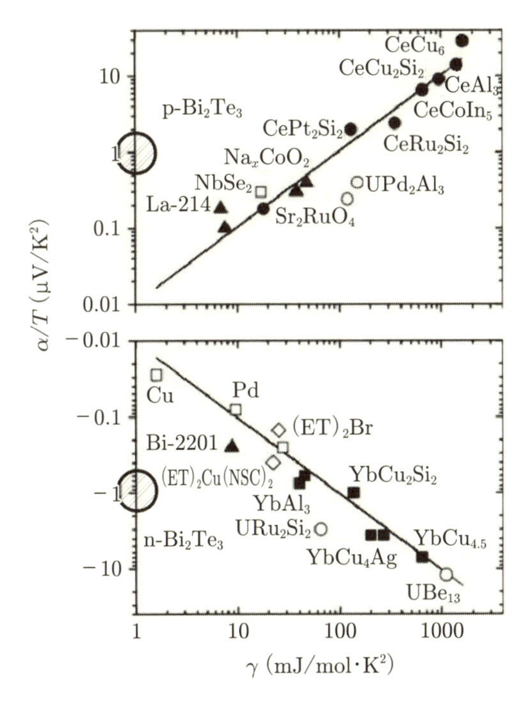

図 5.4　ゼーベック係数の温度係数 α/T と電子比熱係数 γ の相関．文献[22]に Bi_2Te_3 のデータを描き足した．

る．すなわち

$$\frac{\alpha}{T} = C_{\mathrm{b}}\gamma \tag{5.36}$$

で，定数 C_{b} は物質にほとんどよらない．

この関係式は金属に対してのみ成り立ち，典型的な熱電半導体である Bi_2Te_3 では成り立たないのは明らかである．Bi_2Te_3 のような縮退半導体では，式 (5.24) に示すとおり小さな E_{F} のために大きなゼーベック係数を持つ．一方，小さな E_{F} のため状態密度は金属よりもずっと小さく電子比熱も小さい．したがって図 5.4 の○で示す領域にデータが来て，直線的傾向からは大きく外れる．

金属においては電子は強く縮退し，電気伝導はフェルミ面での状態密度が支配している．このとき，金属の形式的なキャリア濃度 (フェルミ面が囲む体積) は輸送パラメーターにあまり影響しない．このような状況では，電子間相互作用による有効質量の増大効果 (7.1.1 参照) のほうが重要であり，それは α/T と γ をともに増大させる．図 5.4 はその様子を示していると見るべきであり，金属では有効質量がゼーベック係数を支配していることを意味している．

5.1.8　Mahan と Sofo の理論

Mahan と Sofo は[23]，フェルミ面での状態密度が非常に急峻な金属が優れた熱電材料になることを示した．まず，第 3 章の最後で触れた，実験で観測される熱伝導率 κ と電場ゼロで定義される熱伝導率 κ^0 の関係式 (3.167) を思い出すと，

$$\kappa = \kappa^0\left(1 - \frac{\sigma\alpha^2 T}{\kappa^0}\right) = \kappa^0(1 - z^0 T)$$

であった．$z^0T = \sigma\alpha^2 T/\kappa^0$ は電子だけで計算される無次元性能指数である．

ところで，式 (3.150)，(3.156)，(3.161) を用いると z^0T は

$$z^0 T = \frac{\left(\int d^3k\ w(\boldsymbol{k})(\varepsilon - \mu)\right)^2}{\left(\int d^3k\ w(\boldsymbol{k})\right)\left(\int d^3k\ w(\boldsymbol{k})(\varepsilon - \mu)^2\right)} \tag{5.37}$$

と書き直せる．ここで $w(\boldsymbol{k})$ は「重み」関数で，

$$w(\boldsymbol{k}) = \left(-\frac{\partial f^0}{\partial \varepsilon}\right) v_x^2 \tau \tag{5.38}$$

である．式 (5.37) を $w(\boldsymbol{k})$ を重み関数とした平均と見なすと，

$$z^0T = \frac{\left[\int d^3k\ w\ (\varepsilon-\mu)/\int d^3k\ w\right]^2}{\int d^3k\ w\ (\varepsilon-\mu)^2/\int d^3k\ w} = \frac{\langle \varepsilon-\mu \rangle^2}{\langle (\varepsilon-\mu)^2 \rangle} \tag{5.39}$$

と書き直せる．ここで記号 $\langle \cdots \rangle$ は w を用いた平均操作

$$\langle \cdots \rangle = \frac{\int d^3k\ w(\boldsymbol{k}) \cdots}{\int d^3k\ w(\boldsymbol{k})} \tag{5.40}$$

である．ある物理量の平均の自乗 $\langle x \rangle^2$ は自乗平均 $\langle x^2 \rangle$ より必ず小さいので $z^0T \leq 1$ が成り立つ．したがって因子 $(1 - z^0T)$ および κ は物質パラメーターによってゼロまで小さくなれる．これが熱電材料の zT が 1 より大きくなれる理由である．

では，等号 $z^0T = 1$ が成立するのはどのような状態であろうか．このとき，$\kappa = 0$ となって，開回路条件での電子の熱伝導率はゼロになる．それはもちろん，上の変形で $\langle x \rangle^2 = \langle x^2 \rangle$ が成り立つときである．固体の電子状態に即して言えば，状態密度 $D(\varepsilon - \mu)$ がデルタ関数で記述できるときである．現実的には，μ より $k_{\mathrm{B}}T$ 程度高いエネルギーに非常に鋭いピークを持った状態密度が出現すればよい．このとき，状態密度は $\varepsilon - \mu$ の周りで非常に大きな非対称性を持ち，式 (5.21) で与えられる Mott の公式の中の電気伝導率的関数 $L(\varepsilon)$ の対数微分が大きな値を持つ．Mahan と Sofo はこの状況を解析的に解ける簡単な関数で置き換え，大きな zT が得られることを理論的に予言した．この考え方は，Ce や Yb を含む金属間化合物が大きなゼーベック係数を持つことを説明したり[24]，不純物ドーピングによって鋭い不純物準位を導入することで熱電材料の性能向上を試みる研究[25]を導いた．

5.2 半導体の電気伝導

5.2.1 半導体とは何か

半導体とは，絶対零度で一つまたは複数のバンドが完全に占有され，一つ上のエネルギーを持つバンドが完全に空である系のことである．完全に占有されたバンドを価電子バンド，空のバンドを伝導バンドという．特徴的なエネルギーは価電子バンドの最大エネルギー E_{v}，伝導バンドの最小エネルギー E_{c} である．そのエネルギー差 $E_{\mathrm{g}} = E_{\mathrm{c}} - E_{\mathrm{v}}$ をバンドギャップという．

代表的な例として**図 5.5** にシリコンのバンド構造を示す[26]．エネルギーのゼロ点が価電子バンドの極大点に合わせられている．絶対零度ではエネルギーのゼロ点まで

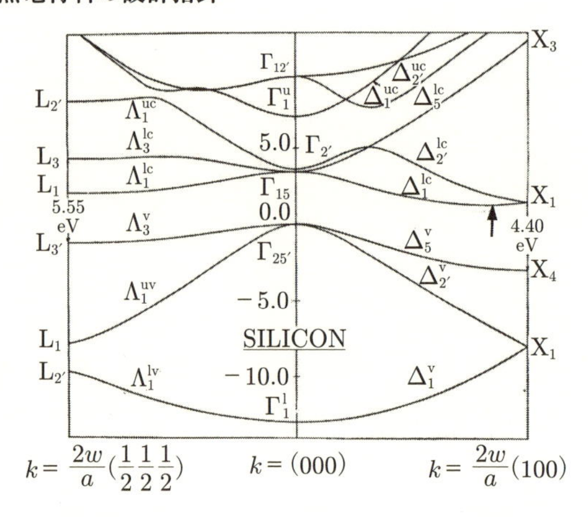

図 5.5　シリコンのバンド構造[26]．矢印はシリコンの伝導バンドの谷間を示す．

のすべての量子状態が占有されている．また矢印で示された伝導バンドの極小点は，(100) 方向でゾーンの端から少し内側にある．シリコンは立方晶なので等価な方向として $\pm k_x$，$\pm k_y$，$\pm k_z$ 方向にも極小点がある．バンド図では対称性の良い適当な軸についてしか描かれていないことに注意してほしい．したがって電子はこの 6 箇所の極小点に同時に励起される．このような複数の伝導バンドの極小 (または価電子バンドの極大) は，**谷間** (valley) と呼ばれる．シリコンは**多谷構造**をもつ典型的半導体である．

それに対して価電子バンドでは Γ 点，すなわち $k=0$ の周りに極大点があり，その周りの伝導電子が伝導バンドへと励起される．伝導電子の抜けた跡もまた一種の素励起であり，この励起はホールと呼ばれる (次節参照)．ただし $k=0$ の周りには二つのバンドが縮退しており，バンド幅の広い方を軽いホール，もう一つを重いホールと呼ぶ．シリコンのように，価電子バンドの極大点と伝導バンドの極小点の波数が異なる物質を間接遷移型半導体という．それに対して，両者の波数が同じ物質を直接遷移型半導体といい，GaAs がその代表である．

絶対零度での電子状態に注目すると，絶縁体と半導体の質的な違いはない．半導体はバンドギャップが絶縁体より小さく，室温近くで多少は電気が流れるという定量的な差しかない．また，多くの半導体では不純物をドープすることによってキャリア濃度を制御できるのに対し，絶縁体では不純物ドーピングによるキャリア濃度の制御は難しい．

5.2.2 ホールの概念の導入

半導体を記述するときに不可欠な概念がホール (正孔) である．**図 5.6** に模式的に示すように，価電子バンドの頂上付近にわずかに非占有状態があるとする．この状況を式 (3.75)，(3.79) の tight-binding 近似のバンド分散

$$\varepsilon(k) = -2|t|\cos(ka) \tag{5.41}$$

で考えよう．図 5.6 に示すように，このバンドの上端は第 1 ブリルアンゾーンの端 $k = \pm\pi/a$ 近くに対応する．有効質量は式 (3.121) から

$$\frac{1}{m^*} \sim -\frac{|t|a^2}{\hbar^2} < 0 \tag{5.42}$$

となって負となる．この表式は電子に対して書かれているので，電荷は $|e| < 0$ と負である．そこで運動方程式

$$m^* \frac{dv}{dt} = -|e|E \tag{5.43}$$

で，両辺に -1 を掛けて，

$$-m^* \frac{dv}{dt} = |e|E \tag{5.44}$$

と書き直し，正の電荷 $+|e|$ と正の質量 $-m^*$ を持った粒子を考えることにする．これがホールである．このとき，ホールの波数 $\boldsymbol{k}_{\mathrm{h}}$ は，もとの電子の波数 $\boldsymbol{k}_{\mathrm{e}}$ と $\boldsymbol{k}_{\mathrm{h}} = -\boldsymbol{k}_{\mathrm{e}}$ の関係にあり，運動エネルギーは $\varepsilon_{\mathrm{h}}(\boldsymbol{k}_{\mathrm{h}}) = -\varepsilon_{\mathrm{e}}(\boldsymbol{k}_{\mathrm{e}})$ の関係にある．

ホールの統計を考えよう．ホール密度 n_{h} は，電子が存在しない状態の数なので，

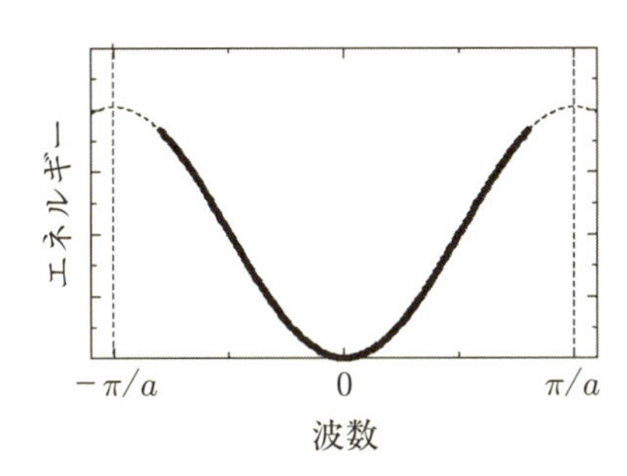

図 5.6 わずかに非占有状態があるバンド．フェルミエネルギー付近の励起はホールと呼ばれる．

$$n_{\mathrm{p}} = \int_{-\infty}^{E_{\mathrm{v}}} d\varepsilon\ D_{\mathrm{v}}(\varepsilon)(1 - f^0(\varepsilon)) \tag{5.45}$$

で与えられる．D_{v} は価電子バンドの状態密度である．ホールの存在確率はフェルミ分布関数 f^0 を用いて，

$$1 - f^0 = \frac{e^{(\varepsilon-\mu)/k_{\mathrm{B}}T}}{e^{(\varepsilon-\mu)/k_{\mathrm{B}}T} + 1} = \frac{1}{1 + e^{-\varepsilon+\mu/k_{\mathrm{B}}T}} \tag{5.46}$$

と書ける．最後の変形された式を改めてフェルミ分布と見なせば，ホールの統計は下記のように，

$$\varepsilon_{\mathrm{h}} = -\varepsilon + E_0 \tag{5.47}$$

$$\mu_{\mathrm{h}} = -\mu + E_0 \tag{5.48}$$

$$D_{\mathrm{h}}(\varepsilon_{\mathrm{h}}) = D_{\mathrm{v}}(\varepsilon) \tag{5.49}$$

$$f_{\mathrm{h}}^0(\varepsilon_{\mathrm{h}}) = 1 - f^0(\varepsilon) \tag{5.50}$$

書き換えると，電子と同じように議論できる．ここで E_0 は任意の定数 (エネルギーのゼロ点) である．たとえばホール密度は

$$n_{\mathrm{h}} = \int_{-\infty}^{E_{\mathrm{v}}} d\varepsilon D_{\mathrm{v}}(\varepsilon)(1 - f^0(\varepsilon)) \tag{5.51}$$

$$= \int_{-E_{\mathrm{v}}+E_0}^{\infty} d\varepsilon_{\mathrm{h}} D_{\mathrm{h}}(\varepsilon_{\mathrm{h}}) f^0(\varepsilon_{\mathrm{h}}) \tag{5.52}$$

$$= \int_{E_{\mathrm{v}}}^{\infty} d\varepsilon_{\mathrm{h}}\ D_{\mathrm{h}}(\varepsilon_{\mathrm{h}}) f^0(\varepsilon_{\mathrm{h}}) \tag{5.53}$$

と変形でき，電子密度の計算の表式と同じに見えるように $E_0 = 2E_{\mathrm{v}}$ にとった．これらの表式は，電子で見ると，負の電荷，負の質量，負の運動エネルギーを持つ状態が，正の電荷，正の質量，正の運動エネルギーを持つ粒子として取り扱えることを意味する．この論法は，陽電子の存在を予言したディラックの空孔理論と全く同じである．

5.2.3　真性領域

まず，不純物を含まない純粋な半導体から考察しよう．絶対零度ではキャリア濃度はゼロだが，有限温度では熱励起によって電子とホールが同時に熱励起される．その様子を**図 5.7** に模式的に示す．電荷の保存則があるので，熱励起された電子密度 n_{e}

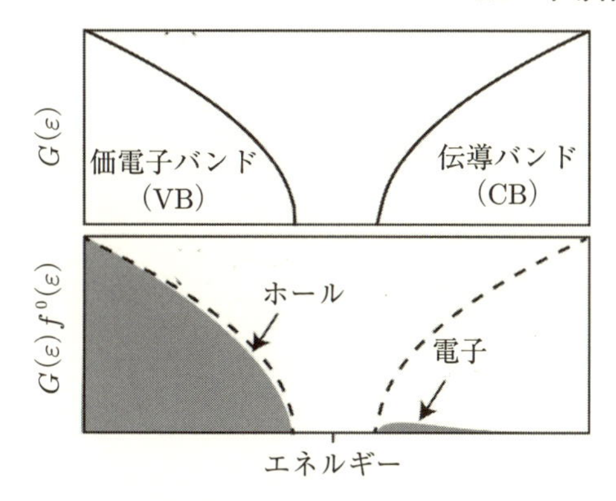

図 5.7 半導体の状態密度.

とホール濃度 $n_{\rm h}$ は等しく，$n_{\rm e} = n_{\rm h}$ である．このように半導体のバンドギャップを超えてキャリアが熱励起される温度領域を真性領域という．これは 5.2.5 で扱う不純物半導体における不純物領域や飽和領域に対比した概念である．

熱励起されたキャリアは極めて少ないと考えてよい．典型的なバンドギャップ $E_{\rm g}$ を 1 eV と考えると，$E_{\rm g}/k_{\rm B} \sim 10^4$ K となり，室温で $E_{\rm g}/k_{\rm B}T \gg 1$ が成立する．この状況で，化学ポテンシャルはだいたい $\mu = (E_{\rm c} + E_{\rm v})/2$ くらいになるはずである(理由を考えてみよ)．したがって $\varepsilon - \mu \sim (E_{\rm c} - E_{\rm v})/2 = E_{\rm g}/2 \gg k_{\rm B}T$ が成り立ち，フェルミ分布関数は

$$f^0 = \frac{1}{e^{(\varepsilon-\mu)/k_{\rm B}T} + 1} \sim e^{-(\varepsilon-\mu)/k_{\rm B}T} = e^{\mu/k_{\rm B}T} e^{-\varepsilon/k_{\rm B}T} \tag{5.54}$$

と書き直すことができ，半導体中の電子やホールはボルツマン分布に従う古典粒子として扱える．

またホールや電子はわずかだけバンドの極値 (波数 $\boldsymbol{k}_0$) に存在するのでバンド分散がどのようなものであれ，

$$\varepsilon(k) = \varepsilon(k_0) + \frac{d\varepsilon}{dk}(k - k_0) + \frac{1}{2}\frac{d^2\varepsilon}{dk^2}(k - k_0)^2 + \cdots \tag{5.55}$$

$$\sim \varepsilon(k_0) + \frac{1}{2}\frac{d^2\varepsilon}{dk^2}(k - k_0)^2 \tag{5.56}$$

と書けて，波数上で座標原点をずらせば自由電子近似が使える．$k - k_0$ の 1 次の項は極値条件でゼロであることに注意しよう．

これで準備が整ったので，式 (5.4) の状態密度を電子，ホールに場合に書き直し，

$$D_{\rm e}(\varepsilon) = \frac{\sqrt{2}}{\pi^2}\left(\frac{m_{\rm e}}{\hbar^2}\right)^{\frac{3}{2}}(\varepsilon - E_{\rm c})^{\frac{1}{2}} \tag{5.57}$$

$$D_{\rm h}(\varepsilon_{\rm h}) = \frac{\sqrt{2}}{\pi^2}\left(\frac{m_{\rm h}}{\hbar^2}\right)^{\frac{3}{2}}(\varepsilon_{\rm h} - E_{\rm v})^{\frac{1}{2}} \tag{5.58}$$

に対して，電子とホールの密度を計算しよう．$m_{\rm e}$，$m_{\rm h}$ は電子，ホールの有効質量である．電子密度 $n_{\rm e}$ は

$$n_{\rm e} = e^{\mu/k_{\rm B}T}\int_{E_{\rm c}}^{\infty} d\varepsilon\ D_{\rm e}(\varepsilon)e^{-\varepsilon/k_{\rm B}T} \tag{5.59}$$

を計算すればよい．変数変換 $x = \varepsilon - E_{\rm c}/k_{\rm B}T$ を施せば，

$$n_{\rm e} = e^{(\mu - E_{\rm c})/k_{\rm B}T}\frac{\sqrt{2}}{\pi^2}\left(\frac{m_{\rm e}}{\hbar^2}\right)^{\frac{3}{2}}(k_{\rm B}T)^{\frac{3}{2}}\int_0^{\infty} dx\ \sqrt{x}e^{-x} \tag{5.60}$$

$$= 2\left(\frac{m_{\rm e}k_{\rm B}T}{2\pi\hbar^2}\right)^{\frac{3}{2}}\exp\left(\frac{\mu - E_{\rm c}}{k_{\rm B}T}\right) \tag{5.61}$$

となる．同様にホール密度 $n_{\rm h}$ は，

$$n_{\rm h} = 2\left(\frac{m_{\rm h}k_{\rm B}T}{2\pi\hbar^2}\right)^{\frac{3}{2}}\exp\left(\frac{E_{\rm v} - \mu}{k_{\rm B}T}\right) \tag{5.62}$$

となる．$n_{\rm e} = n_{\rm h}$ から化学ポテンシャルが求められる．$m_{\rm e} = m_{\rm h}$ ならば

$$\mu = \frac{E_{\rm c} + E_{\rm v}}{2} \tag{5.63}$$

となって，μ は予想どおりバンドギャップの中央に位置する．

自由電子近似を用いて電子の電気伝導率 $\sigma_{\rm e}$ は

$$\sigma_{\rm e} = \frac{n_{\rm e}e^2\tau_{\rm e}}{m_{\rm e}} \tag{5.64}$$

であり，ホールの電気伝導率 $\sigma_{\rm h}$ は

$$\sigma_{\rm h} = \frac{n_{\rm p}e^2\tau_{\rm h}}{m_{\rm h}} \tag{5.65}$$

である．したがって全電気伝導率 σ は

$$\sigma = \sigma_{\rm e} + \sigma_{\rm h} = \frac{n_{\rm e}e^2\tau_{\rm e}}{m_{\rm e}} + \frac{n_{\rm h}e^2\tau_{\rm h}}{m_{\rm h}} \tag{5.66}$$

と表される．移動度 $\mu_{\rm e} = -|e|\tau_{\rm e}/m_{\rm e}$，$\mu_{\rm h} = |e|\tau_{\rm h}/m_{\rm h}$ を用いて書けば，

$$\sigma = -n_{\rm e}|e|\mu_{\rm e} + n_{\rm h}|e|\mu_{\rm h} \tag{5.67}$$

電気伝導率は，$n_{\rm e}$ および $n_{\rm h}$ の温度依存性に支配され，$\exp(-E_{\rm g}/2k_{\rm B}T)$ に比例する活性化型であり温度低下とともに急速にキャリア濃度が減少する．

5.2.4　真性領域のゼーベック係数

真性領域における電子のゼーベック係数を調べよう．式 (5.16) を半導体の電子に適用し，

$$\alpha_{\rm e} = \frac{1}{qT}\frac{\int_0^\infty d\varepsilon\ D_{\rm e}(\varepsilon)\left(-\frac{\partial f^0}{\partial\varepsilon}\right)v_x^2\tau_{\rm e}(\varepsilon-\mu)}{\int_0^\infty d\varepsilon\ D_{\rm e}(\varepsilon)\left(-\frac{\partial f^0}{\partial\varepsilon}\right)v_x^2\tau_{\rm e}} \tag{5.68}$$

と書こう．この式を，式 (5.40) と同様に，重み関数

$$w(\varepsilon) = D_{\rm e}(\varepsilon)\left(-\frac{\partial f^0}{\partial\varepsilon}\right)v_x^2\tau_{\rm e} \tag{5.69}$$

による平均計算と見なすと，式の右辺は $\langle\varepsilon-\mu\rangle/qT$ と書き直すことができる．いま電子は伝導バンドの極小点にしかいないので ε はほぼ $E_{\rm c}$ と変わらない．したがって，ゼーベック係数は

$$\alpha_{\rm e} \sim \frac{\langle\varepsilon-\mu\rangle}{qT} \sim \frac{k_{\rm B}}{q}\frac{E_{\rm c}-\mu}{k_{\rm B}T} = \frac{k_{\rm B}}{q}\frac{E_{\rm g}}{2k_{\rm B}T} \tag{5.70}$$

と書ける．すなわち，真性領域のゼーベック係数は温度に反比例し，$k_{\rm B}/|e|$ を $E_{\rm g}/2k_{\rm B}T$ 倍した非常に大きな値を示す．

Goldsmid と Sharp は，観測されるゼーベック係数の絶対値の最大値 $\alpha_{\rm max}$ が経験的に

$$\alpha_{\rm max} = \frac{E_{\rm g}}{2qT_{\rm max}} \tag{5.71}$$

に等しいことを指摘した[27]．ここで $T_{\rm max}$ は $\alpha_{\rm max}$ が観測される温度であり，不純物半導体が真性領域に入る温度にだいたい等しい．$T_{\rm max}$ より高温では少数キャリアが熱励起され，ゼーベック係数は電子とホールの両方の寄与で急速に相殺される．Goldsmid と Sharp の経験式 (5.71) は，系のエネルギーギャップの実験的見積もりを与えると同時に，エネルギーギャップが既知の物質の最大ゼーベック係数の見積も

りを与える．たとえば，ワイドギャップ半導体であるZnOでは5 mV/Kという大きなゼーベック係数が室温で観測される[28]．これを彼らの見積もりに従うと，

$$5 \times 10^{-3}\ \mathrm{V/K} \times 300\ \mathrm{K} \times 2 \times |e| = 3\ \mathrm{eV}$$

となって，バンドギャップは3 eVと見積もられる．この値はZnOのバンドギャップ3.4 eVに近い．

ホールのゼーベック係数の寄与も加えよう．温度勾配と電流の間の比例係数であるペルチェ伝導率 σ_{P} (3.152) が

$$\sigma_{\mathrm{P}} = \sigma_{\mathrm{e}}\alpha_{\mathrm{e}} + \sigma_{\mathrm{h}}\alpha_{\mathrm{h}} \tag{5.72}$$

で与えられることに注意すると，式 (3.155) は，真性領域の半導体の場合，

$$\alpha = \frac{\sigma_{\mathrm{P}}}{\sigma} = \frac{\sigma_{\mathrm{e}}\alpha_{\mathrm{e}} + \sigma_{\mathrm{h}}\alpha_{\mathrm{h}}}{\sigma_{\mathrm{e}} + \sigma_{\mathrm{h}}} \tag{5.73}$$

と書ける．もしも電子とホールが同じ有効質量を持ち，同じ移動度を持っていたら，$\sigma_{\mathrm{e}} = \sigma_{\mathrm{h}}$ かつ $\alpha_{\mathrm{e}} = -\alpha_{\mathrm{h}}$ となって，ゼーベック係数はゼロになる．実際は価電子バンドと伝導バンドの形状はかなり異なるので電子とホールのゼーベック係数の絶対値の差が残る．

谷間の効果も考えておこう．電子の谷間の縮退度を N_{v} とすると，電気伝導は縮退度の分だけ並列回路があるのと同じなので電気伝導率は谷間あたりの電気伝導率 σ^1，ペルチェ伝導率 σ_{P}^1 とすると，全電気伝導率は $\sigma = N_{\mathrm{v}}\sigma^1$，全ペルチェ伝導率は $\sigma_{\mathrm{P}} = N_{\mathrm{v}}\sigma_{\mathrm{P}}^1$ と書ける．したがってゼーベック係数は $\alpha = \sigma_{\mathrm{P}}/\sigma = \sigma_{\mathrm{P}}^1/\sigma^1$ となって谷間一つだけでのゼーベック係数 α^1 に等しい．それゆえ，電力因子 $\alpha^2\sigma$ は $\alpha^2\sigma = (\alpha^1)^2 N_{\mathrm{v}}\sigma^1$ となって，谷間が一つの場合より縮重度 N_{v} の分だけ大きくなる．

5.2.5　不純物半導体

半導体がエレクトロニクスの基幹材料となった理由は，不純物ドーピングという物性制御法にある．Siを例に取ろう．Siは最外殻に電子を四つ持ち，sp^3 混成軌道を通じてダイヤモンド構造を取った固体である．ここに，Pのように最外殻電子が一つ多い元素を少量，不純物として加えると．P原子は，不純物添加前の格子点にある一つのSiを置換して結晶内に組み込まれる．このとき，P原子が持つ1個余分の電子は，Si原子に比べて $+|e|$ だけ余分に帯電した "P^+ イオン" の周りを周回し，水素原

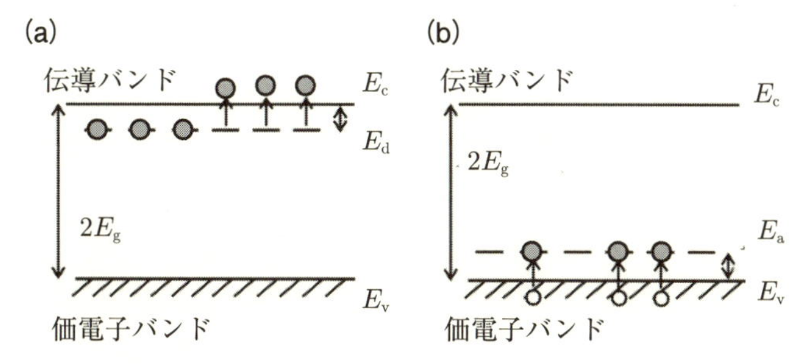

図 5.8　不純物半導体の電子状態の模式図．(a) n 型半導体とドナー，(b) p 型半導体とアクセプタ．

子のように振る舞う．この水素原子的な不純物から電子が解放されるためのイオン化エネルギーは

$$\varepsilon_1 = \left(\frac{1}{4\pi\varepsilon}\right)^2 \left(\frac{me^4}{2\hbar^2}\right) \tag{5.74}$$

と書ける．水素原子の場合は，上式の誘電率 ε は真空中の誘電率 ε_0 であるが，P 原子の場合は Si の比誘電率 ε_r を考慮した $\varepsilon = \varepsilon_r\varepsilon_0$ であることに注意しよう．Si の比誘電率は 12 と大きいため，イオン化エネルギーは水素原子のそれと比べて 1/144 だけ小さく，0.09 eV 程度となる．この大きさは，室温熱ゆらぎ k_BT よりやや多い程度であり，P 原子の周りに捉えられていた電子のかなりの割合が熱励起で解放されて伝導バンドを伝導する．

以上の様子を模式的に**図 5.8** (a) に示す．図の横軸は結晶内のある方向を描いており，縦軸はエネルギーである．伝導バンドの極小点と価電子バンドの極大点を場所の関数として模式的に描いてある．結晶が均質であればそれらは至る所一定であろう．価電子バンドの斜線は，価電子バンドがすべて電子で占有されていることを示している．一方，伝導バンドは空である．バンドギャップ内には，不純物として導入された P 原子の位置に不純物準位 E_d が描かれている．エネルギー差 $E_c - E_d$ が上で見積もった ε_1 に等しい．図のいくつかの準位から伝導バンドに伝導バンドに熱励起されている．同様に，図 5.8 (b) に示すように電子が 1 個少ない Al などを Si 結晶内に添加すると，今度は価電子バンドのすぐ上に不純物準位 E_a が形成される．そして，熱励起によって価電子バンドの電子が不純物準位に励起されホールが価電子バンドを伝導する．

伝導バンドのすぐ下に不純物準位を形成する不純物をドナー，価電子バンドのす

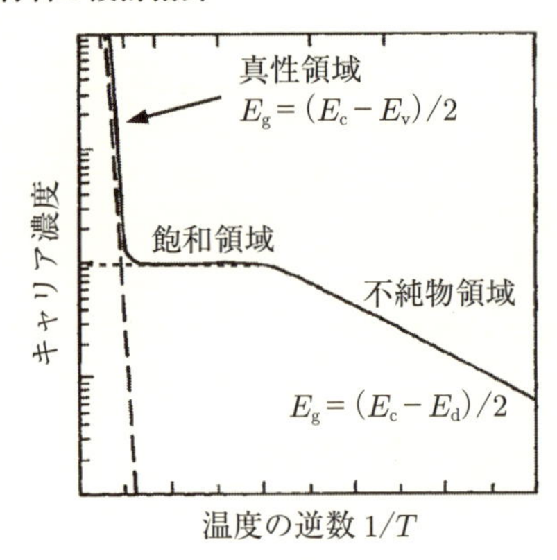

図 5.9　n 型半導体のキャリア濃度の温度依存性の模式図.

ぐ上に不純物準位を形成する不純物をアクセプタという．ドナーによって電子が伝導バンドを伝導する物質を **n 型** (伝導キャリアの電荷がマイナスなので negative の意味)，アクセプタによって価電子バンドをホールが伝導する物質を **p 型** (positive の意味) という．このように，不純物密度を制御して，母相の半導体結晶に導入することをドーピングといい，ドーピングされた半導体を不純物半導体という．不純物という，ややネガティブなネーミングとは逆に，不純物半導体はすべてのエレクトロニクスの基盤材料である．試料の隣り合う部分を p 型と n 型にドーピングすることによってダイオードやトランジスタといった非線形素子を創り出すことができ，これが論理回路の基礎となるからである．

不純物半導体の電気伝導の温度依存性は複雑である．n 型半導体に対して，キャリア濃度の温度依存性を**図 5.9** に模式的に示す．十分低温 (図の右側) ではほとんどの電子はドナー準位に捉えられたままであり，温度上昇とともに活性化エネルギー $(E_c - E_d)/2$ でキャリアが熱励起される．これを不純物領域という．この活性化エネルギーと熱エネルギーが同程度になれば，導入されたすべてのドナーから電子が解放され，系のキャリア濃度はドナー濃度 N_D に等しく，温度に依存しなくなる．この領域を飽和領域 (図の中央の平坦部分) という．さらに温度を上げると，価電子バンドから伝導バンドへの励起が始まり再びキャリア濃度は増加する．この領域を真性領域 (図の左側) といい，電子だけでなく価電子バンドにホールが励起され始める．その活性化エネルギーはバンドギャップ $E_g = (E_c - E_v)/2$ に等しい．

以上の考察では，不純物濃度が十分薄く，不純物は互いには十分に離れており，その結果その波動関数の重なりは無視できることを仮定した．不純物ドーピング濃度とともにキャリア濃度は増加するが，やがて不純物周りの波動関数が重なり始め，不純物バンドを形成し不純物準位も浅くなり，ついには化学ポテンシャルが伝導バンドの極小点を上回るようになる．Si の誘電率が大きいことがここでも有効であり，ボーア半径は比誘電率分だけ，水素原子のそれよりも長い．このように，不純物バンドを形成するくらいに高い密度までドーピングされた半導体は価電子バンドの中に化学ポテンシャルを持つので，本質的に金属と同じように振る舞う．このような半導体が，5.1.1 で触れた縮退半導体である．

5.2.6 半導体中の電子の散乱過程

電子の散乱確率は，状態 $(\boldsymbol{k}, \omega)$ から状態 $(\boldsymbol{k}', \omega')$ への遷移確率で計算され，結晶中の不純物やフォノンによって散乱される．その点は金属中の伝導電子と同じである．金属ではフェルミエネルギーが熱ゆらぎやフォノンのエネルギーに比べて圧倒的に大きかったので，ω も ω' もほぼフェルミエネルギーであり，散乱確率のエネルギー依存性を考える必要がなかった．それに対して縮退半導体では $E_{\mathrm{F}} \sim k_{\mathrm{B}} T$ であり散乱確率のエネルギー依存性 $\tau = \tau(\omega)$ が重要になる．

半導体中の伝導キャリアの散乱過程としては電子–格子散乱とイオン化された不純物による散乱の二つが特に重要である．電子–格子散乱は金属における散乱で取り上げたものと同じであるが，半導体の場合フェルミ球はとても小さい．Bardeen と Shockley は，格子振動がバンドの底 $k \sim 0$ の状態を歪ませ，その効果によって電子の散乱が起きると考えて散乱確率を計算した[29]．それによれば，散乱確率は

$$\frac{1}{\tau} \propto m^2 k_{\mathrm{B}} T v \propto \omega^{1/2} \tag{5.75}$$

と書けて，電子の速度 v に比例，あるいはエネルギー ω の平方根に比例する．ここで v は電子の速度である．エネルギーの部分をマックスウェル分布で平均すると $\sqrt{k_{\mathrm{B}} T}$ に置き換えられるから，散乱確率は $T^{3/2}$ で温度とともに増大する．格子振動は温度とともに増大するから，この結果はもっともらしい．

イオン化された不純物散乱は，不純物を散乱中心としてボルン近似で散乱時間を計算することによって求まり，

$$\frac{1}{\tau} \propto \frac{N_{\mathrm{i}}(\ln(1+(ka)^2)-1)}{m^* \omega^{3/2}} \propto \omega^{-3/2} \tag{5.76}$$

と計算される[30]．ここで a は格子定数，N_{i} は不純物濃度である．マックスウェル

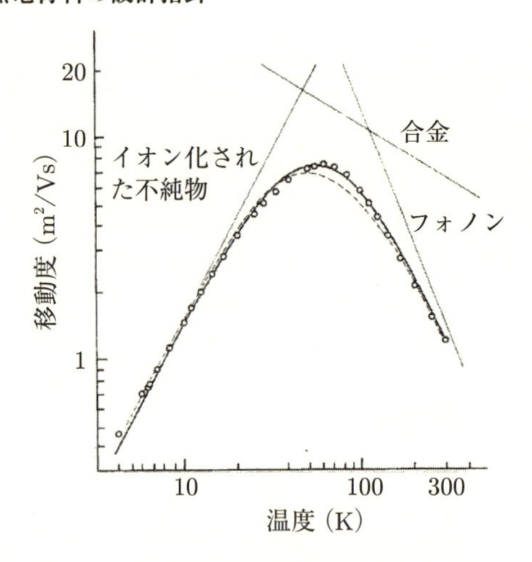

図 5.10　$Ga_xIn_{1-x}As$ の移動度の温度依存性[31].

分布を仮定して平均をとれば $\omega^{3/2}$ は $(k_BT)^{3/2}$ の項に置き換わるので，温度依存性は $1/\tau \propto T^{-3/2}$ となる．つまり，温度が下がるほど散乱時間は短くなる．これは金属の散乱では見られなかった温度依存性である．これはクーロン力による散乱断面積がエネルギーが大きくなるほど大きくなることに由来する．

実験的には，多くの半導体で高温で $T^{-3/2}$，低温で $T^{3/2}$ に比例する移動度が観測されている．その一例を**図 5.10** に示す[31]．移動度は低温側で，温度とともに増大し，80 K 付近で最大値を取ったあと，温度とともに減少する．低温極限，高温極限は両対数グラフでほぼ直線になっておりその傾きはそれぞれ 3/2，−3/2 に近い．半導体における散乱時間のエネルギー依存性は，式 (5.24) で考慮した移動度のエネルギー依存性を表す指数 r に関係しており，縮退半導体におけるゼーベック係数の大きさを左右する物理量である．

5.3　自由電子近似での計算

自由電子近似が使えるような単純な半導体において，電力因子を計算してみよう．すぐにわかることは，σ はキャリア濃度に対する増加関数であり α は減少関数であるから，$\alpha^2\sigma$ にはそれを最大化する最適キャリア濃度が存在するということである．

5.3.1 半古典近似による解析解

Mahan[1]に従って，高温領域の半導体における電力因子の表式を調べよう．このとき，キャリア濃度は式 (5.54) で与えられるボルツマン分布に従うとしてよい．

ゼーベック係数は，式 (5.68) の分布関数をボルツマン分布で書き直して

$$\alpha = \frac{1}{qT}\frac{\int_0^\infty d\varepsilon\ D_\mathrm{e}(\varepsilon)v_x^2\tau(\varepsilon-\mu)e^{-(\varepsilon-\mu)/k_\mathrm{B}T}}{\int_0^\infty d\varepsilon\ D_\mathrm{e}(\varepsilon)v_x^2\tau e^{-(\varepsilon-\mu)/k_\mathrm{B}T}} \tag{5.77}$$

となる．散乱時間については，そのエネルギー依存性を考慮して

$$\tau = \tau_0\varepsilon^r \tag{5.78}$$

を仮定し，エネルギーのべき r を導入する．$r=-1/2$ が電子格子散乱 (式 (5.75))，$r=3/2$ がイオン化した不純物による散乱 (式 (5.76)) に対応する．

ゼーベック係数をキャリア濃度の関数として求めよう．簡単のためキャリアは電子だけを考え，系にはドーピングなどによって濃度 n の電子が存在するとしよう．電子の有効質量を m^*，N_v を谷間の数とする．キャリア濃度は状態密度と分布関数を用いて，

$$n = \int_0^\infty d\varepsilon\ N_\mathrm{v}D_\mathrm{e}(\varepsilon)e^{-(\varepsilon-\mu)/k_\mathrm{B}T} \tag{5.79}$$

と表せる．ここで，伝導バンドの底をエネルギーのゼロ点にとった．この式を μ に対する方程式として，μ を n の関数として求めよう．状態密度をあらわに書いて，

$$n = e^{\mu/k_\mathrm{B}T}\int_0^\infty d\varepsilon\ \frac{\sqrt{2}N_\mathrm{v}}{\pi^2}\left(\frac{m^*}{\hbar^2}\right)^{\frac{3}{2}}\varepsilon^{\frac{1}{2}}e^{-\varepsilon/k_\mathrm{B}T} \tag{5.80}$$

が得られる．この式は積分可能で，$x=\varepsilon/k_\mathrm{B}T$ と変数変換すると，

$$n = n_0e^{\mu/k_\mathrm{B}T} \tag{5.81}$$

とできる．ここで n_0 は

$$n_0 = 2N_\mathrm{v}\left(\frac{m^*k_\mathrm{B}T}{2\pi\hbar^2}\right)^{\frac{3}{2}} \tag{5.82}$$

である．求める化学ポテンシャルは，

$$\frac{\mu}{k_\mathrm{B}T} = \ln\frac{n}{n_0} \tag{5.83}$$

となり，キャリア濃度 n の対数で書けることがわかった．

ゼーベック係数 (5.77) を少し変形して，

$$\alpha = \frac{1}{qT}\frac{\int_0^\infty d\varepsilon\ D_{\mathrm{e}}(\varepsilon)v_x^2\tau\varepsilon e^{-\varepsilon/k_{\mathrm{B}}T}}{\int_0^\infty d\varepsilon\ D_{\mathrm{e}}(\varepsilon)v_x^2\tau e^{-\varepsilon/k_{\mathrm{B}}T}} - \frac{\mu}{qT} \tag{5.84}$$

のように化学ポテンシャルを積分の外に出す．さらにドルーデ理論を仮定し，$v_x^2 = 2\varepsilon/3m$ として速度を式から消去し，分母と分子で定数は相殺することに注意すると，右辺第1項は簡単になって，

$$\alpha = \frac{1}{qT}\frac{\int_0^\infty d\varepsilon\ \varepsilon^{r+5/2}e^{-\varepsilon/k_{\mathrm{B}}T}}{\int_0^\infty d\varepsilon\ \varepsilon^{r+3/2}e^{-\varepsilon/k_{\mathrm{B}}T}} - \frac{\mu}{qT} \tag{5.85}$$

となる．ふたたび $x = \varepsilon/k_{\mathrm{B}}T$ と変数変換すると

$$\alpha = \frac{k_{\mathrm{B}}}{q}\frac{\Gamma(7/2+r)}{\Gamma(5/2+r)} - \frac{\mu}{qT} \tag{5.86}$$

を得る．ここで $\Gamma(x)$ はガンマ関数

$$\Gamma(x) = \int_0^\infty t^{x-1}e^{-t}dt \tag{5.87}$$

であり，公式 $\Gamma(x+1) = x\Gamma(x)$ を用いると，ゼーベック係数は

$$\alpha = \frac{k_{\mathrm{B}}}{q}\left(\frac{5}{2} + r - \frac{\mu}{k_{\mathrm{B}}T}\right) \tag{5.88}$$

となる．式 (5.83) を用いて化学ポテンシャルを消去すると，

$$\alpha = \frac{k_{\mathrm{B}}}{q}\left(\frac{5}{2} + r - \ln\frac{n}{n_0}\right) \tag{5.89}$$

が得られ，α はキャリア濃度 n の対数に比例して減少することがわかる．この式は非縮退領域 ($E_{\mathrm{F}} \ll k_{\mathrm{B}}T$) におけるゼーベック係数と呼ばれる．

σ および α を n の関数として**図 5.11** に模式的に示す．結局，式 (2.44) の電力因子は

$$\alpha^2\sigma = \frac{nq^2\tau}{m^*}\frac{k_{\mathrm{B}}^2}{q^2}\left(-\ln\frac{n}{n_0} + r + \frac{5}{2}\right)^2 \tag{5.90}$$

と書け，キャリア濃度の最適値は $d(\alpha^2\sigma)/dn = 0$ より，

$$-\ln\frac{n_{\mathrm{opt}}}{n_0} + r + \frac{5}{2} = 2 \tag{5.91}$$

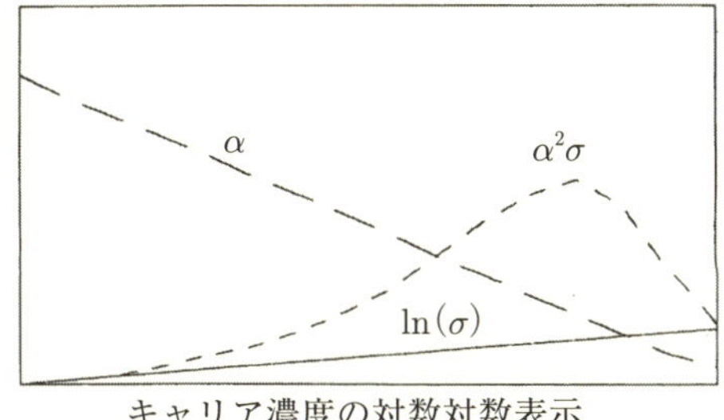

図 5.11 半導体における電気伝導率 σ，ゼーベック係数 α，電力因子 $\alpha^2\sigma$ のキャリア濃度依存性.

を得る．左辺は，ゼーベック係数の表式 (5.89) のカッコの中身そのものなので，最適化されたゼーベック係数 α_{opt} は

$$\alpha_{\mathrm{opt}} = 2k_{\mathrm{B}}/q = \pm 172\ \mu\mathrm{V/K} \tag{5.92}$$

となる．すなわち，電力因子を最大にするゼーベック係数は，物質パラメーターによらない普遍定数だけで記述され，その絶対値は 172 μV/K であることを示している．

最適キャリア濃度 n_{opt} は，式 (5.91) と r が 1 程度の数であることを考えると，n_0 のオーダーであることがわかる．実用化されている熱電材料である $\mathrm{Bi_2Te_3}$ の物性値を入れて最適キャリア濃度を見積もると 300 K で $10^{19}\ \mathrm{cm}^{-3}$ を得る．この値は縮退半導体のキャリア濃度であり，上で仮定した，真性領域におけるボルツマン分布の適用が取り扱いが許されない領域である．その意味ではこの見積りはいくぶん定性的である．それでも，実用化された熱電材料のゼーベック係数は ±200 μV/K 程度で最適化されるという事実を考え合わせると，式 (5.92) は示唆的である．すでに金属においては，性能指数は主にゼーベック係数によって決まり，$zT = 1$ を満たす最小値 155 μV/K があることを述べた．式 (5.92) が示す普遍的な値はこの値とも近い．

5.3.2 Pichanusakorn と Bandaru の計算

Pichanusakorn と Bandaru は[32]，既存の熱電材料の物性値や文献を調べた．そして，性能指数を最大にするように最適化された熱電材料がほぼ同じ値のゼーベック係数を示していることを見出した．彼らはこの結果を説明するために，様々な半導体に対して電力因子を数値的に計算し詳細に調べた．これは Mahan の解析的考察を，

数値計算を用いることでより広いキャリア濃度の範囲で行ったことに対応する．

彼らは d 次元の電子系のゼーベック係数を

$$\alpha = \frac{k_{\mathrm{B}}}{q}\left\{\frac{(r+d/2+1)F_{r+d/2}(\eta)}{(r+d/2)F_{r+d/2-1}(\eta)} - \eta\right\} \tag{5.93}$$

で計算した．ここで η は

$$\eta = \frac{\mu - E_0}{k_{\mathrm{B}}T} \tag{5.94}$$

であり，E_0 は伝導バンドの底のエネルギーである．関数 $F_j(\eta)$ は，

$$F_j(\eta) = \int_0^{\infty} dx \frac{x^j}{e^{x-\eta}+1} \tag{5.95}$$

で定義され，しばしばフェルミ積分と呼ばれる．彼らは自由電子の状態密度

$$D(\varepsilon) = \frac{N_{\mathrm{v}}}{g_{\mathrm{D}}a^{3-d}}\left(\frac{2m}{\hbar^2}\right)^{d/2}\varepsilon^{d/2-1} \tag{5.96}$$

を採用した．ここで定数 g_{D} は次元 d によって異なる定数で，3 次元で $2\pi^2$ である．谷間の数 N_{v} も考慮されており，この表式が $N_{\mathrm{v}}=1$，$d=3$ で式 (5.4) と一致することはすぐわかる．

この状態密度と自由電子近似 $v_x^2 = 2\varepsilon/md$ およびエネルギー依存性を持つ散乱時間 (5.78) を式 (5.16) に代入して整理すれば式 (5.93) が得られる．実際，

$$\alpha = \frac{1}{qT}\frac{\int_0^{\infty} d\varepsilon\ D(\varepsilon)\left(-\frac{\partial f^0}{\partial\varepsilon}\right)v_x^2\tau(\varepsilon-\mu)}{\int_0^{\infty} d\varepsilon\ D(\varepsilon)\left(-\frac{\partial f^0}{\partial\varepsilon}\right)v_x^2\tau} \tag{5.97}$$

$$= \frac{1}{qT}\frac{\int_0^{\infty} d\varepsilon\ \varepsilon^{d/2-1}\left(-\frac{\partial f^0}{\partial\varepsilon}\right)\frac{2\varepsilon}{md}\tau_0\varepsilon^r\varepsilon}{\int_0^{\infty} d\varepsilon\ \varepsilon^{d/2-1}\left(-\frac{\partial f^0}{\partial\varepsilon}\right)\frac{2\varepsilon}{md}\tau_0\varepsilon^r} - \frac{\mu}{qT} \tag{5.98}$$

$$= \frac{1}{qT}\frac{\int_0^{\infty} d\varepsilon\ \varepsilon^{d/2+1+r}\left(-\frac{\partial f^0}{\partial\varepsilon}\right)}{\int_0^{\infty} d\varepsilon\ \varepsilon^{d/2+r}\left(-\frac{\partial f^0}{\partial\varepsilon}\right)} - \frac{\mu}{qT} \tag{5.99}$$

$$= \frac{1}{qT}\frac{\int_0^{\infty} d\varepsilon \frac{d}{d\varepsilon}\varepsilon^{d/2+1+r}f^0}{\int_0^{\infty} d\varepsilon \frac{d}{d\varepsilon}\varepsilon^{d/2+r}f^0} - \frac{\mu}{qT} \tag{5.100}$$

$$= \frac{1}{qT}\frac{(d/2+1+r)\int_0^{\infty} d\varepsilon\ \varepsilon^{d/2+1}f^0}{(d/2+r)\int_0^{\infty} d\varepsilon\ \varepsilon^{d/2+r-1}f^0} - \frac{\mu}{qT} \tag{5.101}$$

と変形できる．ここでエネルギーの原点を E_0 にとった．あとは変数変換 $x=\varepsilon/k_{\mathrm{B}}T$ を行えば式 (5.93) が得られる．3 行目から 4 行目にいたる式変形では，フェルミ関数の微分を部分積分してフェルミ関数の積分に直している．普通はそのようなことはできないが，f^0 以外の ε 依存部分が ε のべき関数なので解析的な変形が可能なのである．

同様にキャリア濃度 n

$$n=\int_0^{\infty} d\varepsilon\ D(\varepsilon)f^0(\varepsilon) \tag{5.102}$$

$$=\frac{N_{\mathrm{v}}}{g_{\mathrm{D}}a^{3-d}}\left(\frac{2mk_{\mathrm{B}}T}{\hbar^2}\right)^{d/2}F_{d/2-1}(\eta) \tag{5.103}$$

および伝導度 σ は，

$$\sigma=\int_0^{\infty} d\varepsilon\ D(\varepsilon)\left(-\frac{\partial f^0}{\partial\varepsilon}\right)\frac{2\varepsilon}{md}\tau_0\varepsilon^r \tag{5.104}$$

$$=\frac{N_{\mathrm{v}}}{g_{\mathrm{D}}a^{3-d}}\left(\frac{2mk_{\mathrm{B}}T}{\hbar^2}\right)^{d/2}\frac{2\tau_0(k_{\mathrm{B}}T)^r}{md}(d/2+r+1)F_{d/2+r-1}(\eta) \tag{5.105}$$

で計算される．移動度 μ_{e} は電気伝導率をキャリア濃度で割って

$$\mu_{\mathrm{e}}=\frac{\sigma}{n}=\frac{2q(d/2+r+1)}{md}\tau_0(k_{\mathrm{B}}T)^r\frac{F_{d/2+r-1}(\eta)}{F_{d/2-1}(\eta)} \tag{5.106}$$

と求められる．散乱時間の絶対値にあたる τ_0 が入っているので移動度や電気伝導率は任意単位で計算される．

D	$r=-1/2$	0	$+1/2$	$+3/2$
3	0.67 167	2.47 130	無制限 –	無制限 –
2	−0.37 187	−0.67 167	2.47 130	無制限 –
1	n/a –	−0.37 187	0.67 167	無制限 –
		中性不純物散乱	イオン化不純物散乱(強)	イオン化不純物散乱(弱)

図 5.12　電力因子を最大にするときの電力因子とゼーベック係数の計算値．各セルの上段が電力因子 (任意単位)，下段がゼーベック係数 (μV/K)．D は系の次元，r は式 (5.78) で定義された散乱時間のエネルギー依存性のべき．

その結果を**図5.12**に示す．各セルの上段が電力因子 (任意単位)，下段がゼーベック係数 (μV/K)．D は系の次元，r は式 (5.78) で定義された散乱時間のエネルギー依存性のべきである．いくつかの状況では，最適値が存在しないが，多くの場合にゼーベック係数は 130–187 μV/K で最適化されている．

5.3.3　移動度

ゼーベック係数の大きさが普遍な値に固定されるのであれば，電力因子を最大にする唯一の方法は電気伝導率 σ を最大にすることである．いまキャリア濃度も最適値 $n_{\rm opt}$ に固定されているから，伝導率 $\sigma = n_{\rm opt} q \mu_{\rm e}$ を最大にする唯一の方法は移動度 $\mu_{\rm e}$ を最大にすることである．実際，実用化されている熱電材料は，高移動度の縮退半導体であり，ここで述べた半古典的取り扱いが材料設計に有効であることがわかる．

では高移動度半導体の設計指針は何であろうか．移動度には散乱時間という不可逆性を示す時間スケールが入っており，現代の計算物理学でも第一原理的計算は難しい．とはいえ，いくつかの経験則はある．Slack は[34]，多くの 2 元系半導体を分類し，二つの元素の電気陰性度の差が小さいほど移動度が高いという関係を見出した．これは系がよりイオン結合性を強めれば，光学フォノンによる散乱が増えるためであると考えられている．たしかに，酸化物やフッ化物・塩化物には高移動度の物質が少ない．

同じことをバンドギャップとの相関で考えることもできる．**図5.13**に，様々な半導体のバンドギャップと移動度の関係を示す[33]．図のプロット点の大きさは熱伝導

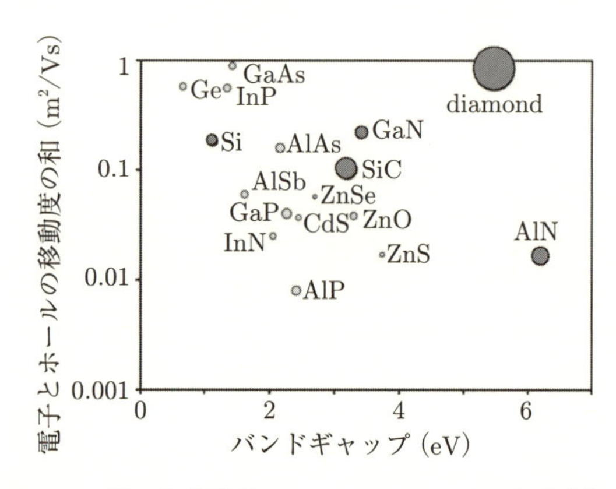

図5.13　様々な半導体のバンドギャップと移動度[33]．

率の大きさを示しているが，今の議論には関係ない．同じ列で比べればIV族，III–V族，II–VI族の順でがバンドギャップが大きくなり移動度が低くなっている．イオン性が増すとバンドギャップは大きくなるので，たしかに移動度と共有結合性・電気陰性度差は関係しているようである．例外はダイヤモンドで，大きなバンドギャップを持ちながら，高い移動度が実現している．

5.3.4 B因子

熱電材料の性能指数は，電気伝導率，ゼーベック係数，熱伝導率の三つの物理量からなっているが，それらはキャリア濃度の関数として互いに関連している．zT を独立な物理量で記述し直せないかという試みから生まれた概念が**B因子** (B-factor) または**物質因子** (quality factor) である．Chasmar と Stratton が最初に提唱し，Tuomi は実験結果の整理に用いている[35, 36]．ここでは Mahan[1]の記述に一部従いながら，筆者自身が導出した方法を紹介する．

まず，無次元性能指数を

$$zT = \frac{\sigma\alpha^2 T}{\kappa_{\mathrm{ph}} + \kappa_{\mathrm{e}}} = \frac{\sigma\alpha^2 T}{\kappa_{\mathrm{ph}} + \kappa_{\mathrm{e}}^0 - \sigma\alpha^2 T} = \frac{\sigma\alpha^2 T/\kappa_{\mathrm{ph}}}{1 + \kappa_{\mathrm{e}}^0/\kappa_{\mathrm{ph}} - \sigma\alpha^2 T/\kappa_{\mathrm{ph}}} \tag{5.107}$$

と書き直す．分子に出てきた量を式 (5.61)，(5.64) および (5.92) を用いて

$$\frac{\sigma\alpha_{\mathrm{opt}}^2 T}{\kappa_{\mathrm{ph}}} = \frac{T}{\kappa_{\mathrm{ph}}} \frac{2N_{\mathrm{v}} q^2 \tau}{m^*} \left(\frac{m^* k_{\mathrm{B}} T}{2\pi\hbar^2}\right)^{\frac{3}{2}} \exp\left(-\frac{E_{\mathrm{g}}}{2k_{\mathrm{B}}T}\right) \left(\frac{2k_{\mathrm{B}}}{q}\right)^2 \tag{5.108}$$

と変形する．ここで N_{v} は谷間の数である．さらに移動度 $\mu_{\mathrm{e}} = q\tau/m^*$ と式 (5.82) の n_0 を用いて，

$$\frac{\sigma\alpha_{\mathrm{opt}}^2 T}{\kappa_{\mathrm{ph}}} = n_0 \mu_{\mathrm{e}} \frac{4k_{\mathrm{B}}^2 T}{q\kappa_{\mathrm{ph}}} \exp\left(-\frac{E_{\mathrm{g}}}{2k_{\mathrm{B}}T}\right) = B \exp\left(-\frac{E_{\mathrm{g}}}{2k_{\mathrm{B}}T}\right) \tag{5.109}$$

を得る．ここで，B因子 B を

$$B = n_0 \mu_{\mathrm{e}} \frac{4k_{\mathrm{B}}^2 T}{q\kappa_{\mathrm{ph}}} \tag{5.110}$$

と定義した．このとき無次元性能指数は

$$zT = \frac{B\exp(-E_{\mathrm{g}}/2k_{\mathrm{B}}T)}{1 + \kappa_{\mathrm{e}}^0/\kappa_{\mathrm{ph}} - B\exp(-E_{\mathrm{g}}/2k_{\mathrm{B}}T)} = F(B, E_{\mathrm{g}}) \tag{5.111}$$

と変形され，B と E_{g} の関数 F で表現できる．ただし $\kappa_{\mathrm{e}}^0/\kappa_{\mathrm{ph}}$ は1よりも十分小さいとして無視し，F の変数には見なさなかった．

Mahan は多数キャリアと少数キャリアの両方を考えて無次元性能指数の B 因子依存性を計算した．**図 5.14** に zT の E_{g} 依存性の計算結果を示す[1]．明らかに B 因子が大きいほど zT は大きい．これは B 因子が熱電性能を決める無次元量であることを示している．また $E_{\mathrm{g}}/k_{\mathrm{B}}T$ が 6 以上になると，zT は飽和しはじめ，10 以上でほぼ一定値を取ることがわかる．これはバンドギャップが小さすぎると，半導体は真性領域に入り，電子・ホールがともに励起されてゼーベック係数が打ち消されることを示している．したがって，B 因子の大きさとは別に，系のバンドギャップは動作温度から計算される熱エネルギーの 10 倍程度の大きさが必要であることを意味している．室温で考えれば，3000 K の熱エネルギーに対応するバンドギャップは 0.26 eV であるから，熱電材料は狭いバンドギャップをもった半導体が適していることになる．もちろんバンドギャップがもっと大きくてもよいが，その場合は，図 5.13 に示すように移動度が低くなる．

B 因子の中身から物質に依存する量を抜き出すと，

$$B \propto \frac{N_{\mathrm{v}}\mu_{\mathrm{e}}m^{*3/2}}{\kappa_{\mathrm{ph}}} = \frac{N_{\mathrm{v}}\tau m^{*1/2}}{\kappa_{\mathrm{ph}}} \tag{5.112}$$

が得られる．性能指数を決めていた三つの輸送パラメーターが互いにキャリア濃度の関数で関連し合っていたのに対して，式 (5.112) は，材料の微視的パラメーターに分解されていることがわかる．すなわち，よい熱電変換材料は，多くの谷間縮退度 N_{v}，高い移動度 μ_{e}，大きな有効質量 m^*，低い格子熱伝導率 κ_{ph} を持つ物質である．直

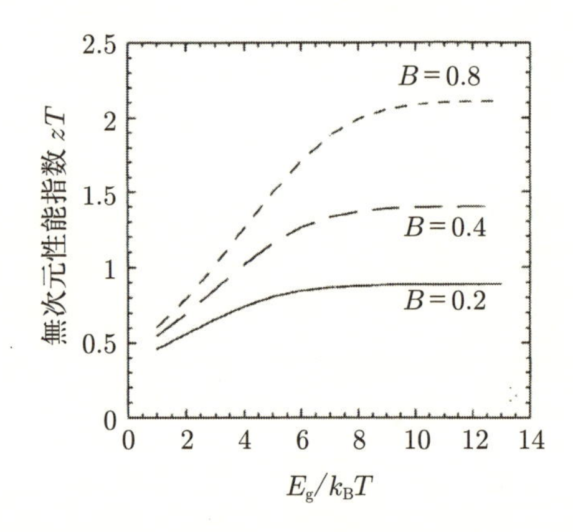

図 5.14　様々な B 因子に対する zT のバンドギャップ E_{g} 依存性[1]．

感的には，高い移動度は高い電気伝導率，低い格子熱伝導率は低い熱伝導率の指標である．有効質量は式 (5.82) に示すとおり n_0 に含まれる量であり，同じキャリア濃度でより高いゼーベック係数を与える．さらに言えば，移動度は有効質量の逆数に比例するから，高い移動度は軽い有効質量ではなく，長い散乱時間によって実現されなければならない．GaAs は高移動度の半導体であるが，優れた熱電材料ではないのはその高移動度が軽い有効質量に由来するからである．

5.3.5 Jonker プロット

自由電子近似が有効な半導体の熱電特性を図示できる方法が Jonker プロットと呼ばれる表示法である．非縮退領域のゼーベック係数の表式 (5.89) は

$$\alpha = \frac{k_\mathrm{B}}{q}\left(\frac{5}{2} + r - \ln\frac{n}{n_0}\right)$$

のように，キャリア濃度 n の対数に比例して減少する．もしも移動度 μ_e がキャリア濃度 n の関数でないならば，電気伝導率 σ は n に比例するから，n を σ で書き換えて，

$$\alpha = \frac{k_\mathrm{B}}{q}\left(\frac{5}{2} + r + \ln|qn_0\mu_\mathrm{e}| - \ln\sigma\right) \tag{5.113}$$

という関係式が得られる．

したがって，α を $\ln\sigma$ に対してプロットすれば，データは直線上に集まることが期待できる．ゼーベック係数を電気伝導率の対数に対して表示する方法を Jonker プロットあるいは単に α-$\ln\sigma$ プロットという．そしてその直線の傾きは普遍定数 $k_\mathrm{B}/|e|$ であり，σ 軸上の切片は移動度の大きさを与える．移動度はホール係数の測定を通じて実験的に決定されるが，遷移金属酸化物など低移動度の物質の場合，また高い温度での移動度を知りたいときに，ホール効果の計測は一般に困難である．Jonker プロットはそのような試料における移動度のおおまかな評価に用いることができる．

図 5.15 にハーフホイッスラー型熱電材料の Jonker プロットを例として示す[37]．ゼーベック係数の絶対値が電気伝導率の対数とよい直線関係を示しており，その傾きが k_B/e であることも読み取れる．

実際には，多くの物質で Jonker プロットの傾きの大きさが $|k_\mathrm{B}/e|$ より小さくなることがある．つまり同じキャリア濃度で比べてゼーベック係数が小さく観測されるということがしばしばある．原因は様々で，移動度がキャリア濃度依存性を持っていたり，キャリアが単一ではなく電子とホールが共存している場合は Jonker プロットの

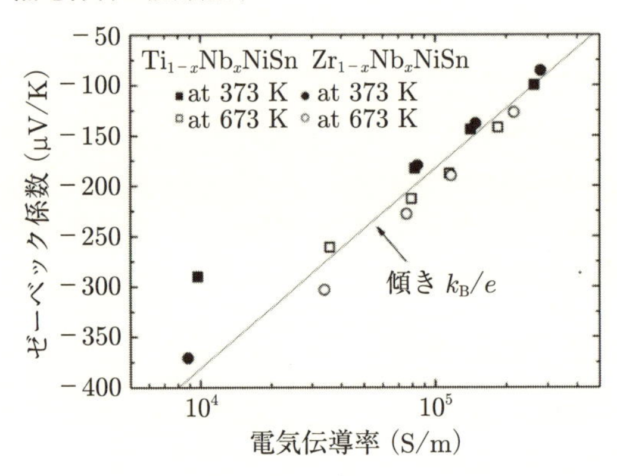

図 5.15　ハーフホイッスラー化合物についての Jonker プロット[37].

解析が成り立たない．そのような場合でも，傾きを変数 A，$\ln\sigma$ 軸の切片を変数 B として電力因子 $\sigma\alpha^2$ の最適値を求めると，

$$\frac{d}{d\sigma}\sigma\alpha^2 = \frac{d}{d\sigma}\sigma A^2(B - \ln\sigma)^2 = 0 \tag{5.114}$$

から最適な電気伝導率 σ_{opt} は

$$\sigma_{\mathrm{opt}} = \exp(B - 2) \tag{5.115}$$

となり，そのときのゼーベック係数は $2A$ に等しい．この値は $A = k_B/e$ ならば式 (5.92) に一致する．また電力因子は

$$\sigma_{\mathrm{opt}}\alpha^2 = 4A^2\sigma_{\mathrm{opt}} = 4A^2\exp(B - 2) \tag{5.116}$$

で最大になる．この見積りから，熱電材料の大雑把な最適化ができ，到達可能な性能指数の上限値を見積もることができる．

5.4　高温の漸近形

5.4.1　Heikes の公式

Chaikin と Beni[38]は，式 (5.16) を

$$\alpha = \frac{1}{qT}\frac{\int_0^\infty d\varepsilon\ D(\varepsilon)\left(-\frac{\partial f^0}{\partial \varepsilon}\right)v_x^2\tau\varepsilon}{\int_0^\infty d\varepsilon\ D(\varepsilon)\left(-\frac{\partial f^0}{\partial \varepsilon}\right)v_x^2\tau} - \frac{\mu}{qT} \tag{5.117}$$

と変形し，高温極限の振る舞いを考察した．右辺第 1 項は，式 (5.40) を用いて $\langle\varepsilon\rangle/qT$ と書き直すことができる．ここで $\langle\cdots\rangle$ は式 (5.69) で導入した重み関数による平均である．エネルギーの平均値 $\langle\varepsilon\rangle$ は伝導バンド (ホールの場合は価電子バンド) のバンド幅 W を超えないから熱ゆらぎ $k_{\mathrm{B}}T$ がバンド幅 W を超えるほど大きくなると，第 1 項は温度に反比例していくらでも小さくなる．

右辺第 2 項も温度とともに小さくなりそうだが，それは正しくない．次の熱力学の恒等式

$$-\frac{\mu}{T} = \left(\frac{\partial S}{\partial N}\right)_{E,V} \tag{5.118}$$

によって，右辺第 2 項は，キャリアあたりのエントロピーに比例し有限である．それゆえ高温極限のゼーベック係数は

$$\lim_{T\to\infty}\alpha = -\frac{\mu}{qT} = \frac{1}{q}\left(\frac{\partial S}{\partial N}\right)_{E,V} \tag{5.119}$$

となり，熱力学量で書ける．式 (5.119) は歴史的に Heikes の公式と呼ばれている．この恒等式は，温度ではなくエネルギーが一定で成り立つ式であることに注意しよう．すなわち，この式が成り立つ分布関数はミクロカノニカル分布である．もちろん平衡状態の統計力学の結果は，用いる分布関数によらないことは証明されているが，若干気持ちが悪い．カノニカル分布を用いた取り扱いは，Koshibae らによって行われており[39]，もちろん，高温極限のゼーベック係数がキャリアあたりのエントロピーに等しいという結果は変わらない．

ともあれ Chaikin と Beni のやり方で進めよう．ゼーベック係数の計算は，エネルギー一定としたときの場合の数を勘定することで計算できることがわかった．一番簡単な場合を調べよう．N_0 個の原子が 1 次元の鎖に整列し，N 個の電子が存在する場合を考えよう．一つの原子にはスピン自由度を考えて二通りの占有が考えられるから許される占有数が $2N_0$ であることに注意すると，求める場合の数は

$${}_{2N_0}C_N = \frac{2N_0!}{N!(2N_0-N)!} \tag{5.120}$$

である．エントロピーは場合の数の対数を取ればよいから

$$S = k_\mathrm{B} \ln \frac{2N_0!}{N!(2N_0 - N)!} \tag{5.121}$$

と書ける．いま，N も N_0 巨視的な数を考えているから，スターリングの公式

$$\ln N! \sim N \ln N - N \tag{5.122}$$

を用いて，

$$S = Nk_\mathrm{B} \ln \frac{2-p}{p} \tag{5.123}$$

と変形できる．ここで p は電子密度 N/N_0 である．したがって，ゼーベック係数は直ちに

$$\alpha = \left(\frac{\partial S}{\partial N}\right)_{E,V} = \frac{k_\mathrm{B}}{q} \ln \frac{2-p}{p} \tag{5.124}$$

と書ける．

$p < 1$ では，系は電子をキャリアと考えるべきであり，対数の引数は1より大きい．したがってゼーベック係数の符号は電荷 q の符号と等しい．$p \ll 1$ ならばゼーベック係数は

$$\alpha \sim k_\mathrm{B}(\ln 2 - \ln p)/q$$

と書けて，キャリア濃度の対数に比例して減少する．これは非縮退領域でのゼーベック係数 (5.89) と同じような振る舞いを示す．

次に，電子同士のクーロン斥力が強く，同じ原子位置には二つの電子が来ることができない場合を考えよう．この場合，許される状態数は $2N_0$ ではなく，N_0 となる．その代わり，電子は各原子位置でアップ，ダウンの二通りのスピン状態が取れる．その場合の数は，$2^N{}_{N_0}C_N = 2^N N_0!/(N!(N_0 - N)!)$ と書ける．この場合のゼーベック係数は

$$\alpha = \frac{k_\mathrm{B}}{q} \left(\ln \frac{1-p}{p} + \ln 2\right) \tag{5.125}$$

となる．遷移金属酸化物のように他電子原子が電気伝導を支配している場合は，$\ln 2$ の代わりに電子配置の自由度がゼーベック係数に現れる．二つのイオン A，B の混晶において，イオンの内部自由度を g_A，g_B とすると

$$\alpha = \frac{k_\mathrm{B}}{q} \left(\ln \frac{1-p}{p} + \ln \frac{g_\mathrm{A}}{g_\mathrm{B}}\right) \tag{5.126}$$

と書ける（拡張された Heikes の公式）．これは Koshibae らによって導かれた[40]．

5.4.2 Kelvin の公式

Peterson と Shastry は[41]，ゼーベック係数の表式 (5.16) の別の近似方法を見出した．ここでは，著者が見出した方法を紹介する[42]．式中の $v_x(\boldsymbol{k})$ と $\tau_0\varepsilon^r$ の波数・エネルギー依存性を無視することができればゼーベック係数は

$$\alpha = \frac{1}{qT}\frac{\int_0^\infty d\varepsilon\ D(\varepsilon)\left(-\frac{\partial f^0}{\partial\varepsilon}\right)(\varepsilon-\mu)}{\int_0^\infty d\varepsilon\ D(\varepsilon)\left(-\frac{\partial f^0}{\partial\varepsilon}\right)} \tag{5.127}$$

と書ける．ところで，化学ポテンシャルは

$$n = \int_0^\infty d\varepsilon\ D(\varepsilon) f^0 \tag{5.128}$$

から求められる．いま金属ではキャリア濃度は温度に依存しないから，$dn/dT = 0$ が成り立つ．上の式を温度で偏微分すると，f^0 の中に含まれる化学ポテンシャルの時間微分が得られ

$$-\frac{d\mu}{dT} = \frac{1}{T}\frac{\int_0^\infty d\varepsilon\ D(\varepsilon)\left(-\frac{\partial f^0}{\partial\varepsilon}\right)(\varepsilon-\mu)}{\int_0^\infty d\varepsilon\ D(\varepsilon)\left(-\frac{\partial f^0}{\partial\varepsilon}\right)} \tag{5.129}$$

を得る．上の二つの式を見比べると

$$\alpha = -\frac{1}{q}\frac{d\mu}{dT} \tag{5.130}$$

となって，Heikes の式とよく似ていて微妙に異なる式が得られ，ゼーベック係数は熱力学量で書ける．この関係式は，電子間相互作用が強いような場合にも成り立つことがわかっており，Kelvin の公式と呼ばれる．

上の導出でも見たように $v^2\tau$ が定数と見なせるような場合に Kelvin の公式はボルツマン方程式の表式と一致する．このような現象は電気伝導がほとんどインコヒーレントになるような高温で顕著であり，その意味で Kelvin の公式は高温の漸近形である．しかし，実際は多くの物質において，かなり低温まで実験結果を説明できることがわかっている．

図 5.16 にその一例を示す[43]．実験データに対して，×で示された LDA (局所密度汎関数法) によるバンド計算の結果は全く合っていない．その理由は Sr_2RuO_4 では，強い電子間のクーロン斥力のため一電子近似によるバンド理論がうまく成り立たない

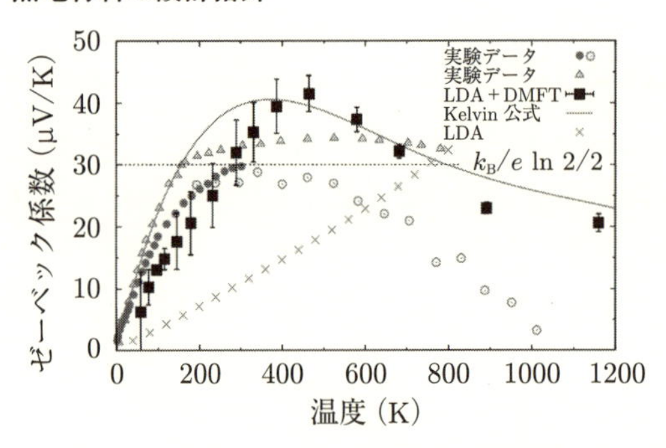

図 5.16　Sr_2RuO_4 のゼーベック係数と理論計算の比較[43].

からである．そのような系は，強相関電子系と呼ばれる (第7章)．一方，LDA+DMFT で示された■のデータとは比較的よく合っていることがわかる．この計算はバンド計算に動的平均場近似と呼ばれる手法を加えたもので強相関効果をある程度取り込んだ計算になっている．興味深いことに，Kelvin 公式の計算は LDA+DMFT の計算結果をほぼ再現している．図中の水平に引かれた点線は Heikes の公式によるもので，もちろんこれは全く合わない．Heikes の公式はゼーベック係数の高温極限の値を教えるだけなので，温度依存性については何も言えない．Kelvin の公式では，熱力学量である化学ポテンシャルを各温度で計算すればゼーベック係数が直ちに計算できるので，計算科学的にゼーベック係数の値を予想するには都合のよい公式である．

Kelvin の公式は，ボルツマン方程式から直感的に理解することができる．式 (3.163), (3.164) に立ち返って，温度勾配のない状態 $-\nabla T = 0$ を考えよう．このときフォノンは熱を運べないから，熱流はキャリアによって運ばれる．二つの式から電場を消去すると

$$\boldsymbol{j}_{\mathrm{T}} = T\alpha \boldsymbol{j} \tag{5.131}$$

を得る．両辺を温度で割ると，

$$\frac{\boldsymbol{j}_{\mathrm{T}}}{T} = \alpha \boldsymbol{j} \tag{5.132}$$

を得る．左辺は熱密度を温度で割ったもの，すなわちエントロピーの流れであり，右辺はゼーベック係数とキャリア密度の流れである．流れを記述する散乱時間が両辺で同一であると仮定すれば，ゼーベック係数は電荷密度に対するエントロピー密度の比，あるいは電荷あたりのエントロピーに等しい．ところで化学ポテンシャルは，ギブス–デュエムの式

$$Nd\mu = -SdT - Vdp \tag{5.133}$$

でエントロピー S と結びついている．それゆえ

$$-\frac{\partial \mu}{\partial T} = \frac{S}{N} \tag{5.134}$$

となって，確かに電荷あたりのエントロピーと関連付けられる．厳密を期すならば，この等式は定圧過程 $(\partial\mu/\partial T)_{\mathrm{P}}$ であり，我々が理論表式に期待する定積過程 $(\partial\mu/\partial T)_{\mathrm{V}}$ の式ではない．しかし融点よりも十分低い固体を扱う限り，熱膨張の効果は小さいので，両者の違いに神経質になる必要はないだろう．

5.4.3　高温極限の熱電変換

熱電発電の研究開発が進む中，高温での熱電材料の探索が行われてきた．その指導原理は，室温の材料開発と同じ半導体物理を基礎として自由電子近似による物質設計であった．しかし，高温では通常の意味でのボルツマン輸送が成り立たなくなっている場合があり，高温ならではの物質設計があり得る．著者は移動度の低い系であっても，高温ならば十分に高い電力因子が得られることを示した[44]．

電力因子の計算には，高温極限のゼーベック係数と電気伝導率の表式が必要である．ゼーベック係数については 5.4.1 で紹介した Heikes の公式 (5.125) を用いよう．あらためてそれを α_{H} と書くと，α_{H} は

$$\alpha_{\mathrm{H}} = \frac{k_{\mathrm{B}}}{e} \ln \frac{2x}{1-x} \tag{5.135}$$

で与えられる．上の式で x は単位胞あたりのホール濃度であり，式 (5.125) の p とは $x = 1-p$ の関係にある．この公式は，熱エネルギー $k_{\mathrm{B}}T$ は重なり積分 t よりも十分大きく，電子間斥力 U よりは十分小さいという状況 $(t \ll k_{\mathrm{B}}T \ll U)$ で成り立つ式であり，多くの低移動度の遷移金属酸化物で成立する式である．

同じ高温極限で電気伝導率の表式として，Ioffe–Regel 極限の表式を採用しよう．そこでは，伝導電子の平均自由行程は格子定数と同程度になり，ボルツマン輸送がぎりぎりで成立している．Ioffe–Regel 極限の電気伝導率 σ_{IR} は，

$$\sigma_{\mathrm{IR}} = 0.33x^{2/3}\frac{e^2}{\hbar a} \tag{5.136}$$

と書ける[45]．ここで，a は格子定数である．これらを組み合わせた電力因子は，

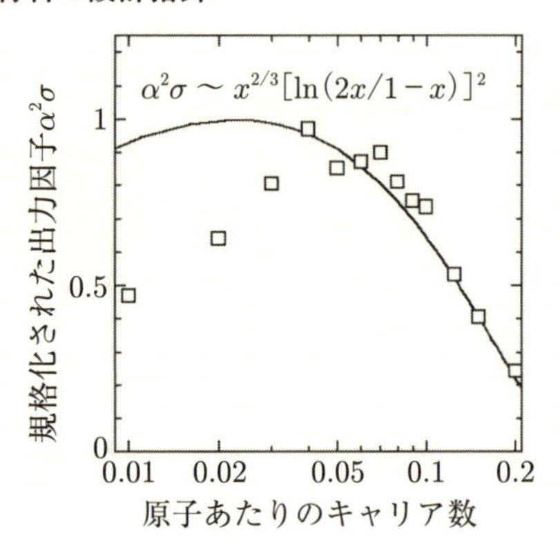

図 5.17　式 (5.137) で計算された電力因子 (曲線)．絶対値は，最大値を 1 とするように規格化してある．図中の□は $La_{1-x}Sr_xCoO_3$ の 400 K での実測データ[44].

$$\alpha_{\mathrm{H}}^2\sigma_{\mathrm{IR}} \propto x^{2/3}\left[\ln\frac{2x}{1-x}\right]^2 \tag{5.137}$$

で与えられる．

図 5.17 は，式 (5.137) で計算された電力因子である．ただし，絶対値はその最大値が 1 となるように規格化した．図中の□は 400 K における $La_{1-x}Sr_xCoO_3$ の電力因子の実測データであり，絶対値は曲線に合うように適当に補正してある．実際，高温では電気抵抗率は温度とともに飽和する傾向にあり，電気伝導率は σ_{IR} で説明できそうな振る舞いを示す．これは抵抗率の飽和現象[45] と呼ばれ，高温極限では電気伝導率ではなく電気抵抗率表式が本質的であることを示唆する．これは決して自明ではないので，多くの理論的研究がある．得られた電力因子の曲線は，$x > 0.03$ の実測データをよく説明している．$x < 0.03$ ではキャリアは格子振動と強く結合してポーラロンを形成し，Co イオンの周りに強く局在してボルツマン輸送描像が破れている．実際，$x < 0.03$ の電気伝導率は非金属的で，σ_{IR} 以下の値を示す．

この状況で，性能指数を見積もってみよう．電力因子が最大になるはずの $x = 0.02$ 付近で，格子定数を $a = 0.5$ nm とすれば，$\sigma_{\mathrm{IR}} = 100$ S/cm および $S_{\mathrm{H}} = 300$ μV/K が得られる．したがって電力因子は 9 μW/cmK^2 となる．室温の Bi_2Te_3 のそれは 40 μW/cmK^2 程度なのでその 4 分の 1 しかないが，無視できない大きさである．高温では一般に熱伝導率は小さくなるから，たとえば 1 W/mK を仮定して，性能指数

$z = S_{\mathrm{H}}^2 \sigma_{\mathrm{IR}}/\kappa$ を見積もると，9×10^{-4} K^{-1} が得られる．この値は，温度 1000 K で $zT = 0.9$ を与え，まずまず実用化の目安を満たすことがわかる．もっと楽観的に言えば，式 (5.137) で与えられる電力因子は温度に依存しないので，$T = 2000$ K を代入すれば，単純に zT は 2 倍されて 1.8 が得られる．この見積が低移動度の極限の物質に対して行われていることを強調したい．高温では絶対温度 T に助けられる分だけ，低移動度の物質でも熱電材料になり得る．第 7 章で調べる層状コバルト酸化物もこの分類に入る．そこではコバルトイオンのスピンと軌道の自由度が大きいため α_{H} よりも大きなゼーベック係数が出てもよいと考えられており，zT もより大きい．

式 (5.137) のもう一つの特徴は，電力因子は広い x の範囲 $0.01 < x < 0.06$ で幅広い極大を取ることである．これは σ_{IR} が x に対して弱く依存しており (ドルーデ理論では $\sigma \propto x$)，α_{H} の増大と σ_{IR} の減少がうまく相殺しているからである．実際，式 (5.125) は，x が 0.01 および 0.06 でそれぞれ 340，170 µV/K を与える．すなわち，ゼーベック係数が 300 µV/K を超えるような値であっても電力因子は最大化できる．これは，ゼーベック係数が $2k_{\mathrm{B}}/|e| = 170$ µV/K であるときに電力因子は最大になるという，自由電子近似での式 (5.92) の結果と大きく違う．高温ではゼーベック係数の大きいものを用いたほうが有利な場合があることを式 (5.137) は教えている．

最後にコメントを加えておこう．すべての金属や半導体が Ioffe–Regel の限界抵抗率を示すわけではない．**不良金属** (bad metal) と呼ばれる伝導体では，Ioffe–Regel 極限を超えても，電気抵抗率が増大し続ける[46]．典型的な例が $SrRuO_3$ である．このような物質では，ボルツマン描像が破綻しているが，それは平均自由行程が非物理的になっているというよりは，伝導電子やホールが良い準粒子描像ではなくなっているためであると理解されている．その詳細に立ち入る余裕はないが，式 (5.137) は一部の伝導体にしか適用できない楽観的な式であるということは注意すべきである．

5.5 熱伝導率の低減

これまでは，電子系の性能の最適化について考察してきた．本節では，熱伝導率をいかに低減するかについての理論的考察を行う．熱伝導率は伝導電子の寄与と格子振動の寄与があるが，前者はウィーデマン–フランツの法則に支配され，電気伝導率が決まれば自動的に決まってしまう．多くの物質では，電気伝導率は 500 S/cm 程度で最適化されるのでその熱伝導率は，室温で 0.36 W/mK 程度になる．多くの熱電材料の格子熱伝導率は 2 W/mK 程度なので，電子の寄与は約一桁小さく，あまり気にしなくてもよい．それゆえ，本節では格子熱伝導率をいかに下げるかについて考える．

ドルーデ理論による格子熱伝導率の表式は式 (4.49)

$$\kappa_{\mathrm{ph}} = \frac{1}{3}Cv^2\tau = \frac{1}{3}Cvl$$

で与えられる．ここで，C，v，l はそれぞれ格子比熱，音速，フォノンの平均自由行程である．したがって，低い格子熱伝導率を持つためには，C，v，l のいずれか，あるいはすべてが小さい必要がある．

C を小さくするためには，単位胞に含まれる原子数 N が多い物質が選ばれる．格子振動のうち熱を運ぶものは音響モードのフォノンだけである．音響モードは常に三つで，残りの $3N-3$ 個のフォノンモードは熱を運ばない．これは固体の比熱が実効的に $(N-1)^{-1}$ 倍になったことと同等である．

このことを，第4章の図4.4で考えてみよう．構成元素が1種類から2種類に増えると格子定数が2倍になり，第一ブリルアンゾーンは半分になる．その結果，フォノンの分散曲線はもとのブリルアンゾーンの半分で折り返され，折り返されたゾーンの端にエネルギーギャップが開く．熱を伝搬するのはいつでも一番下の分散，すなわち音響モードなので，ギャップを開けて高エネルギー側にずれたモードは熱伝導に寄与できない．すなわち結晶中の半分の原子の振動が熱伝導に効かなくなったのと等価である．

さらに，異なる原子4個を含む1次元固体ではどうであろうか．格子定数は a から $4a$ となり，ブリルアンゾーンは元の4分の1になる．図4.4 (b) のブリルアンゾーンの半分で再び折り返しが起き，一番下の音響モード以外の三つの光学モードは熱伝導に効かない．折り返しが起きるたびに音響モードの傾きが小さくなってゆくことにも注意しよう．これは音響フォノンの最大エネルギーが折りたたみによって低下していくためである．音響モードの傾きは音速に等しいから，大きな単位胞の結晶では音速も小さくなる．

音速 v を小さくするには，連成振動の固有周波数を小さくすればよい．そのためには，原子の質量を大きくするか，バネ定数にあたる化学結合力を弱くするかである．原子の質量を大きくするという意味で，多くの熱電材料は Bi，Pb，Te，Sb，Yb，Ba などの重元素が含まれるものがほとんどである．バネ定数を小さくするには，ファンデアワールス力などの分子間力で弱く結合した系を用いればよい．ただし，その場合，機械的強度が失われるのが欠点である．熱電変換素子では素子の中の大きな温度差が生じたり，素子自体が高温にさらされる．その場合に生じる熱応力をいかに緩和するかが実際の素子では重要であり，物質の機械的強度は重要な因子ではある．分子間力を用いずとも，「柔らかい」物質を用いればやはり音速は低くなる．柔らかいというのはフォノンの非調和性が大きいことを示しており，融点の低い物質たとえば有機物や蒸気圧の低い金属を含む化合物がそれにあたる．

l を小さくするには，フォノンの散乱機構を知る必要があり，次節で詳しく考察する．

5.5.1 フォノンの散乱過程

式 (4.47) に戻り，緩和時間 τ を詳しく論じよう．緩和時間 τ は，定義からフォノンの波数の関数であり，$\boldsymbol{k}$ から $\boldsymbol{k}'$ への散乱を記述する．電子が大きなフェルミエネルギーを持ち，それに対応する短い波長 (フェルミ波長) を持っていたのに対し，(音響) フォノンはゼロから熱エネルギー $k_{\mathrm{B}}T$ にいたる様々なエネルギーをとる．また，電子はフェルミ粒子で終状態は必ず非占有状態でなければならないが，フォノンはボーズ粒子でありパウリ原理が働かない．そのため電子の場合に比べて，始状態と終状態の波数の制限がとても少ない．

エネルギーが小さいフォノンの散乱は，ブリルアンゾーンの原点付近でだけ起き，エネルギー散逸は少ない．一方，エネルギーが大きいフォノンはブリルアンゾーンの端に近い波数を持ち，ウムクラップ過程によって大きなエネルギー散逸を生じる．そのためフォノンに関する散乱では，散乱時間のエネルギー依存性を考えることで波数依存性の主要な部分を取り込むことができる．実際，フォノンの平均自由行程は ω に強く依存し，式 (4.49) はしばしば簡単すぎる見積もりを与える．

フォノンの緩和時間の ω 依存性は長く議論されてきた．通常は，異なる起源の散乱がある場合，散乱確率は互いに独立と考える．したがって，緩和時間の逆数である散乱確率で和

$$\tau_{\mathrm{total}}^{-1} = \sum_i \tau_i^{-1} \tag{5.138}$$

をとって表す．これは電子の散乱で紹介したマティーセンの規則である．

フォノンの場合，Callaway が指摘したように，通常は三，四種類の散乱を考慮する．第一のものは境界散乱と呼ばれるもので，フォノンが試料の端などで散乱されることを表す．その現象論的表式は

$$\tau_{\mathrm{B}}{}^{-1} = v/L \tag{5.139}$$

である．ここで v は音速，L は境界散乱を記述するパラメーターで，試料のサイズで

あったり，粒界のサイズであったりする．実際の実験結果を解析するときにはフィッティングパラメーターになるが，現実に何の長さのスケールになっているかはっきりしないことが多い．

二番目の散乱は，点欠陥散乱であり，電子系でいう不純物散乱に対応する．格子振動は並進対称性を満たす連成振動であったことを思い出すと，異なる質量が存在する格子点によって散乱されることがわかる．そのときの散乱時間 τ_{PD} は ω^{-4} に比例し，

$$
{\tau_{\mathrm{PD}}}^{-1} = A\omega^4 \tag{5.140}
$$

と表される．ここで，定数 A は

$$
A = \frac{v_0}{4\pi v^3} \sum_i \left(\frac{\bar{m} - m_i}{\bar{m}} \right)^2 f_i \tag{5.141}
$$

で与えられる．ここで v_0 は原子あたりの体積である．f_i は原子 i の体積分率，m_i は原子 i の質量，$\bar{m}$ は平均質量である．したがって，質量分散 $\bar{m} - m_i$ が大きいと A は大きい．点欠陥散乱を大きくするには，なるべく質量差のある不純物原子を部分置換することが有効である．

三番目の散乱時間は，フォノンとフォノンの正常散乱である．これは格子振動が理想的な調和振動からずれていることから生じる項で，

$$
{\tau_{\mathrm{N}}}^{-1} = B\omega^a T^b \tag{5.142}
$$

と書かれる．定数 a や b は 1 程度の適当なべきである．

最後の散乱時間は，フォノンとフォノンのウムクラップ散乱によるものである．ウムクラップ散乱は，固体物理特有の散乱である．これまで何度も注意してきたように，1次独立な波数の組は一つのブリルアンゾーンに限られる．任意の逆格子ベクトル $\boldsymbol{K}_m$ に対して $\varepsilon(\boldsymbol{k}) = \varepsilon(\boldsymbol{k}+\boldsymbol{K}_m)$ が成り立ち，$\boldsymbol{k}$ で指定される量子状態と $\boldsymbol{k}+\boldsymbol{K}_m$ で指定される量子状態は等価である．ところで，固体の中であろうと外であろうと，ミクロな視点ではエネルギーと運動量は散乱の前後で保存される．いま，始状態 $(\boldsymbol{p}, \boldsymbol{q})$ にある二つのフォノンが終状態 $(\boldsymbol{p}-\boldsymbol{k}, \boldsymbol{q}+\boldsymbol{k})$ に散乱されたとしよう．このとき運動量移送 $\boldsymbol{k}$ が十分小さいときには，図 5.1 (a) に示すように始状態と終状態のフォノンは同じブリルアンゾーンにとどまっているだろう (煩雑さを避けて，もう一方のフォノンは描いていない)．これを正常散乱という．一方，図 5.1 (b) に示すように，$\boldsymbol{k}$ が大きいと，終状態のフォノンの運動量が第1ブリルアンゾーンからはみ出す．固体

内部では，運動量ベクトルに任意の逆格子ベクトルを加えたものは等価であるから，$\boldsymbol{k}+\boldsymbol{q}$ に逆格子ベクトル $\boldsymbol{K}$ を加えて第1ブリルアンゾーンに収まるベクトルを作ることができる．このとき，二つのフォノンの間で逆格子ベクトル $\boldsymbol{K}$ の分だけ失われる．物理的には，失われた $\boldsymbol{K}$ は結晶全体の並進運動の運動量に対応し，最終的には全系に散逸する．結晶運動量の変化を伴う散乱，言い換えれば，あるブリルアンゾーンから隣りのブリルアンゾーンへの散乱をウムクラップ過程という．ウムクラップ散乱によって，フォノン同士の散乱はエネルギー保存則を破り，フォノンのエネルギーは熱となって散逸する．

ウムクラップ過程でのフォノン–フォノン散乱時間は

$$\tau_{\mathrm{U}}{}^{-1} = \frac{\hbar\gamma_{\mathrm{G}}^2}{mv^2\theta_{\mathrm{D}}}\omega^2 T \exp\left(-\frac{\theta_{\mathrm{D}}}{3T}\right) \tag{5.143}$$

で与えられる．ここで，m は原子の質量，γ_{G} はグリュナイゼン定数である．グリュナイゼン定数とは，格子の非調和性の指標で

$$\gamma_{\mathrm{G}} = \left(\frac{\partial P}{\partial(E/V)}\right)_V \tag{5.144}$$

で定義される．実測される物理量で表すと

$$\gamma_{\mathrm{G}} = \beta_{\mathrm{V}} B_{\mathrm{T}} V/C \tag{5.145}$$

と書ける．ここで β_{V}，B_{T} はそれぞれ体積膨張率，等温体積弾性率である．式に含まれれる指数関数部分からわかるように，この過程は十分温度が高く，すべてのフォノンモードが熱励起されているような状況で支配的である．式 (5.142) と式 (5.143) はよく似た温度依存性を持つので，正常散乱の項はしばしば無視される．

5.5.2 実験結果との比較

実験で得られた熱伝導率の測定結果をこれらの散乱過程を含めて解析した例を**図 5.18** に示す．図中の黒丸は実験データ，それぞれの曲線が様々な散乱過程から予測される熱伝導率を示す．最終的には 3 種類の散乱を考慮すると実験結果がうまく説明される．

まず，実線で示される境界散乱による計算結果は 10 K 以下の熱伝導率の振る舞いを再現しているものの，高温になるに従って実験結果より大きな値になってゆく．境界散乱では，散乱時間は温度にもフォノンのエネルギーにも依存しないから，境界散

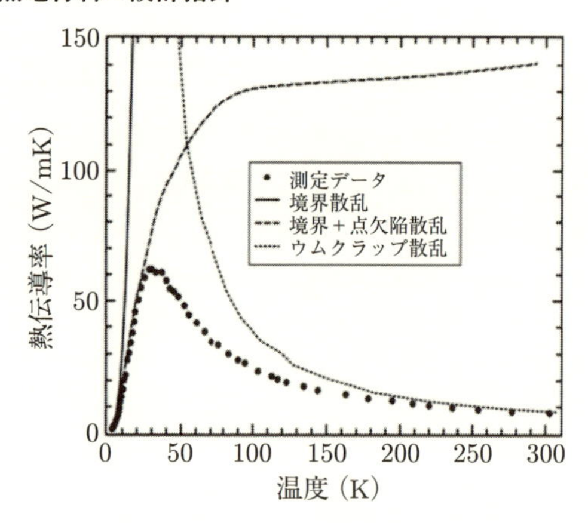

図 5.18　フォノンによる熱伝導の解析．図の黒丸は実験データであり，境界散乱，点欠陥散乱，ウムクラップ散乱など様々な寄与の重ね合わせで説明される．

乱による熱伝導率の温度依存性はデバイモデルの比熱のものと等しい．低温で一致するようなパラメーターを選べば，実際の物質においては高温になって平均自由行程が短くなる分，計算結果はずれる．

次に，境界散乱と点欠陥散乱を考慮した破線の曲線は 30 K 付近までの熱伝導率を再現していることがわかる．熱伝導率が低温から 40 K 付近まで温度とともに増大するのは格子比熱 C の増大が平均自由行程 l の減少に上回るためであり，点欠陥散乱を考慮することによって熱伝導率の計算値がその振る舞いをよく説明している．点欠陥散乱は，フォノンのエネルギー依存性を通じて温度変化するが，室温付近ではデバイ温度以下のすべての音響モードが励起しており，温度依存性がなくなっている．

熱伝導率が 40 K 付近でピークを持った後，温度と共に減少する部分を説明するのが，点線で示されるフォノン–フォノンのウムクラップ散乱である．この温度領域では，格子比熱はほとんど温度変化しなくなり，平均自由行程の減少が熱伝導率の温度依存性を支配している．式 (5.143) から明らかなように，この過程はデバイ温度の 1/3 程度の温度以上で急速に発達する．

このように，熱伝導率の理解には様々な散乱過程を考慮する必要があり実験結果の理解には多くのフィッティングパラメーターを必要とする．しかし，幅広い温度で熱伝導率が測定されていればそれぞれの散乱過程が支配的になる温度領域ごとにパラメーターを求めることができる．この例のように明瞭な温度変化が観測されている場合はパラメーターは有意にフィッティングで決定できる.

5.5.3 累積熱伝導率

Gang Chen らは，フォノン–フォノン散乱の散乱時間をそれぞれのフォノンモードごとに計算することに成功した．方法は LDA 計算を基礎とする第一原理計算であり，まず安定な原子位置とフォノンの分散関係を計算で求める．次に，結晶を仮想的に変形させることによって原子に働くポテンシャルを計算しその非調和性を求める．この非調和性がフォノン–フォノン散乱の大きさを与える．Si についての結果を**図 5.19** に示す．フォノンの様々なモードについての散乱時間が周波数の関数として計算され

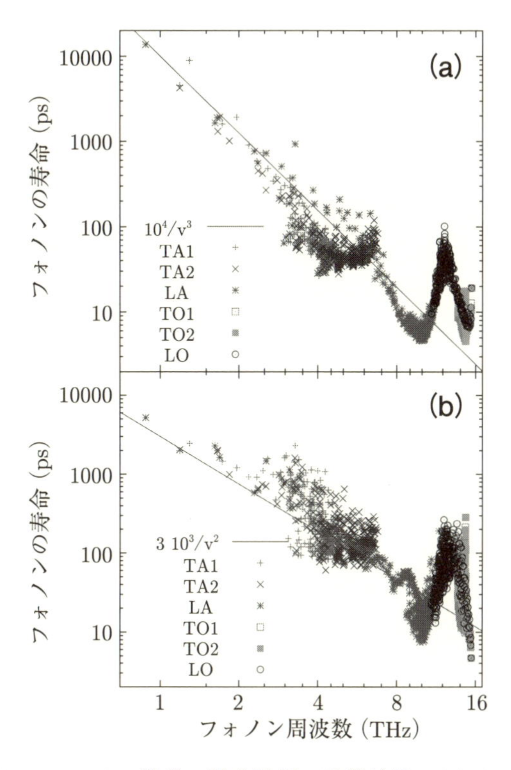

図 5.19 フォノン–フォノン散乱の散乱時間の計算結果．(a) ウムクラップ過程，(b) 正常過程の結果[47]．

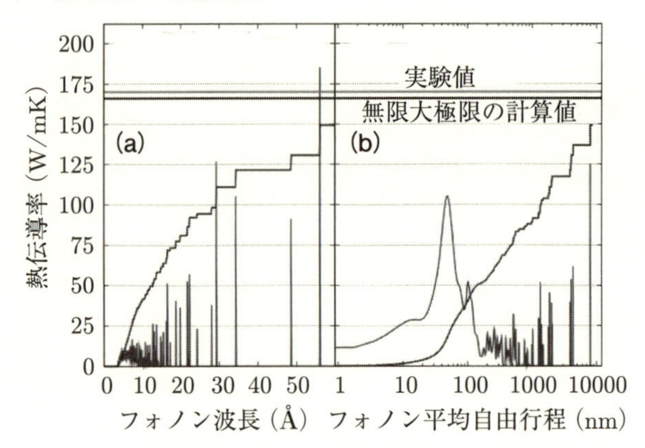

図 5.20　Si における微分熱伝導率と累積熱伝導率. (a) フォノンの波長に対してのプロット, (b) フォノンの平均自由行程に対してのプロット[47].

ていることがわかる. 図中の直線はエネルギーの逆数のべきを示しているが, 計算されたデータは, 大雑把にはべき乗則に従っているが, 詳細はかなり異なる. 特に LO モードの振る舞いはある周波数でピークを示すような共鳴的な振る舞いが見られる. 絶対値に注目すると, 3 THz 以下のフォノンについては正常過程が, それ以上のエネルギーではウムクラップ過程が支配的に見える.

さらに Chen らは, **微分熱伝導率** $d\kappa(l)$ (differential thermal conductivity) と**累積熱伝導率** $\kappa(l)$ (cummulative thermal conductivity) を

$$d\kappa(l_{k\lambda}) = \frac{1}{3} v_{k\lambda} l_{k\lambda} C_{k\lambda} \tag{5.146}$$

$$\kappa(l) = \frac{1}{N_k} \sum_{k\lambda}^{l_{k\lambda}<l} d\kappa(l_{k\lambda}) \tag{5.147}$$

と定義した. ここで k はフォノンの波数, λ はフォノンモードである. 定義から明らかに, $d\kappa(l_{k\lambda})$ は, 波数 k, モード λ のフォノンだけが関与する熱伝導率であり, $\kappa(l)$ は平均自由行程が l 以下のフォノンによる熱伝導率を表す.

図 5.20 に Si における計算結果を示す. (a) がフォノンの波長に対するもので, (b) がフォノンの平均自由行程に対するプロットである. スパイク状のデータが微分熱伝導率, 階段上のデータが累積熱伝導率である. この結果を見ると, フォノンの平均自由行程が 100 nm 付近で累積熱伝導率が折れ曲がっており, 微分熱伝導率が大きな

ピークを示していることがわかる．また，1000 nm 以下の平均自由行程を持つフォノンによる熱伝導は全熱伝導率の半分くらいを占めている．したがって，熱伝導を抑えたければ，熱伝導率に有効に寄与しているフォノンをうまく散乱する乱れを導入することが有効であることがこの図からも見てとれる．

累積熱伝導率は，第一原理計算と結びついて，熱電材料の格子熱伝導の振る舞いを分光学的に (フォノンの波長あるいは平均自由行程の関数として) 調べることができるツールとして，いまでは多くのグループで用いられている[48, 49]．

5.5.4 フォノングラス

Slack[34]は，伝導電子にとっては結晶に見えるような物質で，格子振動にとってはガラスに見えるような乱れた物質があれば，優れた熱電特性が期待できることを簡単な (そして楽天的な) 計算によって提案した．彼はそのような物質を **PGEC** (Phonon Glass and Electron Crystal) と命名した．なんとなく文法的にひっかかるネーミングだが，熱電変換研究者の中でこの概念は定着し，とくにフォノングラスというコンセプトは現在に至るまで熱電材料の設計指針の主要なコンセプトであり続けている．

Slack は，PGEC の設計指針として，籠状の結晶格子を持った複雑結晶を考えた．そしてもし，籠の中に籠よりも十分小さいイオンが内包されていれば，そのイオンは籠の中で強い非調和振動を引き起こすと考えた．もしも籠を構成する格子が十分に固く純良で，伝導電子の伝導バンド・価電子バンドが籠を構成する原子だけでできているとすれば，高い電気伝導が期待できる．一方，籠のなかで勝手に揺れるイオンは長波長の音響フォノンを有効に散乱するであろう．このとき，フォノンの平均自由行程は，ほとんど結晶の格子定数程度に抑えられ，なおかつ電子の平均自由行程は純良な結晶のそれに等しいはずである．彼は，このような格子振動を**ラットリング** (rattling) と名づけた．Rattle とは，赤ちゃんのおもちゃのガラガラのことで，籠の中の原子はガラガラの中で揺れ動く球のように振動すると考えたのである．たしかにこのような振動があれば，長波長のフォノンは有効に散乱されるであろう．また前節で見たように，点欠陥散乱やフォノン–フォノン散乱の散乱時間はエネルギーの逆数，つまり波長とともに長くなるので，いかに長波長のフォノンを散乱させるかが低い熱伝導率実現への鍵であることは疑いない．

Slack は，現状で到達し得る妥当な物質パラメーターを仮定して，性能指数を計算した．その結果を**図 5.21** に示す．計算には，格子熱伝導率として $\kappa_{\mathrm{min}} = 0.25$ W/mK，電子の移動度 $\mu_{\mathrm{e}} = 1800 \times (300/T)^{2.3}$ cm^2/Vs を用い，有効質量には真空中の値を

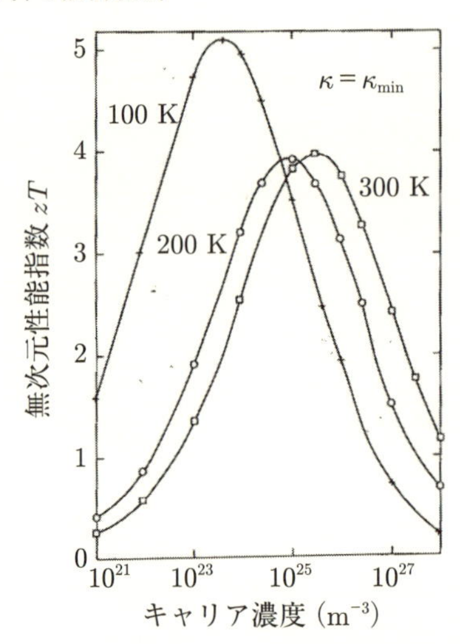

図 5.21　電子結晶・フォノングラスにおける無次元性能指数の計算予測[34].

用いた．またバンドギャップは 0.25 eV 以上とした．図から明らかなように 300 K 以下で zT は 4 から 5 に達している．この理論提案は熱電材料開発に関わる研究者を刺激し，次章で解説するスクッテルダイトやクラスレートといった新物質の研究を駆動した．

5.5.5　Cahill の最小熱伝導率

そもそもガラスの熱伝導率はどのようなものであろうか．Cahill ら[50]は，様々なガラスの熱伝導率を測定し，その系統性を詳細に調べた．

ガラスやアモルファス材料では，原子は短距離秩序を持つが，並進対称性を持たない．したがってフォノンはよく定義された素励起にはなり得ない．あるいはすべての格子振動は各原子に局在していると言ってもよい．Cahill らは，このような乱れた物質は普遍的な熱伝導率を示し，熱伝導率に最小値があることを指摘した．

図 5.22 にアモルファス材料 (a-SiO_2 と $CdGeAs_2$) および乱れた固体 ($Or_1Ab_{33}An_{66}$ feldspar と $Ba_{0.67}La_{0.33}F_{2.33}$) の熱伝導率の温度依存性を示す．すべてのデータが，室温で低い熱伝導率 (1 W/mK 以下) を示しており，10 K 以上でほとんど温度依存性を示していないことがわかる．10 K 以下では温度の 3 乗に比例して，低温に向かって減少している．

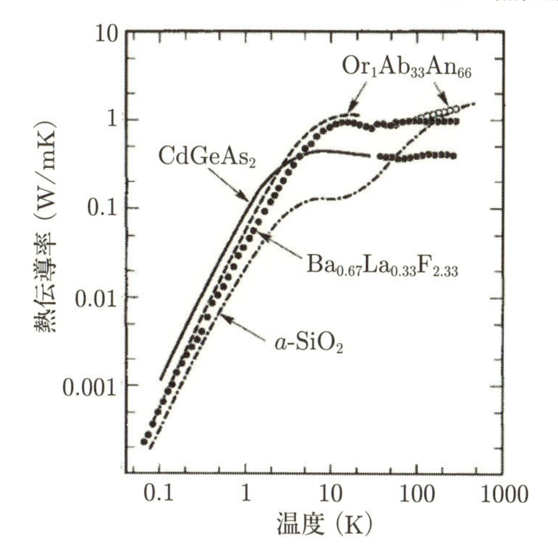

図 5.22 アモルファス材料 (a-SiO_2 と $CdGeAs_2$) および乱れた固体 ($Or_1Ab_{33}An_{66}$ feldspar と $Ba_{0.67}La_{0.33}F_{2.33}$) の熱伝導率[50].

この温度依存性は，定性的には式 (4.49) を用いて次のように理解できる．これらの物質におけるフォノンの平均自由行程は格子定数程度で温度変化しない．音速は乱れた固体でどのように定義してよいかわからないが，結晶と同じようにあまり温度変化しないと考えていいだろう (弾性率はあまり強い温度変化をしない)．格子比熱はデバイモデルが与えるように，高温ではデュロン–プティの法則で与えられる一定値，低温では温度の 3 乗に従うであろう．熱伝導率はこれら三つの量の積であり，観測された温度依存性は格子比熱の温度依存性に等しい．

Cahill らは，各原子における熱エネルギーが半周期の原子振動で失われると仮定して，乱れた固体の熱伝導率の理論的表式を見出した．デバイモデルを基にして，こうして得られた最小熱伝導率 $\kappa_{\min}$ は，

$$\kappa_{\min} = \left(\frac{\pi n_{\mathrm{L}}^2}{6}\right)^{1/3} k_{\mathrm{B}} \sum_i v_i \left(\frac{T}{\theta_i}\right)^2 \int_0^{\theta_i/T} \frac{x^3 e^x \, dx}{(e^x - 1)^2} \tag{5.148}$$

で与えられる．ここで v_i は三つのモードにおける音速であり，カットオフ周波数 θ_i は

$$\theta_i = v_i \frac{\hbar}{k_{\mathrm{B}}} (6\pi^2 n_{\mathrm{L}})^{1/3} \tag{5.149}$$

で与えられる．ここで n_{L} は原子の密度である．音速 v_i と原子密度 n_{L} は別の実験で

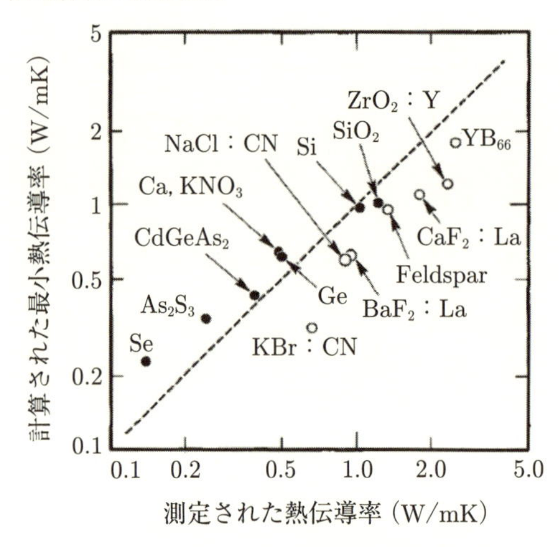

図 5.23　式 (5.148) で計算された最小熱伝導率と実測された熱伝導率の比較[50].

観測できる量であり，式 (5.148) がそれ以外のパラメーターを含んでいないことに注意しよう．したがって実験結果と理論表式を定量的に比較することが可能である．

図 5.23 に計算された最小熱伝導率 $\kappa_{\min}$ と観測された室温の熱伝導率を示す．両者の一致は，物質のバリエーションを考えればかなりよい．この結果は，熱伝導率には最小値があり，理想的な熱絶縁体が存在しないことを示している．

最小熱伝導率の概念は，すでに紹介した Ioffe–Regel 極限 (5.4.3) に近い．Mott も同様の最小電気伝導率の存在を提案し，金属絶縁体転移の前後でその当否が調べられた．その結果，電気伝導においては，低温で最小電気伝導率は存在せず，電気伝導率は絶縁体に向かっていくらでも小さくなれることがわかった．これは，古典的な電子が何かに散乱されるというボルツマン輸送の描像では説明できない．固体には，単位胞よりも短い長さスケールがないからである．最小電気伝導率よりも低い電気伝導率は，電子の波動性が重要で，電子は不純物の周りで干渉し定在波を作ることで理解される．これは Anderson によって考察され，Anderson 局在と呼ばれる．フォノンの局在現象も理論的に調べられているが，まだ実験的に確立したとはいえない．しかし，最小熱伝導率を大きく下回る測定結果がしばしば報告されており，フォノンの波動性と干渉効果が熱伝導現象に現れる可能性はある．実際，Cahill らは層状物質 WSe_2 の薄膜試料において，面直方向に 0.05 W/mK という熱伝導率が観測した[51]. この値は，最小熱伝導率よりはるかに小さいだけでなく，希ガスの熱伝導率よりも低いという驚異的な値である.

5.6　設計指針のまとめ

この章の最後に，熱電材料の設計指針を箇条書きにしてみよう.

- よい熱電材料は縮退半導体である.
  電力因子を最大にするようにキャリア濃度の最適化を試みると，ゼーベック係数が $2k_B/|e|$ 程度の大きさで最大になる.

- エネルギーギャップは大きくても小さくてもいけない.
  エネルギーギャップは動作温度の 10 倍程度の大きさが必要である. 室温で考えるとバンドギャップは 0.25 eV に対応する. これより小さいと，電子とホールが同時に熱励起されて性能が下がるし，これより大きいとイオン結晶性が増して移動度が下がる.

- 半導体の谷間の数が多いほどよい.
  谷間の縮重度 N_v に比例して電力因子が向上する.

- 単位胞は大きいほどよい.
  単位胞が大きく，単位胞が多くの原子を含む場合は，ブリルアンゾーンが狭く，音速が小さくなる.

- 構成元素は重元素でできているほうがよい.
  重元素によって音速が小さくなる.

- 籠状構造などのフォノンの非調和性があると有効である.
  Slack が提案する PGEC はこのようなラットリング振動があると高い熱電特性が得られる.

- n 型と p 型材料は式 (2.78) で与えられる適合因子が，同じ相対電流密度でピークとなる必要がある (2.5 参照).

こうして列挙してみると注文の多い物質である．あるいは，設計指針がかなり細かく明らかになっている物質ともいえる．次章以降で，これらの要求を満たすようにどのような物質が開発されているかを概観しよう．

6

第6章　熱電半導体

この章では，これまで研究されてきた熱電材料の中で，縮退半導体に分類される物質群について解説する．前章で見たように，電気伝導の半古典的な取り扱いによれば性能指数を最大にするキャリア濃度は縮退半導体領域にある．熱電半導体については多くの優れたレビューがあるが[2]，ここでは著者の認識に従った解説を試みる．

6.1　ビスマステルル

現在実用化されているペルチェ素子は，この分類に属する物質で製作されている．Bi_2Te_3 は狭いエネルギーギャップを持つ半導体であり，この物質が優れた熱電材料になり得ることは，1954 年に Goldsmid と Douglas によって報告された[52]．彼らの発見が本格的な熱電素子開発のスタートといってよい．特徴的なバンド構造から来る多谷構造と高い移動度，重い元素と分子間力結合による低い格子熱伝導は，熱電材料としての条件を理想的に満たしている．

Bi_2Te_3 の結晶構造を**図 6.1** (a) に示す．組成式は簡単だが結晶構造は複雑で，基本的には Bi 層と Te 層が積み重なった層状構造を取る．Te は結晶学的に非等価な二つのサイトを持ち，Te が Bi より一つ多い分，–Te1–Bi–Te2–Te2–Bi–Te1–Bi–といった順序の積層構造を取る．二つの Te2 層の間はファンデアワールス結合でつながっており，力学的にはへき開しやすい．一方，Bi と Te1/Te2 の間は共有結合とイオン結合の中間的な性格を持っている．各層内の Bi，Te 間の結合は共有結合性が強い．結晶の対称性は $R\bar{3}m$ (No. 166) で，各層は三角格子を構成している．

Bi_2Te_3 のバンド構造を図 6.1 (b) に示す[53]．この物質の電子状態計算は，最近さかんに再検討が行われている．というのも，この物質が熱電材料としてだけなく，トポロジカル絶縁体[54]として基礎・応用から注目が集まっているからである．この話題について，本書で多くを語る余裕はないが，トポロジカル絶縁体とは，バルクの物質としては絶縁体なのに表面には金属状態が生じている物質のことで，金属でも絶縁体でもない新種の固体として注目されている物質群である．表面の金属的伝導は，

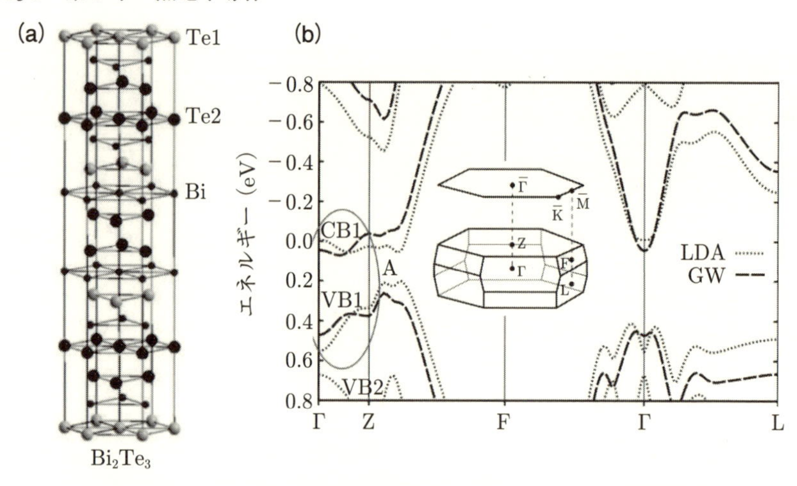

図 6.1　Bi_2Te_3 の (a) 結晶構造および (b) バンド構造[53].

スピン軌道相互作用で分裂した二つの表面バンド (図示されていない) が担っており，スピン偏極しているとともに，一方から他方へは決して散乱されないので，「抵抗ゼロ」で電気伝導が可能である．Bi_2Te_3 は典型的なトポロジカル絶縁体であり，光電子分光測定で表面の金属バンドが観測されている[55].

図 6.1 (b) は，バルクの電子状態を示しており，計算の詳細によって多少構造は違うが，0.1–0.2 eV のバンドギャップを持つ間接遷移型半導体である．その複雑な結晶構造を反映して，価電子バンドの最大は Z–F 方向の途中にあり，伝導バンドの最小は Γ–Z あるいは Z–F の途中にある．そのため，n 型，p 型ともにキャリアドープによって，複数のフェルミポケットが生じる多谷構造を持つ．多谷の縮重度 N_v はこの系の場合 6 とかなり大きい．5.2.1 で見たように，多谷による効果は性能指数を N_v 倍に増強する．

熱電特性について簡潔に述べよう[56]．Bi_2Te_3 では適当な不純物をドープすることで n 型および p 型材料を設計することができる．たとえば，n 型は Te サイトを Se で置換したもの，p 型には Bi サイトを Sb で置換したものなどが報告されている．電気伝導率は，n 型，p 型ともにその絶対値は室温で 10^3 S/cm である．この値は金属の電気伝導率に比べると一桁から二桁小さいが，十分によい電気伝導性である．電気伝導率は金属と同様に温度と共に増大し，この系が縮退半導体領域にあることを示す．室温でのゼーベック係数の絶対値は 200 μV/K 程度である．5.3.1 で見たよう

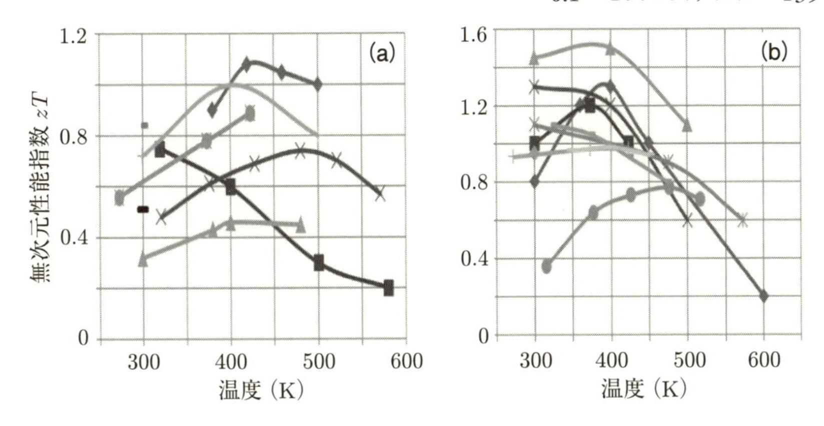

図 6.2 Bi_2Te_3 の無次元性能指数 zT. (a) n 型, (b) p 型. 図には様々なグループのデータが集められている. それぞれのデータについては参考文献[57] を参照してほしい.

に, 性能指数を最大にするゼーベック係数の絶対値は 200 μV/K 程度であったから, この系は室温付近で性能指数を最大にできることを示している. 格子の特徴としては Bi と Te という重元素からできているため音速は低く, したがって熱伝導率は低い. 熱伝導率の絶対値は室温で 2 W/mK 程度であり, 高純度の Si の 100 W/mK より二桁程度低い.

電気伝導率 1000 S/cm, ゼーベック係数 200 μV/K, 熱伝導率 2 W/mK を使って無次元性能指数を計算すると室温で $zT = 0.6$ となり, ほぼ $zT = 1$ という実用条件を満たす. **図 6.2** に様々なグループによって報告された無次元性能指数 zT を示す[57]. ナノ技術を用いることで, 主に格子熱伝導率を低減して zT を向上させることができ, 室温において zT が 1 を超えるような報告もある (図 6.2 (b) の $zT \sim 1.5$ のデータなど). ただしそれは p 型に集中しているようである.

どの zT もある温度で最大値をとって, 高温では単調に減少していることに注意してほしい. zT の極値の温度は, 試料が縮退領域から真性領域へ系が移り変わる特徴的な温度を示している (式 (5.71) 参照). この特徴的な温度はバンドギャップの 1/2 程度といわれており, Bi_2Te_3 の場合, バンドギャップが 0.1–0.2 eV, 対応する特徴的な温度は 500–1000 K くらいになるから, たしかにそのような関係を満たしている. 悪いことに, 真性領域では熱伝導率も温度とともに上昇し始める. これは熱励起された電子とホールが熱伝導に加わるためで, **バイポーラ項** (bipolar contribution)

と呼ばれている．もちろん電気伝導率も増加するが，ゼーベック係数の減少と熱伝導率の増加の効果が上回り，zT は温度とともに急激に減少する．

Bi_2Te_3 の優れた電気特性を保持しつつ，熱伝導率を下げる試みは多く行われている．特にプロセス制御によって行う方法は第8章に譲り，ここでは結晶構造を改変する試みを紹介しておこう．Chung らは $CsBi_4Te_6$ なる新物質の合成と同定に成功した[58]．この物質は Bi_2Te_3 が作る5層構造を Cs 層が分断した層状物質である．この物質の特徴は熱伝導率にある．層に平行な方向の熱伝導率は室温で 1.5 W/mK と，Bi_2Te_3 よりわずかに低く，100 K までほぼ温度に依存しない値を示す．このため，無次元性能指数 zT は室温よりわずかに低い 225 K で最大値 0.8 を示す．この温度で Bi_2Te_3 と比較すると，この物質は有意に優れており，冷却応用において優れた特性が期待される．この層状構造を反映して，層に垂直な方向では熱伝導率はさらに低く，室温で 0.5 W/mK 程度である．この値は Cahill の最小熱伝導率 (5.5.5) に近い．

6.2　鉛テルル

熱電発電では中温域と呼ばれる，500 K から 800 K の温度領域で古くから用いられてきた熱電材料が PbTe である．PbTe は Bi_2Te_3 と同時期に開発された物質であり，熱電材料としてのよい性質を共通に持つ．十分に「枯れた」材料であったはずだが，最近の第一原理計算の進歩と，多元系への拡張によって飛躍的に性能が向上した．

Pb は周期表で Bi の隣に位置し，Bi_2Te_3 と化学特性がよく似ていることが期待できる．ただし，Bi が3価を取りやすいのに対して Pb は2価を取りやすいので，Te との組成比は 2:3 から 1:1 に変わっている．結晶構造はがらりと変わり，PbTe は単純な NaCl 型構造であり，単純立方格子の格子点を Pb と Te が交互に埋めた構造をしている．Bi_2Te_3 と同じく，PbTe も重元素からなる狭いギャップを持った半導体である．そのバンドギャップは Bi_2Te_3 より少し大きく 0.3 eV 程度である．そのためより高温まで真性領域に移り変わらず，ゼーベック係数や電気伝導率の極値は 650 K 程度で現れる．

この系は単純な結晶構造にも関わらず複雑なバンド構造を示す．Singh によって計算されたバンド構造を**図 6.3** (a) に示す[59]．バンドギャップは 0.3 eV に見積もられ，ほぼ実験結果と一致する．価電子バンド，伝導バンドの極値はブリルアンゾーンの L 点にあり，立方結晶の対称性から多谷の縮重度 N_v は 4 となる．Bi_2Te_3 の $N_v = 6$

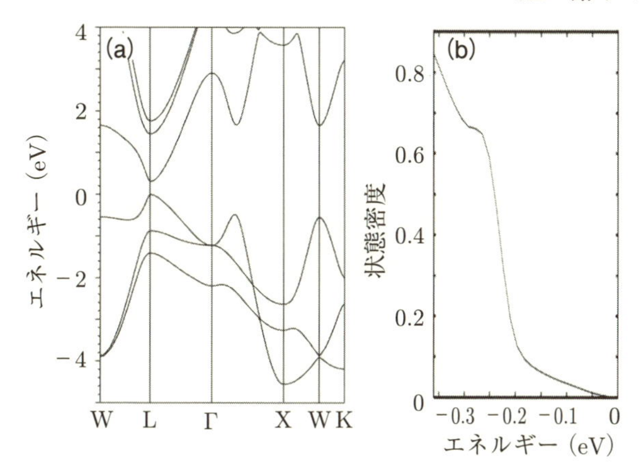

図 6.3 PbTe の (a) バンド構造と (b) 価電子バンドの状態密度[59].

には及ばないが十分に大きな値である．図 6.3 (b) に価電子バンドの状態密度を示す．状態密度は 0.2 eV 付近で急峻に変化している．したがってフェルミ準位がこのあたりに来るようにキャリアドーピングを行えば，状態密度の非対称性が大きいので，大きなゼーベック効果が期待できる (5.1.4 参照)．実際，PbTe はいろいろなドーピングに対して，特異的に高いゼーベック係数が観測される[25]．これは f 電子系などに見られる非常に鋭い状態密度を持った電子状態との共鳴効果として解釈されてきたが，バンド計算の結果はそのような共鳴効果を考えなくても大きなゼーベック係数が可能であることを示す．

Snyder らは $PbTe_{1-x}Se_x$ において，Te と Se の混晶の度合を変化させることで，価電子バンドの形状を細かく調整できることを示した[60]．その様子を**図 6.4** (b) に模式的に示す．有限温度のバンド計算によれば L 点の価電子バンド極大は強い温度変化を示し，温度とともにエネルギーの深いほうへ移動する．その結果，ホールは適当な温度 (図では 500 K) で Σ 点にあるバンドに再分配され始める．二つのバンドは Se の混晶の程度でも変化するので，注意深く x の値を選べば，所望の温度で二つのバンドがちょうど縮退するように持ってくることができる．そのときのホールポケットの様子を模式的に図示したものが図 6.4 (a) である．二つのバンドが縮退することによって電子系の多谷効果は最大になる．L 点における縮重度は $N_v = 4$ であったが，Σ 点における縮重度は $N_v = 12$ に達する．したがって両者が縮退する状況を作り出せば縮重度は 16 となり，熱電性能を大幅に引き上げることができる．このようにし

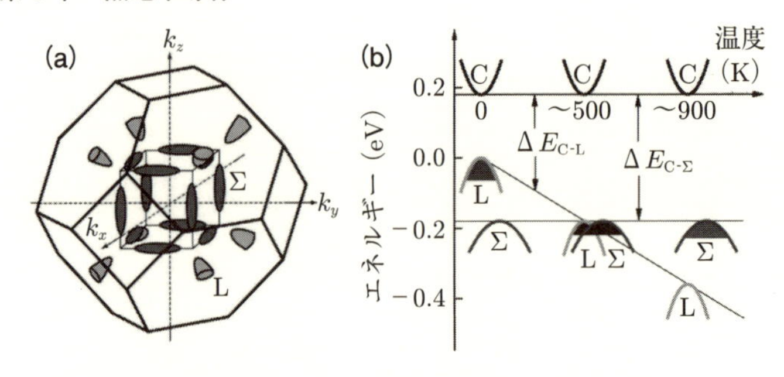

図 6.4　PbTe の (a) L 点と Σ 点のホールが縮退したときのホールポケット，(b) $PbTe_{1-x}Se_x$ 系のバンドエンジニアリングの模式図[60].

て設計された $PbTe_{1-x}Se_x$ 系材料の無次元性能指数は 1.8 に達する．この研究例に限らず，PbTe を基礎とする材料は 800 K 周辺で十分に $zT = 1$ を上回る大きな値を示す.

この系の属する周辺物質で，優れた熱電性能を示すものに $Pb_mAgSbTe_{2+m}$ がある[61]．この物質はその頭文字をとって LAST と略称される (L は lead の意)．結晶構造は PbTe と同じであり，m 個の PbTe と $AgSbTe_2$ の混晶である．$m = 18$ の試料において，無次元性能指数 zT は 800 K で 2 を超えることが報告されている．この物質では，数ナノメートルサイズの不純物相が母相に析出し，それが熱伝導率の低減につながっているという解釈がされている．PbTe 系は結晶成長する降温時に相分離の不安定性を持っており，Gelbstein らは GeTe と PbTe の混晶におけるスピノーダル分解を利用して，高い zT の試料を作成している[62].

PbTe 系の周辺物質で，最近最も注目されている材料が SnSe である．周期表で Pb と Te のそれぞれ真上に位置する元素から構成されるこの物質は，PbTe 同様古くから知られる半導体であった．結晶構造は単純な NaCl 型ではなく，直方晶系 $Pnma$ (No. 62) に属し，a 軸，b 軸，c 軸それぞれの方向から見ると全く別の物質のように見える．結晶構造の詳細は文献[63]を参照してほしい．優れた熱電性能を示す高温では構造相転移して対称性の高い構造 $Cmcm$ (No. 63) をとるがその詳細な構造解析はまだない．Kanatzidis らのグループは，この物質の単結晶を作成し，その異方的熱電特性を測定したところ，1000 K 付近で b 軸方向で無次元性能指数 $zT = 2.6$ という驚異的な数字を報告した[63]．b 軸方向には Se 原子の原子位置が大きく乱れており，熱伝導率はすべての軸方向で 900 K で 0.2–0.3 W/mK という低い値を示す．この値は電子の寄与を含めた全熱伝導率であり，格子熱伝導は驚異的に低い．一方，キャリア濃度はまだ最適化されておらず，900 K でゼーベック係数は 300 μV/K 程度である．すなわち，高い zT は異常に低い熱伝導率によって実現している．想像をたくましくすれば，電力因子 $\alpha^2\sigma$ を最適化するようにキャリア濃度を制御できれば，性能指数はまだ増大できる余地がある．

残念ながら，この大きな値は多結晶試料では実現していない．また他のグループによるこの巨大 zT の追試が待たれる．それでも多結晶試料における zT は 1 を越える大きさで，それは複数のグループで再現している．他の分野でもよく知られているように，Pb は民生利用の観点からは望ましくない．また Te は資源として貴重であり，大規模な民生利用にはふさわしくない．その点，Sn も Se も十分に豊富な元素であり，もしも単結晶の zT の値が，再現性よく多結晶試料においても実現できるなら，中温域の熱電材料としては理想に近い物質であると著者は考える．

6.3 スクッテルダイト

Bi_2Te_3 系材料や PbTe 系材料が 50 年代に開発されて以来，約 30 年間，熱電変換の研究はその素子化とモジュール化に中心が置かれ，新物質開発の研究は少数の研究グループにとどまってきた．新材料として 2 元系シリコン化合物などの開発が行われたが，無次元性能指数 zT が 1 を超える材料の開発には至らなかった．この期間の材料開発は主に 2 元系材料が中心であったが，1986 年の銅酸化物高温超伝導の発見が間接的な契機となり，複雑な結晶構造を持つ多元系化合物への材料開発が加速された．

スクッテルダイト系材料は，そのような研究潮流の中で 90 年代にアメリカのジェット推進研究所やオークリッジ国立研究所を中心に見出された新材料であり，無次元性能指数が高温で 1 を超える可能性を示した最初の物質である．組成式は MX_3 で表され，M イオンには Co，Fe，Ru，Ir などの遷移金属が，X イオンには P，As，Sb などのニクトゲンと呼ばれるイオンが入る．**スクッテルダイト**の化学式は $CoAs_3$ であり，その名前は，それが算出されたノルウェーの Skutterud という地名にちなむ．スクッテルダイトの結晶構造を**図 6.5** (a) に示す．結晶構造は立方晶 $Im\bar{3}$ (No.204) であり，単純立方格子を作る M イオンの 2×2×2 倍の単位胞を持つ．八つの単純立方格子のうちの六つの体心位置に四つの X イオンが正方形のリング状に配置している．この図からは判別しにくいが，M イオンは X イオンのつくる八面体構造の中心に位

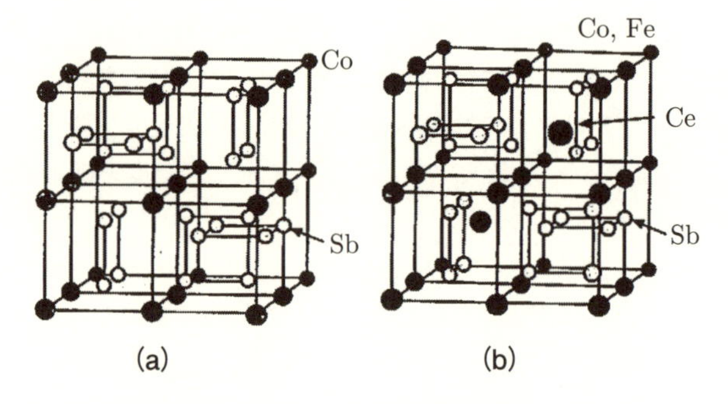

図6.5　(a) スクッテルダイトおよび (b) 充填スクッテルダイトの結晶構造.

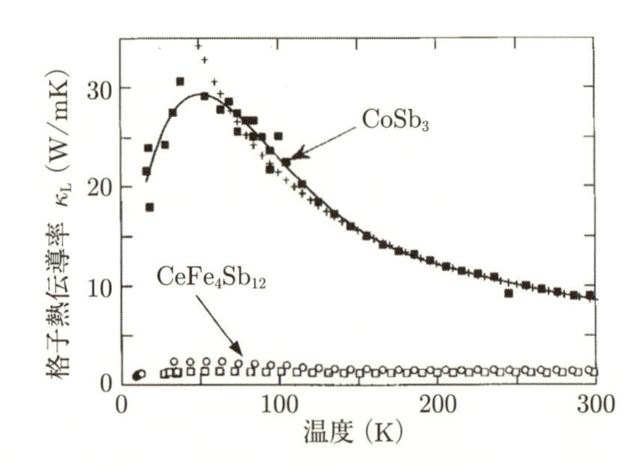

図6.6　スクッテルダイト $CoSb_3$，充填スクッテルダイト $CsFe_4Sb_{12}$ の格子熱伝導率[65].

置し，MX_6 八面体は頂点を共有して 3 次元的に連結している (図の中心の M イオンに最近接な六つの X イオンを線で結んでみよ).

様々な物質開発の結果，優れた熱電特性を示す物質は M =Co, Ir，X = Sb とした系であることがわかった[64]．$CoSb_3$ や $IrSb_3$ の電気的特性は Bi_2Te_3 と同程度かあるいはそれを上回るほど優れていたが，熱伝導率が高いことが致命的な欠点であった．**図6.6** に示すように，$CoSb_3$ の格子熱伝導率は室温で 10 W/mK と，Bi_2Te_3 系材料のほぼ一桁大きい[65]．そのため無次元性能指数 zT も室温で 0.1–0.2 程度で振るわない.

$CoSb_3$ の熱伝導率を低減すべく，様々な置換が調べられてきた．実際，少量の不純物置換で熱電特性は向上する．しかし，もっとも劇的な進歩は，充填効果による熱伝導率の低減の発見である[66]．図 6.5 (a) を見ると，Sb 正方リングの入っていない単純格子があることがわかる．図 6.5 (a) では八つの単純格子のうち六つに Sb リングが入っており，右上手前とその体対角の位置の二つの単純格子が空である．充填とは，この空いた二つの単純格子の体心位置に元素を入れることである．

図 6.5 (b) に充填スクッテルダイトの結晶構造を示す．組成式は，四つの MX_3 に対して余分な充填原子 R があるから RM_4X_{12} と書ける．このように Sb リングが入れるくらい大きな空間に導入された充填原子 R は 5.5.4 で紹介したラットリングを引き起こすのではないかと期待された．充填できる元素には，ランタニドやアルカリ土類元素がある．ランタニドは通常 3 価となるので，充填元素 1 個あたり余分に 3 個電子が入ってしまう．それを補償するために Co 元素より電子が 1 個少ない Fe で部分置換する必要がある．

充填効果は劇的である．図 6.6 に充填スクッテルダイト $CeFe_4Sb_{12}$ の熱伝導率を示す[65]．充填前のスクッテルダイトに比べて熱伝導率が一桁程度下がっており，室温付近でほとんど温度に依存しないガラスのような特性を示す．移動度は室温で 100 cm^2/Vs 程度の高い値を示し，まさにフォノンにとってはガラスのようで，電子にとっては結晶に見える物質である．その結果，性能指数 zT は 1000 K で 1.4 に達し，$zT = 1$ の壁を破る最初の物質となった．

Ce のラットリングは，異常に大きいデバイ–ワーラー因子（原子の熱振動の 2 乗平均）[65]やアインシュタインモード的な格子比熱[67]によって確かめられている．確かに結晶構造をこのように書き，その大きな隙間に小さなイオンを入れれば，赤ちゃんのおもちゃのガラガラのように，充填されたイオンは隙間でランダムに動きそうである．充填スクッテルダイトでは，充填された希土類イオンが，伝導電子と相互作用している例が数限りなくあり，特に低温で重い電子と呼ばれる特殊な固体を形成する．これは充填イオンと伝導電子の間に無視できない相互作用があることを意味し，充填イオンは決して乱れの中心ではない．ラットリングの研究は，むしろ次節で述べるクラスレート化合物のほうが物性として明解である．

実際，充填スクッテルダイトの低い熱伝導率は単純ではない．第一に，試料には少なからず乱れや陽イオンの混晶が生じており，その効果が無視できない．実際，充填される Ce サイトに欠損が多いほど熱伝導率は低い．また充填前の $CoSb_3$ においても，適当な元素置換によって熱伝導率はかなり低減する．第二に，充填によってキャリア濃度が大幅に変化し，$CeFe_3CoSb_{12}$ では 10^{21} cm^{-3} もの高濃度のキャリア

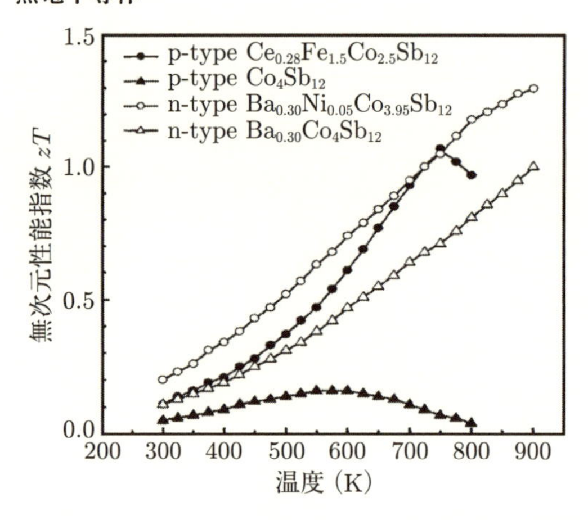

図 6.7　様々な充填スクッテルダイトの無次元性能指数[68].

が存在している．そのため，ラットリングがなくても電子格子相互作用を通じてフォノンの平均自由行程は著しく短くなっているはずである．逆に電子にとっても乱れの効果はあり，$CeFe_3CoSb_{12}$ の移動度は充填前に比べて 100 分の 1 以下に減少している．Ce 充填は電子系にも大きな影響を与えており，Slack が期待した理想的な充填効果は実現していない．このような問題はあるものの，この系がラットリングを指導原理として開発された物質であるということはまぎれもない事実であるし，またそれが最大の価値でもある．実際，ラットリングとフォノングラスは現在に至るまで熱電材料開発のキーコンセプトであり続けている．

当初，充填スクッテルダイトで優れた n 型は合成できなかったが，現在は充填元素に Ba や Yb の 2 価のイオンを用いることで性能の向上が図られている．この系についても膨大な研究があるが，当初この研究を牽引していたアメリカに代わって，中国のグループが精力的に材料開発を進めている．彼らの成果の一例を**図 6.7** に示す[68]. p 型，n 型ともに 800 K で無次元性能指数は 1 を超えていることがわかる．比較のために掲載されている，非充填スクッテルダイト $CoSb_3$ は特に高温では電子状態が真性領域に移行するため性能が急速に低下していることがわかる．充填効果は真性領域への移行も遅らせている．

現在は中国のグループが中心となって，さらなる熱電特性向上の物質開発が進められている．一つのアプローチが，充填元素を複数用いる方法である[69]．**図 6.8** (a)

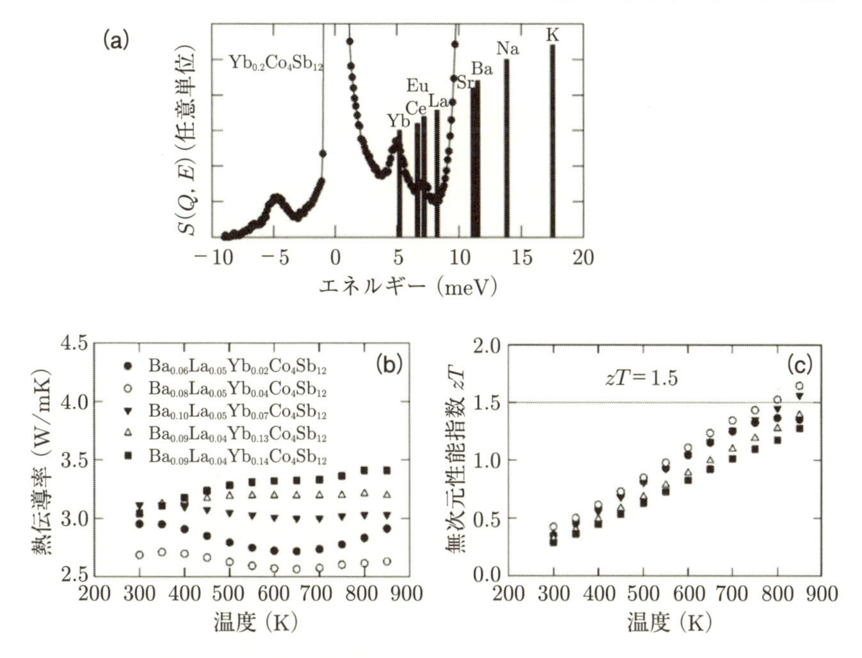

図 6.8 3重ドーピングによる充填スクッテルダイトの無次元性能指数の向上[69]. (a) スクッテルダイトのフォノン状態密度と充填元素の共鳴エネルギー, (b) 様々な試料の熱伝導率, (c) 対応する無次元性能指数.

にその概念図を示す. スクッテルダイトのフォノンの状態密度 $S(Q, E)$ に対して, 一つの充填元素が有効に機能するエネルギー領域は狭い. たとえば, Ce は 6.5–7 meV の領域のフォノンだけを有効に散乱する. いま使いたい温度が 800 K だとして, 熱励起されるフォノンの中で最も熱伝導に寄与する波長を計算によって求め, それを有効に散乱できればさらなる熱伝導率の低減が可能である. このような指針のもとで, たとえば, Ba, La, Yb の 3 種類の充填元素を同時に導入した試料の熱伝導率が図 6.8 (b) に示されている. 図には示していないが, これらの試料で, 電気伝導率やゼーベック係数には優位な差はない. したがって, この熱伝導率の差がそのまま性能指数の差になって現れる. 図 6.8 (c) に無次元性能指数を示す. 図 6.7 と比較するとわかるが, 1 種類の充填元素の場合に比べて zT は増大していることがわかる.

複数種類の元素を充填することが効果的であるとしても, その種類と組成を最適化するためには膨大な数の試料作成が必要であることは言うまでもない. このような絨毯爆撃的な材料研究は，研究資源を集中させることができた中国のグループの登場があって初めて実現した．また，性能指数が三つの物理量の計測によって算出される物理量でありながら，最先端の材料開発では，その有効数字の三桁目を競っていることがわかる．ただ，現実に三桁目がどの程度正確なのかは著者には疑問である．著者の経験では，電気抵抗率，ゼーベック係数，熱伝導率の測定誤差は，それぞれで10%程度はあるはずで，異なる試料を用いて計測すれば三つの誤差を加えると最低でも 30%程度の不確かさは生じてしまう．もちろん，同じグループ内で，必ず統一した方法で計測すれば，その相対的な優劣は議論でき，図 6.8 (c) で比較された性能指数の差は有意であろう．しかし，絶対確度としての性能指数の測定精度には問題がある．こうした問題を解決するために，世界の研究機関で計測の標準化の試みが始まっている．

6.4　クラスレート

フォノングラスとラットリングを指導原理として，充填スクッテルダイトに続いて発見された系がクラスレート化合物である．最初の熱電材料としての可能性は，Nolas らによって $Sr_6Ga_{16}Ge_{30}$ において報告された[70]．最初の論文では低い熱伝導率と室温での $zT = 0.25$ が報じられ，高温では zT は 1 に迫るだろうと期待され，実際その後の実験で確認された．

図 6.9 にその結晶構造を示す．クラスレートの構造には I から VIII 型まであるが，熱電特性が詳しく調べられている I 型と VIII 型を示す．Si，Ge および Sn が作る 14 面体や 12 面体が複雑に連結した籠状構造の中に比較的大きなイオン半径の原子が入る．図では小さい丸がネットワークを作っている Si，Ge，Sn 原子であり，籠の中心

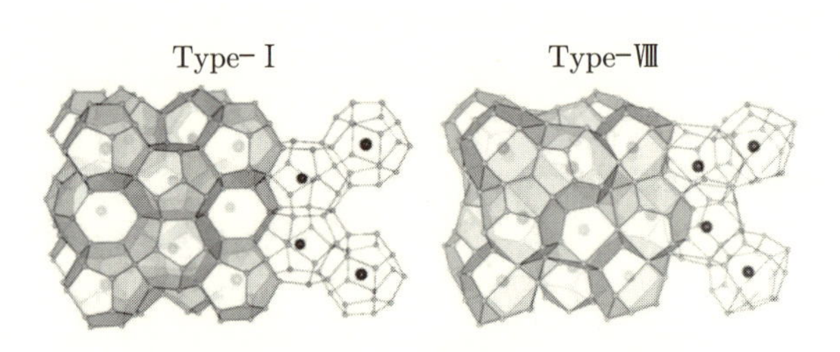

図 6.9　クラスレート化合物の結晶構造．

に描かれた大きな丸がアルカリ土類あるいはランタニド原子である．そのネットワークをよく見ると，隣り合う原子同士の結合角はダイヤモンド構造の結合角に近く，単結晶 Ge や Si と電子状態が類似していることが期待できる．一方，ダイヤモンド構造には存在しない籠状構造を持つため籠の内部に入った原子の非調和振動，すなわちラットリング効果が期待できる．まさにこの構造は，赤ちゃんのおもちゃであるガラガラとそっくりである．充填スクッテルダイトの場合と同様，充填する元素の価数を補償するように，ネットワークを形成する 4 価原子の一部を電子数が一つ足りない原子で置換する必要がある．この系では充填される元素は 2 価を取るものが多く，充填原子 1 個について 2 個のネットワーク原子を置換する必要がある．$Sr_8Ge_{30}Ga_{16}$ では，確かに 8 個の Sr^{2+} イオンを導入するために，16 個の Ge が Ga に置き換えられている．

クラスレート化合物は，充填スクッテルダイト化合物よりも明らかな形でラットリングの特徴を示す物質である．ラットリングの特徴は Takabatake らによって系統的・定量的に調べられた[71]．**図 6.10** の左側に，$Sr_8Ga_{16}Si_{30-x}Ge_x$ の比熱 C を示す．縦軸が比熱を温度の 3 乗で割った量でプロットされていることに注意しよう．第

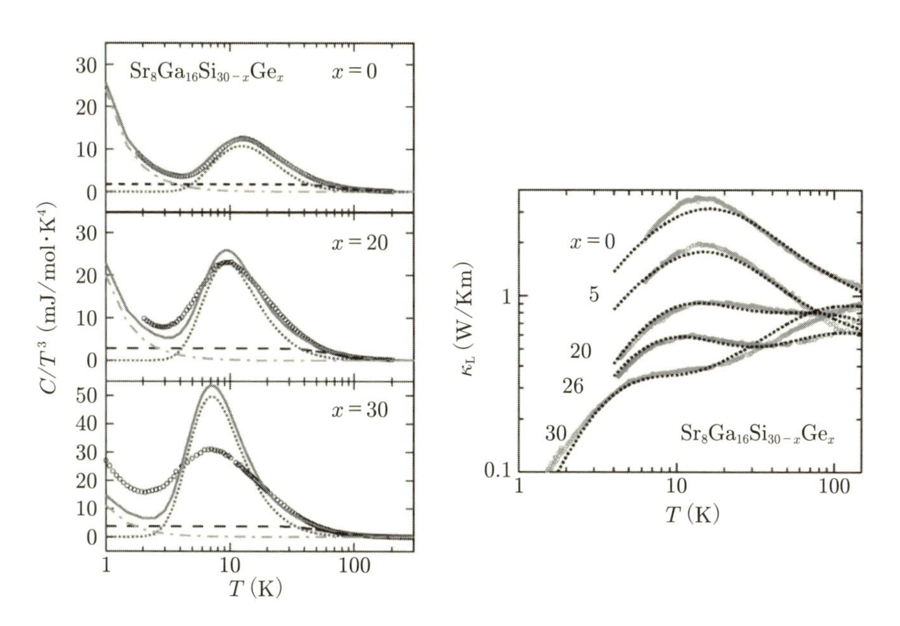

図 6.10 クラスレート化合物の比熱 (左) と，熱伝導率 (右)[71]．

4章で見たように，デバイモデルに従う格子比熱は，デバイ温度よりも十分低温で温度の3乗に比例する．したがって，デバイ比熱で格子比熱がよく説明できれば，実験結果は温度に依存しない値になるはずである．もちろん低温には電子比熱の寄与があり，それは温度に比例するから低温では C/T^3 は T^2 に反比例するような反り返りを持つ．

ところが実験データには，破線で示すデバイモデルと1点鎖線で示す電子比熱の二つでは説明できない寄与があることが明らかであり，それは点線で示すように10–20 K で幅広いピークを持っている．特に x が大きくなるにつれて，つまり Si のクラスレートから Ge のクラスレートに変化するにつれてその寄与は大きくなり，フィッティングがうまくいっている $x = 20$ のピークの値では，デバイモデルと電子比熱の寄与の十倍以上はあるように見える．この寄与はアインシュタインモデルによって計算された比熱であり，ほとんど分散のない格子振動が比熱に寄与していることを示す．そのようなフォノンは，Slack が考えたラットリングに近く，周りの結晶格子とゆるく結合した原子が非調和に振動することで生じると考えられる．Si と Ge の混晶では，籠のサイズは Ge が増えるほど大きくなっており，籠の中の Sr の振動の非調和性も x とともに増大していると考えられる．

図6.10の右側には対応する熱伝導率の格子振動の部分を示す．ここで格子熱伝導率 κ_{L} は実験的には，ウィーデマン–フランツの法則を用いて，

$$\kappa_{\mathrm{L}} = \kappa - L_0 \sigma T \tag{6.1}$$

として求められる．図から明らかなように，x が大きくなるにつれて 10 K 付近の熱伝導率は，単調に，そして劇的に低下している．これはラットリングを担う Sr の非調和振動が，格子熱伝導率の低減を支配していることの直接的な証拠である．高温に目を向けると，$x = 0$ の熱伝導率では 20 K 以上では温度とともに減少しているが，x が大きくなるにつれて，温度依存性はフラットになっている．温度とともに減少する熱伝導率の起源は，フォノンの非調和性からくるフォノン–フォノン散乱の寄与 (式 (5.143)) で，フォノンの平均自由行程が長いときに生じる．$x = 0$ でそれが顕著であるということは，この試料ではフォノンの平均自由行程が比較的長いこと，つまりラットリングがあまり効いていないことを示している．これは左図の格子比熱に見られる，アインシュタインモードのピークが小さいことと矛盾しない．

クラスレート化合物は複雑な構造を取るにも関わらず，適当な組成を選べば比較的良質な単結晶を得ることができる．$\mathrm{Ba_8Ga_{16}Ge_{30}}$ 単結晶を用いたフォノン分散につ

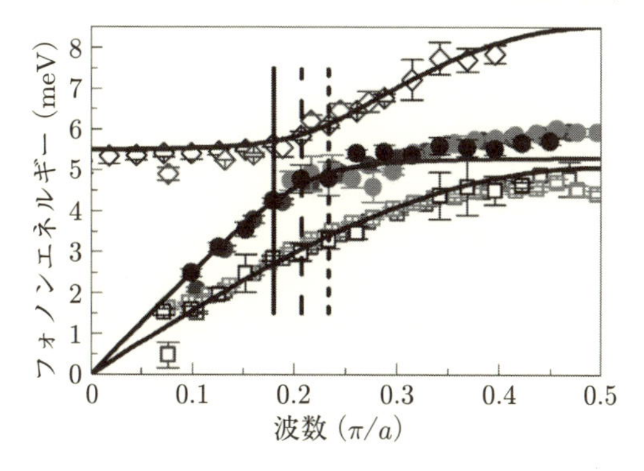

図 6.11 クラスレート化合物のフォノン分散.

いて，中性子非弾性散乱の測定結果を**図 6.11** に示す．$\hbar\omega = 5$ meV 付近から水平に伸びるほぼ分散のないフォノン分枝が，原点から線形に立ち上がってくる音響フォノン分枝と交わり，分裂している様子がよくわかる．この分散のない分枝が，Ba の非調和振動，いわゆるラットリングモードである．たしかにほとんど分散がなく，アインシュタインモデルで記述できる比熱を示しそうである．特徴的なエネルギーである 5 meV は，比熱のフィッティングに用いられたアインシュタイン温度と半定量的に一致する．

この実験結果を見ると，籠状格子の格子振動と独立に分散のない Sr の振動がある，というイメージは少し単純化しすぎた描像ではないだろうか．すくなくとも分散の交差によって二つの分枝が分離しているところを見ると音響フォノンと Sr の振動は相互作用を持ち，それぞれの混合したフォノンモードが存在していることを示している．特に交差したポイント付近では，籠状格子の音響モードと Sr の振動は同程度に混成している．実際，非弾性散乱からフォノン寿命を見積もることができるがその値は，熱伝導率から見積もられる寿命より一桁程度長い．ラットリングは，熱電研究者にとって理想の格子振動に違いないが，実際のフォノン物性の定量的な理解には過度な単純化は問題ではないか，というのが著者の考えである．ただし Suekuni らが見出したように，籠状のサイズ r_C と籠の中のイオンサイズ r_R に対し，隙間間隔 $r_C - r_R$ が大きければ大きいほど熱伝導率が低い，という関係は籠やイオンの種類によらず普遍的に成り立っている[72]．これは隙間が大きいほどラットリングしやすく，熱伝導を下げやすいという直感的に理解できる法則であり，クラスレート化合物における物性設計において，ラットリングという概念が非常に有効であることを強く示している．

最後にクラスレートの熱電性能について簡単に触れておこう．熱電特性が最適化された試料では，n 型，p 型ともに 500 K 付近で絶対値で 200–300 μV/K 程度の大きな値が得られている[73]．無次元性能指数 zT は，ゼーベック係数の絶対値が極大値を取る付近の温度で最大になり，試料の微妙な組成の違いで異なるが，p 型で 0.9 程度，n 型で 1.5 程度の値を示す．前節の充填スクッテルダイトの場合，同じ程度の zT が 800 K 前後で得られているので，性能指数 z で比較するとスクッテルダイトに勝る性能である．

6.5　ジントル相

前節までで紹介した，スクッテルダイト化合物もクラスレート化合物も広い意味では**ジントル** (Zintl) **相**化合物の一種として分類できる．ジントル相化合物とは，広義にはアルカリ金属およびアルカリ土類金属と Al，Ga，In，Tl，P，As，Sb などとが作る金属間化合物の総称である．狭義には，それらの金属間化合物のなかでアルカリ金属 (またはアルカリ土類金属) から価電子を受け取った金属原子が，それと同じ電子配置を持つ別の元素と同じ構造をとるものをジントル相という．

NaTl はその典型例である．この場合，Na は 1+ 価イオンとなって，イオンあたり 1 個の電子を Tl に受け渡し，Tl は $6s^2 6p^2$ の最外殻電子配置を取る．その結果，sp^3 混成軌道が生じ，Tl はダイヤモンド構造を構築する．Na はダイヤモンド構造の空隙に位置する．このように Na イオンと Tl はイオン結合で，Tl 同士は共有結合で結合し，結晶全体はイオン結晶と共有結合結晶の中間的な性格を持つ．別の言い方をすれば，Tl を Tl^- のような陰イオンと思うと構造を理解できない．前節のクラスレート化合物 $Sr_8Ga_{16}Ge_{30}$ では，Sr がイオンあたり 2 個の電子を供給し，16 個の Ga がそれぞれ電子を一つ受け取ることで Ge と同じ電子配置をとって籠状構造を形成する．スクッテルダイト化合物 $CoSb_3$ は，ジントル相の考え方からは Co_4Sb_{12} と表記したほうがよい．Co が 3+ 価を取って電子を合計で 12 個放出し，Sb の形式価数は 1– となる．これはむしろ，四つの Sb が作る正方形 Sb_4 が全体で 4– となっていると考えたほうがよく $[Sb_4]^{4-}$ のネットワークが電気伝導を担う．

図 6.12 に代表的な二つのジントル相化合物の結晶構造を示す．図 6.12 (a) に示された Zn_4Sb_3 は，より正確な化学組成は $Zn_{13}Sb_{10}$ と書ける物質で，共有結合性の強い Sb–Sb のダンベル構造を持つ $Sb_2{}^{4-}$ とイオン結合性の強い Sb^{3-} イオンが存在す

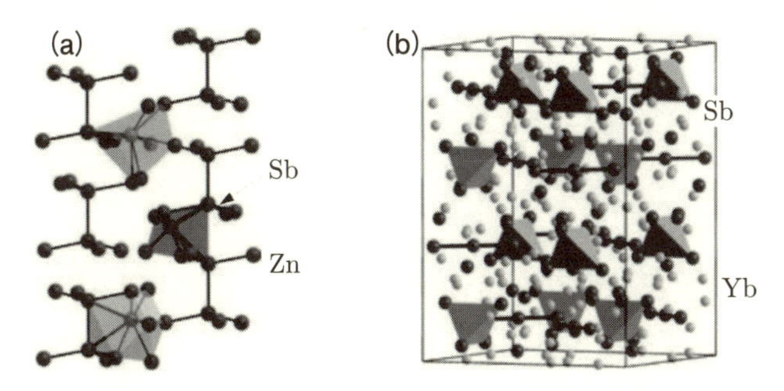

図 6.12 代表的なジントル相化合物 (a) Zn_4Sb_3，(b) $Yb_{14}MnSb_{11}$ の結晶構造.

る．電子の授受を勘定すると，13 個の Zn が 2+ イオンとなって電子を 26 個放出し，6 個の Sb^{3-} イオンと 2 個の $Sb_2{}^{4-}$ ダンベルが電子を受け取る．13 個，6 個，2 個という数字の組み合わせから想像できるように結晶構造は 2 元系でありながら複雑で，単位胞の中に多くの原子を含んでいる．これは 5.5 で見た低い格子熱伝導率を実現する条件の一つである．しかも室温においてすら，すべての Zn イオンが格子点に位置しておらず，Zn イオンの 20%程度が格子間サイトを占有している．その意味では Zn イオンはガラスのように乱れた配置を持つといえる．電気伝導は Sb の作るネットワークが担っているから，この系は，スクッテルダイトやクラスレートと同じくフォノングラスと呼ばれる物質といえる．ただし，この物質における非調和振動の存在すなわちラットリング振動は確認されていないので，Slack が提案したフォノングラスと同じとはいえない．ともかくこの物質の格子熱伝導率は PbTe やスクッテルダイトなど他の熱電材料と比べて顕著に低く，700 K で 0.5 W/mK を示す．これは 5.5.5 で紹介した最小熱伝導率に近く，Zn の乱れが熱伝導率を大きく低減していることを示す．この低い熱伝導率のために，zT は 700 K で 1.2 に達し，同じ温度ではスクッテルダイト，クラスレートよりも優れた特性を示す．

図 6.13 は，様々なジントル相化合物の 300 K における格子熱伝導率と単位胞サイズの相関を示す[74]．明らかに，単位胞が大きいほど格子熱伝導率が低いことがわかる．最も低いものでは室温の格子熱伝導率が 0.5 W/mK に達し，ほぼガラスの熱伝導率に等しい．最も熱伝導率の低い 12 番が，図 6.12 (b) に示す $Yb_{14}MnSb_{11}$ である．この物質は，$[MnSb_4]^{9-}$ 四面体，$[Sb_3]^{7-}$ クラスター，および孤立 Sb^{3-} イオンを含む非常に複雑な構造を形成している．Yb は 2+ 価イオンとなって，イオンあたり 2 個の電子を供給している．Mn は 2+ 価イオンと考えられ，系にわずかにホール

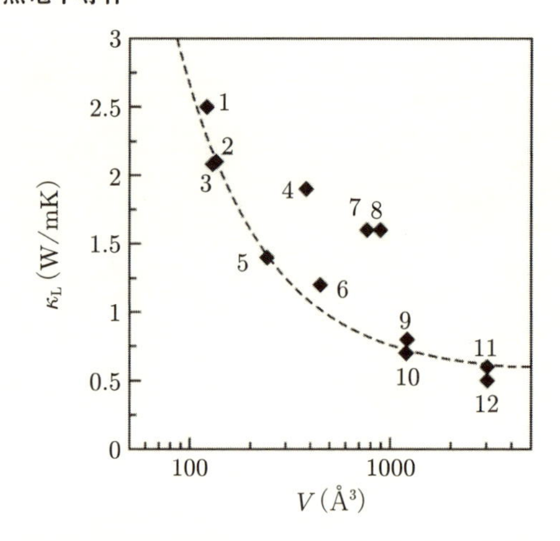

図6.13　様々なジントル相化合物の単位胞と室温の格子熱伝導率の相関．図の数字は異なる物質を示す[74]．

を供給し，この物質はp型熱電半導体として振る舞う．この物質は真空中ならば高温でも安定で，zT は1200 Kで最大値1をとる．これは動作温度としてはスクッテルダイト，クラスレートよりも高く，従来材料ではSiとGeの混晶材料 $Si_{1-x}Ge_x$ と比較すべき材料である．$Si_{1-x}Ge_x$ の zT は最高で0.6程度であるから，この代替材料として $Yb_{14}MnSb_{11}$ はかなり魅力がある．

このようにジントル相化合物では，正にイオン化したイオンを取り囲むようにイオン結合を担う部分と共有結合を担う陰イオンが配置され，一般に単位胞が大きく複雑な結晶構造が実現する．そのため格子熱伝導率が低減し，結果として無次元性能指数は上昇する．しかし，優れた zT が観測される物質は，常にSbを含んでいることに注意しなければならない．スクッテルダイトにおいても，Sbの代わりにPやAsで同型の化合物が合成できるが CoP_3 や $CoAs_3$ は熱伝導率が高く，熱電特性は $CoSb_3$ に劣る．充填イオンによる非調和振動が熱伝導率の低減に寄与していることをはよいとしても，電気伝導を担う基本骨格がSbという重原子で構成されていることはかなり重要なのであろう．

Sbとともに熱伝導率の低減に重要な元素がTlである．Tlを含む金属間化合物はいずれも低い熱伝導率を示す．**図6.14** には，いくつかのTlとTeを含む化合物を示す[75]．多くの物質が室温の熱伝導率が1 W/mKを下回っており，いくつかは0.2–0.3

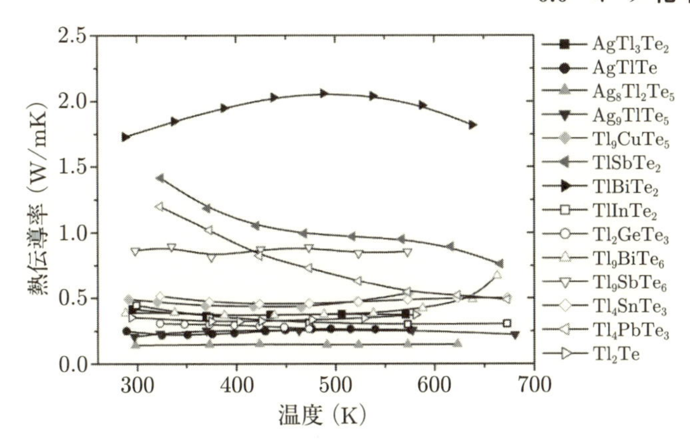

図 6.14 Tl を含む化合物の熱伝導率[75].

W/mK という驚異的に小さい値を示す．これは，Tl や Te が重原子であり音速が低いこと，またこの図に示す多くの物質の融点は 800 K 程度で格子振動の振幅は室温ですら十分に大きく，格子の乱れが著しいことが挙げられる．とりわけ，カルコパイライト型化合物 $AgTlTe_2$ は電気特性も優れており，700 K で zT =1.25 を示す．Tl は毒性のある元素であり，しかも物質の融点近くで使用するのは民生利用としては課題が多い．しかし，究極まで格子熱伝導率を下げる物質科学としての試みは成功しており，原理の検証として十分に価値のある研究であろう．

6.6 ホウ化物

ホウ素は炭素と並んで sp^3 ネットワークを作りやすい元素である．そのため多くのクラスター固体やクラスレート化合物が存在する．ホウ化物は普通ジントル相の一種とは言わないが，ジントル相の一種である Al 化合物とはよく似た結晶構造を取る．**図 6.15** に代表的な結晶構造を示す[76]．多くのホウ化物は高融点化合物であり，高温 (真空中) での化学的安定性が特徴である．そのため超高温領域で使用可能な熱電材料を設計できる期待がある．実際，金属から絶縁体まで電子物性のバリエーションは豊富である．MgB_2 は転移温度 40 K を持つ高温超伝導体であり[77]，LaB_6 は優れた電気伝導性と低い仕事関数を持ち，電子顕微鏡の電子線源として利用されている[78]．LaB_6 の La を Ca に置き換えた CaB_6 は 0.8 eV 程度のバンドギャップを

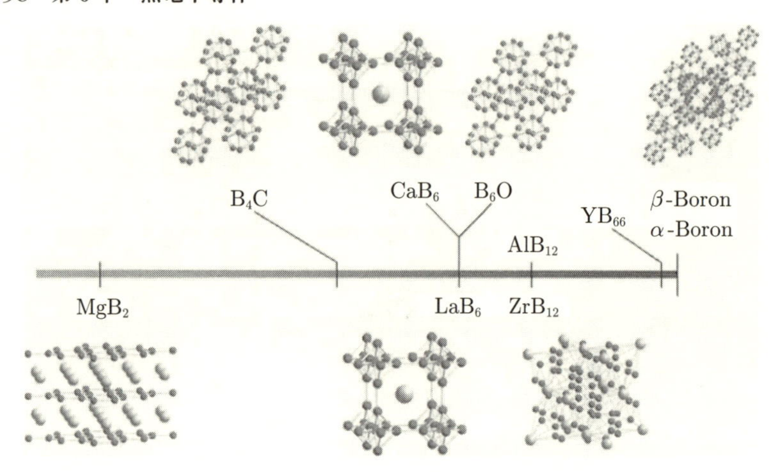

図 6.15　様々なホウ化物の結晶構造[76].

持った半導体で熱電材料としても調べられている[79].

非金属的電気伝導を示すホウ化物においては，そのフェルミエネルギー付近の電子状態は，多くの不純物準位に支配されていると考えられており，高温の電気伝導も以下の式で表される**可変領域ホッピング** (variable range hopping)

$$\rho \propto \exp[(T_0/T)^{\gamma}]$$

で理解されている．これは低温で強い電子局在が起きたときに観測される現象であり，指数関数の引数に現れる γ は，系の次元などに依存する 1 以下の正の数である[80]．すなわち，電気伝導は有限のエネルギーギャップを熱励起によって飛び越えるような活性化型よりもエネルギー障壁は低い．その意味では非金属的な電気伝導であっても半導体の伝導とはいえない．

不純物準位に捕まった電子は，しばしば格子振動と結合して局在化する．これはポーラロンと呼ばれる状態であり，菱面体晶ボロンの一部を炭素で置換した $B_{1-x}C_x$ では，それが熱電特性に有効であるという報告がある．Wood と Emin によれば，ポーラロン伝導ではゼーベック係数は $\alpha = A + BT$ のように温度とともに増大する[81]．実際，**図 6.16** に示すように，1200 K という高温でも 220 μV/K という大きなゼーベック係数が観測されている．普通の熱電半導体では，この温度で真性領域に入っており，少数キャリアが熱励起されることによってゼーベック係数の絶対値は急速に低

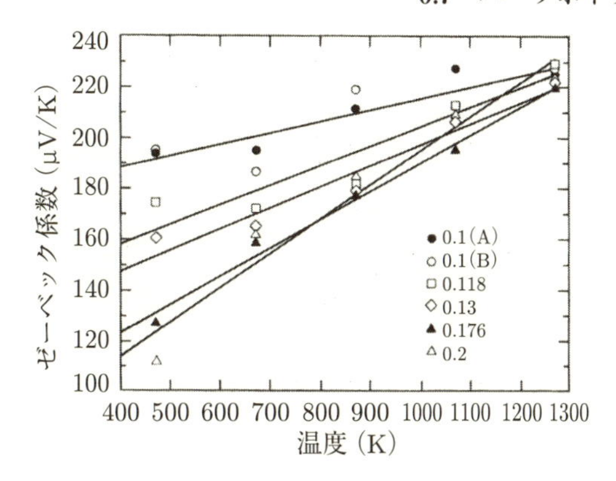

図 6.16 菱面体晶 $B_{1-x}C_x$ のゼーベック係数[81].

下する．1000 K での電気伝導率は数百 S/cm まで増大しており，より高温で高い熱電特性が期待できる．この系は p 型だが，最近，他のホウ化物材料で n 型が発見された[82]．まだ性能指数を議論する段階ではないが，結晶構造の複雑さと構造設計のバリエーションを考えて，今後の物質開発に期待したい．

6.7 ハーフホイッスラー

これまで概観した物質が半導体であったのに対して，ホイッスラー型化合物 (合金) とハーフホイッスラー型化合物 (合金) は金属あるいは合金と呼んでよい物質である．**図 6.17** に示すように，ホイッスラー型化合物 A_2BC は，B 原子と C 原子が NaCl 型構造を作り，その副格子の体心位置に A 原子が位置する．ハーフホイッスラー型化合物 ABC では A 原子が一つ置きに欠損した構造を持つ．A，B には希土類，遷移金属が，C には Sn，Bi，Sb などの元素が入る．

こうした金属原子の組み合わせにも関わらず，ハーフホイッスラー化合物のいくつかはエネルギーギャップを持った半導体となる．半導体となる組み合わせには経験則があり，**VEC** (Valence Electron Count) と呼ばれる数が 18 であるとき，系は半導体となることが知られている．VEC とはその原子の最外殻電子の数を A，B，C 原子それぞれで数え上げ，和を取ったものである．たとえば，ZrNiSn というハーフホイッスラー化合物を考えると Zr の最外殻電子は $4d^2 5s^2$ で 4 個，Ni は $3d^8 4s^2$ で 10 個，Sn は $5s^2 5p^2$ で 4 個となり合計 18 個，VEC = 18 となる．

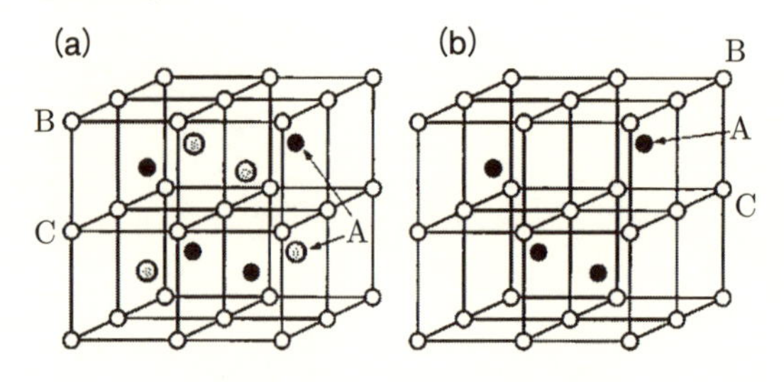

図6.17　(a) ホイッスラーおよび (b) ハーフホイッスラー化合物の結晶構造.

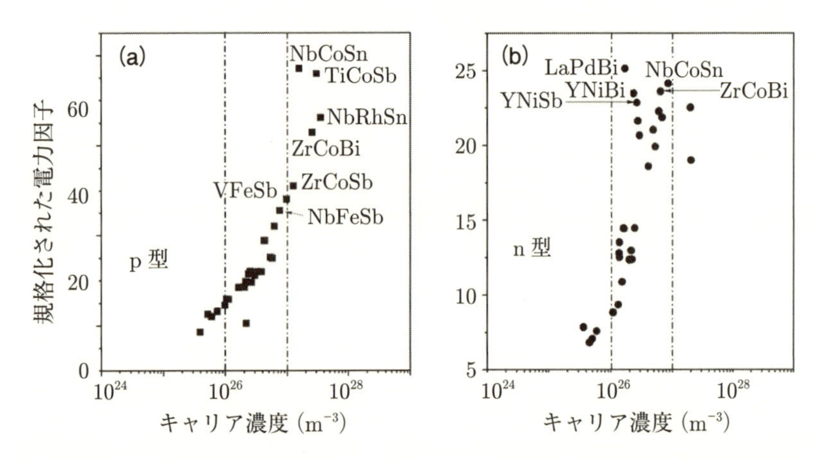

図6.18　(a) p 型および (b) n 型ハーフホイッスラー化合物の電力因子の計算予測. 各データ点は異なる物質を示す[83].

ハーフホイッスラー化合物は三つの異なる元素の組み合わせで百種類以上の物質が知られている. これをすべて実験的に調べ尽くすことはできないが, VEC = 18 を満たす3種の金属だけに注目し, バンド計算を行うことで物性予測がある程度可能である. 特にこの系は単位胞が小さく, 計算コストがかからないことが数値計算による物性探索には有効である. そのような試みを**図6.18** に紹介する[83]. 各データ点は異なるハーフホイッスラー化合物に対応する. それぞれの物質の結晶構造に基づいて第一原理計算を行い, 仮想的にフェルミレベルを動かすことでキャリア濃度を変化させ, 電力因子を計算し, その最大値を見積もる. そうやって見積もられた計算上の最大電力因子を最適キャリア濃度の関数としてプロットしたものである.

ハーフホイッスラー型化合物 ZrNiSn は，高い熱起電力と高い電気伝導率を示し，$CoSb_3$ なみの高い移動度を持つ．この系の問題も熱伝導率が高すぎることにあるが，充填元素によるラットリング効果は見出されていない．そのため，これまでの最高の性能は 700 K で $zT = 0.5$ にとどまっていた．いくつかの元素固溶効果が熱伝導率の低減に有効であり，(Ti, Hf, Zr) NiSn において，zT が飛躍的に向上すること (700 K で $zT = 1.5$) が報じられたが[84]，この大きな値は他のグループで再現されてない．

ホイッスラー型化合物の多くは金属であり，熱電材料としては熱起電力が低すぎるが，Nishino らによって見出された Fe_2VAl は[85]，フェルミエネルギーに擬ギャップを持ち例外的に高い熱起電力を示す．この系の擬ギャップは，適当な元素置換に対して安定で，あたかも半導体のバンドギャップのように振る舞う．実際，電子もホールもともにドープ可能であり，特に Al の Si 置換では電力因子 $\alpha^2\sigma$ は Bi_2Te_3 を上回る[86]．Fe_2VAl 系は豊富な元素でできているだけでなく，合金であるため機械的強度が高い．そのため自動車のエンジンのような，振動環境で使える熱電発電材料として注目されている．実際，熱電発電素子の試作品がオートバイのエンジンに搭載され発電実験が行われている[87]．

6.8 酸 化 物

酸化物は，構成要素である酸素イオンが軽元素であり，一般に熱伝導率の高い材料が多い．もっとも有名なものがサファイヤで，優れた絶縁性と高い熱伝導率を示す．この機能は熱電材料の求める性能の真反対のものである．酸化物はイオン結晶性が高く，それゆえバンドギャップが大きく，共有結合性結晶に比べて移動度が低いことが経験的にわかっている．たしかに酸化物の中で金属的伝導を示す物質はわずかしかなく，それらの移動度も従来の半導体のそれと比べると 10 分の 1 以下である場合が多い．最もよく研究された伝導性酸化物である銅酸化物高温超伝導体では，Cu 原子あたり 5%程度のホールの導入によって系は初めて金属的伝導を示す[88]．このキャリア濃度は縮退半導体領域の 10 倍以上高い値である．それゆえ，酸化物は熱電材料には適さないと考えられてきた．

しかしながら，そうした酸化物半導体の中でも例外的に優れた熱電変換性能を示す半導体もある．もちろん室温での性能指数は低い値にとどまるが，酸化物は高温大気中で安定であることを利用して 1200 K 程度の高温でそれなりに大きな zT を示す物質は存在する．次章で解説する層状コバルト酸化物を含めて，酸化物の研究は

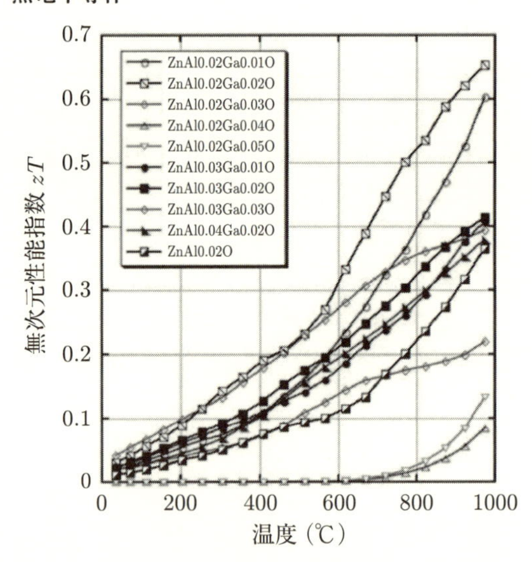

図 6.19　ZnO 多結晶試料の無次元性能指数[93].

熱電材料の研究で大きな割合を占めている[89, 90].

ZnO はそのような酸化物熱電材料の代表である．ZnO は閃亜鉛鉱型の結晶構造を持つ立方晶酸化物であり，Zn の 4s–4p 軌道が伝導バンドを構成している．この物質は基本的には n 型半導体であり，酸素欠損や Zn サイトの Al 置換などによって電子がドープされる．薄膜試料では特殊なプロセスで p 型を作ることができるが[91]，バルク材料では報告例はない．バンド計算から予測される ZnO の伝導バンドの構造は，Γ 点に極小値を持つ，有効質量 $0.3m_0$ 程度の曲率の大きなバンドが電気伝導を担っている[92]．すなわち，ZnO の高移動度は軽い有効質量がその一端を担っている．B 因子 (5.3.4 参照) は有効質量の平方根に比例し，同じキャリア濃度の Bi_2Te_3 などと比較すると ZnO のゼーベック係数は小さい．またガンマ点に極小値を持つために多谷構造を持たない．これらの特徴は熱電変換性能にはやはり不利である．

ZnO は 1000 °C 程度の高温領域で優れた性能を示す．Ohtaki らによる様々な微量元素を添加した ZnO 多結晶の熱電特性を**図 6.19** に示す[93]．Al と Ga の共ドープにより熱電特性は向上し，1000 °C で $zT = 0.65$ に達している．他の新材料に比べるとやや物足りないが，この温度領域で安定に使える材料として魅力がある．また，Homm と Klar による簡単な計算によると[94]，熱電発電材料に求められるものは，地球上での資源の多さであるという．彼らの計算では世界中に埋蔵されている Te を用いて Bi_2Te_3 を作り発電できる総電力は，ZnO の 1000 分の 1 にも満たないという．資源としての豊富さが熱電発電材料としての ZnO の強みである．

透明導電体 ITO の母相として有名な In_2O_3 も，高温で熱電材料として振る舞う．この物質も基本的には ZnO と同じく，酸素欠損や Ge，Sn などの 4 価の陽イオン置換によって n 型材料となる．伝導体は 5s–5p の混成軌道で，ZnO と同様，軽い有効質量によってもたらされる高い移動度を示す．性能指数は ZnO よりやや低く，1273 K で 0.4 である[95]．

上の二つの例に並んで有名な n 型伝導体が $SrTiO_3$ である．化学量論比で大きな誘電率を示すこの物質は，関連物質の $BaTiO_3$ とともに強誘電体・誘電体材料として中心的な位置を占めてきた．その誘電率は温度が下がるに従って増大し，低温まで強誘電転移を示さない．この現象は強誘電性を司るソフトフォノンのゼロ点振動のために相転移が抑制されていると説明され，その意味で $SrTiO_3$ は量子常誘電体と呼ばれる[96]．この大きな誘電率のために，キャリア間のクーロン斥力は有効に遮蔽され，わずかなキャリア注入によって系は金属化する．とりわけ，1 K 以下の低温ながら超伝導をも示す[97]．

$SrTiO_3$ の価電子帯は 3d 軌道，そのなかでも t_{2g} 軌道と呼ばれる d_{xy}，d_{yz}，d_{zx} からなっている (次章の図 7.11 参照)．そのため，ZnO や In_2O_3 に比べてバンド幅は狭く，したがってバンド有効質量は大きい．ただし，局在性の強い d 軌道が作る等エネルギー面は自由電子的でなく，有効質量の議論は単純化しすぎである[98]．単結晶試料においては，わずか La イオンの 1.5%置換で，電気伝導率は Bi_2Te_3 なみの 300 S/cm 程度を示し，ゼーベック係数は室温で −300 μV/K と，Bi_2Te_3 よりむしろ大きい値を示す．この系の欠点は，高すぎる格子熱伝導率にある．その大きさは室温で 12 W/mK と，従来の熱電材料の数倍から 10 倍大きい．そのため無次元性能指数は室温で 0.1 程度にとどまる[99]．多結晶試料では 1000 K で $zT = 0.3$–0.4 という値が得られている[89]．ただしこの数字は不活性ガスあるいは真空中の値である．$SrTiO_3$ は酸化雰囲気では酸素欠損あるいはイオン置換によって生じた電気伝導を失活する．これは多くの n 型酸化物の宿命であり，高温大気中で安定であるはずの酸化物の利点を活かせていない．$SrTiO_3$ については，超格子を形成することで，熱電特性は飛躍的に増大する (第 8 章の図 8.6 参照)．

6.9 カルコゲナイド

酸化物に引き続き，硫化物をはじめとするカルコゲン化合物 (カルコゲナイド) において熱電材料開発が行われている．カルコゲンとは，第16族の元素 (O, S, Se, Te) の総称であるが，酸化物は通常カルコゲンと呼ばない．またテルル化合物はカルコゲン化合物であるが，Bi_2Te_3 や PbTe のように特別な化合物として別分類するほうが適切である．

酸化物がイオン性が高かったのに比べ，硫化物，セレン化合物では共有結合性が増し，移動度の向上が期待できる．また硫黄同士，セレン同士の間にも弱い化学結合ができやすく，これが酸化物に比べて柔らかく複雑な結晶を生み出す．この特徴は熱伝導率の低減に有利であり，酸化物よりも有利な元素に思われる．酸化物に比べて最大の欠点は，高温で安定でないことであり，600 K 以下での応用に資する物質開発が進められている．

硫化物の中で最も調べられている系が TiS_2 およびその関連化合物である．この物質は CdI_2 型と呼ばれる結晶構造を持つ層状物質である．Ti は歪んだ硫黄八面体に取り囲まれ，八面体は互いに辺を共有して2次元ネットワークを示す．この結晶構造は第7章で詳しく述べる層状コバルト酸化物の CoO_2 層と同型である．詳しい結晶構造は第7章を参照してほしい．

図6.20 に TiS_2 単結晶のゼーベック係数を示す[100]．層状構造を反映して，面内方向がよい伝導方向である．面内のゼーベック係数は室温で -250 μV/K とほぼ Bi_2Te_3 なみの電気特性を示している．面内の電気伝導率も室温で 500 S/cm と大きく，挿入図にあるように電力因子は Bi_2Te_3 と同程度の値を示す．硫黄イオンの形式価数を 2− とすると (これは必ずしも正しくない)，Ti の形式価数は 4+ となって電子配置は $3d^0$ つまり，絶縁体となるべきである．ここで見られた単結晶の電気特性は，結晶成長の際に制御できない微量の不純物かあるいは化学量論比からのズレが原因である．どちらにせよ，この系のキャリア濃度は小さくそのためゼーベック係数は大きい．ホール係数から見積もられるキャリア濃度は 2×10^{20} cm^{-3} であり，縮退半導体のキャリア濃度である．残念ながら，この系も熱伝導率が室温で 7 W/mK と高く，無次元性能指数は室温で $zT = 0.16$ にとどまる．その意味では，熱電物性は前節の $SrTiO_3$ と似通っている．

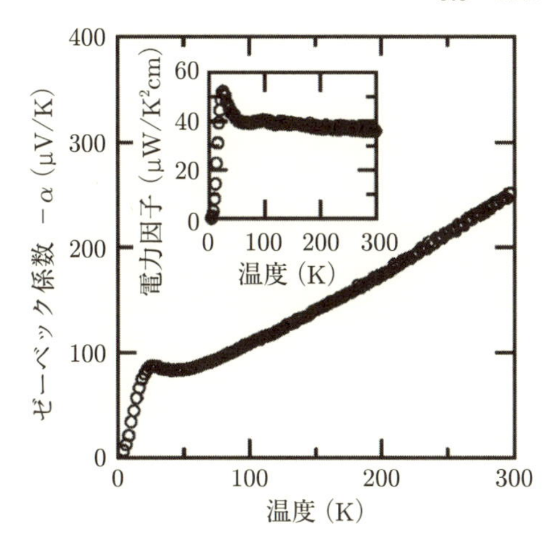

図 6.20 TiS_2 単結晶のゼーベック係数[100]．挿入図には電力因子を示す．

TiS_2 の高い格子熱伝導率を低減するために様々な元素置換が行われている．単結晶に比べて多結晶では，粒界などの効果で熱伝導率は室温で 4 W/mK 程度に低減しており，電気特性の劣化をほぼ相殺している．Guilmeau らは，Ti サイトの Nb, Ta, Cu 置換によって熱伝導率は 800 K で 1.8 W/mK 程度に減少し，800 K で zT は 0.4–0.5 に達することを見出した[101]．ただし，この温度はこの物質が安定でいられる上限に近い．

この系のもう一つの特徴は，関連物質 $(M\mathrm{S})_{1+x}(\mathrm{TiS}_2)_2$ の存在である．層状物質である TiS_2 の層間は硫黄イオン同士の弱い分子間力によって結びつけられている．この層間には有機分子やアルカリ原子などを挿入 (インターカレーション) できるだけでなく，岩塩構造を持った $(M\mathrm{S})$ ブロックが交互に積層した化合物が存在する．TiS_2 は六方晶であり，岩塩構造は 4 回対称性を持つからこの交互積層は格子の不整合をともなう．それゆえ化学式には $1+x$ とミスフィット比 x が含まれる．M イオンには Pb, Bi, Sn などが入り，$M=\mathrm{Sn}$ において 700 K で $zT=0.37$ に達する[102]．

TiS_2 の層間への有機分子インターカレーションも興味深い特性を示す．Koumoto らは有機溶剤中で TiS_2 単結晶を陰極に用いた電気化学反応を行い，TiS_2 層間に極性分子を侵入させることに成功した[103]．こうやってできた有機–無機ハイブリッド試料は，層間に有機物が入ったために格子熱伝導率は室温で 0.1 W/mK まで低減し，zT は 373 K で 0.28 を示した．面白いことに，曲げ応力に対する弾性定数がテフロンの2倍程度まで低減し，容易に曲げ伸ばしができるようになった．熱電変換性能は無機材料に劣るものの，有機物インターカレーションによって柔軟性という新しい機能が付加されたのは意義が大きい．

カルコパイライト ABX_2 は次世代の化合物太陽電池材料として研究が進められている物質である．基本的には閃亜鉛鉱型構造 AX において，原子 A が二つの原子 A と B が秩序化した3元系化合物である．$CuGaTe_2$ はカルコパイライト型化合物の一つで，zT は 950 K で 1.4 に達する[104]．ただしこれはカルコゲナイドというよりテルル化合物に分類すべきかもしれない．カルコパイライトもそうであるように，カルコゲナイド化合物には天然鉱石も多い．テトラヘドライト $Cu_{12}Sb_4S_{13}$[105, 106] やコルサイト $Cu_{26}V_2Sn_6S_{32}$ など[107]は狭いギャップを持つ半導体であり，組成のズレや適当な元素置換によって電気伝導を示し，高温で優れた熱電特性を示す．組成式から想像できるように，複雑な結晶構造に由来する低い格子熱伝導率が，高い zT の理由であると思われる．

カルコゲナイドの中には超イオン伝導体と呼ばれる物質群がある[108]．そこでは，あるイオンは固相 (結晶) を保ちながら，別のイオンが動くことでイオン伝導を生じる．特に超イオン伝導相では，伝導を担うイオンは液体のように動き回ることができ，しかもイオン伝導度が液体中のイオン伝導度を上回る．$AgCrSe_2$ や CuSe はその一例であり，イオン伝導が生じている温度領域で熱伝導率の低減が見られ，優れた熱電特性が報告されている[109]．CuSe では超イオン伝導相はフォノン液体と呼ばれているが[110]，著者には変なネーミングに思える．フォノンとは固体結晶の中の格子振動の集団励起の総称であってフォノン固体とかフォノン液体とか呼ぶべき物理概念ではない．また超イオン伝導体の高い zT は数字上のものであり，超イオン伝導相では，電極付近でイオンのマイグレーション現象が生じ，これを阻止しない限りこれらの材料を用いることはできない．

6.10　シリコン化合物

シリコン (Si) は，鉄とアルミニウムに並び，地殻に最も多く存在する元素である．半導体としての Si は手頃なバンドギャップと強い共有結合性を持ち，少量の不純物添加によって n 型・p 型半導体の設計と制御が可能である．しかもその酸化物は Si の表面で酸化が止まり，化学的に安定な保護膜を形成する．これらの性質が，この元素を集積回路の基盤材料に押し上げ，現代のコンピュータエレクトロニクスを発展させた.

熱電半導体としての Si も，電子半導体としての開発にともなって開発され，Ge との混晶材料 $Si_{1-x}Ge_x$ は，真空中高温で動作する優れた熱電材料である．この系は Bi_2Te_3，PbTe と並んで熱電材料研究初期から開発されてきた材料の一つであった．その軽い有効質量と高い熱伝導率のため (Ge との混晶は格子熱伝導を抑えるためである)，性能指数は Bi_2Te_3 や PbTe に劣るものの，その高温における化学的安定性から，冷戦時代の米ソの宇宙船の電源として搭載された熱電発電機にはこの材料が用いられてきた．特に，30 年間メンテナンスなしで動作することが求められる深宇宙探査船に搭載できる唯一の材料であった．半導体シリコンの良さを活かしつつ，熱伝導率を下げる試みがクラスレート化合物であり，それはすでに 6.4 で紹介した．以下ではそれ以外のシリコン化合物について触れる．

多くの 2 元型シリコン化合物で材料探索が行われ，なかでも $FeSi_2$ は熱電材料開発のかなり初期から開発が進められた物質である[111, 112]．この物質は豊富な元素である Fe と Si からなる 2 元系物質であり，環境半導体と呼ばれたこともある．適当な元素置換で p 型，n 型ともに作成可能であるが zT が最大でも 0.2 程度と低いこともあり，最近は大きな進展は見られない．

最近注目されている系が，**HMS** (Higher Manganese Silicide) と呼ばれる $MnSi_\gamma$ である．組成比 γ は不整合な値を取ることが知られており，$\gamma = 1.736\cdots$ である．その結晶構造を**図 6.21** に示す[113]．(左) 上の ab 面への投影図を見ると，Mn イオンはほぼ強固な正方格子を構成していることがわかる．(左) 下の図を見ると，Mn イオンの作る四角柱状の構造は煙突に似ていることから，この結晶構図は chimney ladder 構造と呼ばれる．Si イオンは ab 投影面で見ると (1/4, 1/4) から大きく変位していることがわかる．(右) 下の図で見ると Si イオンはそれぞれの位置で少しずつ回転しているように見える．c 軸方向の格子定数は Mn–Mn 間 (c_{Mn}) と Si–Si 間 (c_{Si}) で異なっており，その比は不整合 (無理数比) である．いわばこの系は，硬い Mn 格子の中に，アモルファスのように乱れた Si イオンが位置しているような不整合構造を持つ複合結晶である[114]．この構造が一種のフォノングラスとなって低い熱伝導率を実現している．

この系でもハーフホイッスラーで導入した VEC という概念が有効である．VEC が 14 であるとき系は半導体 (絶縁体) であり，それより小さいとき p 型，大きいとき n 型材料となる．Si の VEC を 4，Mn の VEC を 7 とすると $MnSi_{1.736}$ では，図 6.21 が $7 + 4 \times 1.736 = 13.9$ となり，この系が基本的に p 型材料であることを示す.

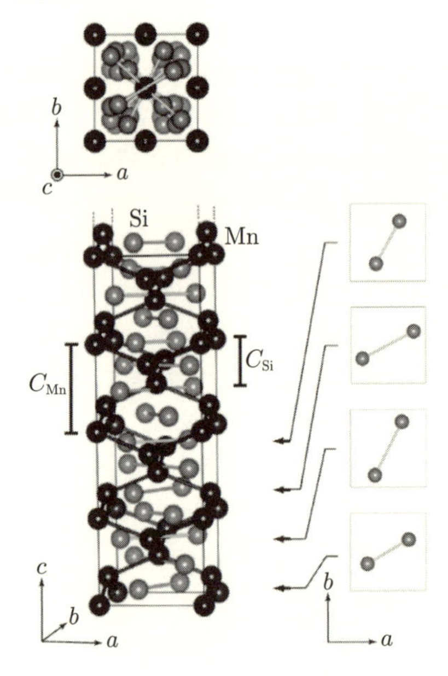

図 6.21　$MnSi_{1.736}$ の結晶構造[113].

実験的にもこの系は p 型材料である．この Mn の一部を Fe で置き換え，VEC を 14 より大きくすると，系は n 型になることが予想されるが，実際 $Mn_{1-x}Fe_xSi_\gamma$ において $x > 0.3$ でゼーベック係数の符号の反転が観測されている．ただし，元素置換によって γ も変化するので，精密構造解析なしには VEC を計算できない点に注意が必要である．zT は p 型試料で 1000 K で 0.5，n 型試料では 874 K で 0.74 とそこそこ高い．

Mg_2Si は 2 元型の古くから知られる半導体である．特に Mg_2Si は 0.8 eV 程度のバンドギャップと高い移動度を示す．バンド構造も Si とよく似ている．ただし伝導バンドの極小点はゾーンの端の X 点の周りであり，有効質量は 0.5 程度と見積もられている[115]．Si と Sn の混晶によって熱伝導率の低減を図るとともに，キャリア濃度の最適化を行い，800 K で $zT = 1.1$ が報告されている[115]．Mg と Si はともに豊富な元素であり，民生用途で有望な熱電発電素子への材料として注目されている[116].

6.11 有機伝導体

伝導性ポリアセチレンの開発以来，電気伝導性有機物ポリマーは，伝導性プラスティックとして，様々な工業製品に応用されてきた．とりわけ，軽く柔軟であることを利用した応用は携帯電話や PC など，ポータブルな電子機器になくてはならない材料となった．

有機伝導体も電気伝導体の一種であり，顕著な熱電効果を示す[117]．高分子ポリマーはポリマー鎖方向には重合反応による規則的な分子配列を持つが，ポリマー鎖間は弱い分子間力で結び付けられほぼ周期性はない．鎖方向もセミマクロには不規則に折れ曲がっており，固体物理学が前提としたような完全結晶とは程遠い．それでも，固体物理で登場した概念，伝導バンド・価電子バンド，キャリア，移動度などは，比較的よくポリマーの伝導特性を記述している．

熱電材料としての有機伝導体の研究は，Toshima らによる先駆的な研究を代表として，我が国でも永く調べられてきた[118]．熱電材料として見た有機伝導体は，まず非常に低い熱伝導率が利点として挙げられる．プラスティックの熱伝導率は通常結晶の 10 分の 1 程度であり，無次元性能指数 zT において，電力因子が無機固体結晶の 10 分の 1 であっても十分に有望である．もちろん応用上は軽く柔軟であることが無機物にはない利点である．また分子を設計することで，バンドの基になる分子軌道を微調整できる．

一方，無機物に比べて不利な点は，並進対称性が悪いことから生じる移動度の低さが上げられる．また，電気伝導を担う π 電子は，分子軌道上に広がっており，その有効質量は真空中の電子と等しい．このことは，結晶を選ぶことでバンド有効質量を制御することができる無機固体に比べて不利かもしれない．もちろん高温での使用も不可能である．

図 6.22 に，様々な有機伝導体のゼーベック係数を伝導率の関数として示す[119]．この図は 5.3.5 で紹介した Jonker プロットであり，$\ln\sigma$ 軸上への切片が移動度の大きさを決める．図中の破線はそれを表しており，右上ほど移動度が高い．適当な格子熱伝導率を仮定すると zT のラインが引け，右上が $zT = 1$，右上から 2 番めが 0.1 のラインである．

図の右端にある PEDOT-PSS と書かれたデータが，室温における $zT = 0.25$ のデータである[117]．この報告以降，有機熱電材料の研究開発は一層加速している．最

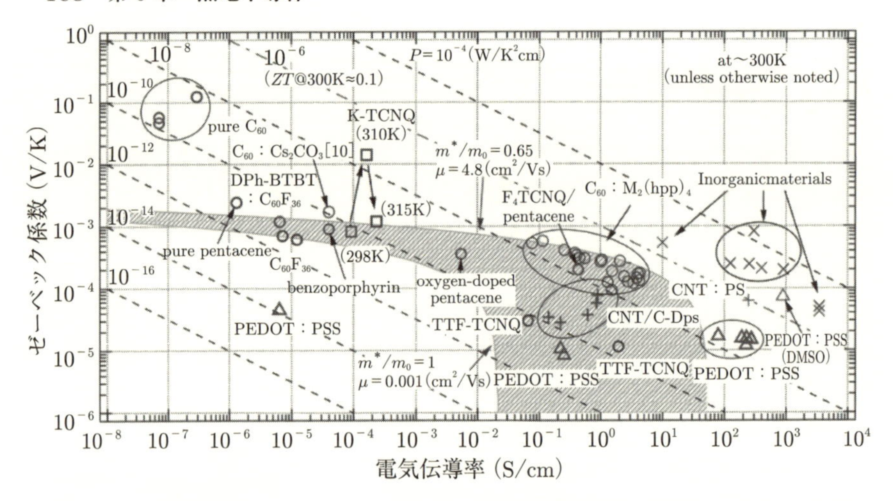

図 6.22　有機伝導体のゼーベック係数と電気伝導率[119]．ハッチされた部分が有機伝導体のデータ．

近では $zT = 0.42$ という値も報告されているが，有機ポリマーの熱電計測は難しく，しばしば熱伝導率をポリマー鎖間，電気特性をポリマー鎖方向に計測してしまうため，zT は過剰に見積もられるおそれがある．図 6.22 からも，zT は飛躍的大きな値は望めない．1 を上回らない zT の数字を競うよりも，素子を試作し変換効率を調べる実験を行うほうが有機熱電材料にはよいように思われる．実際，そのような試みが富士フィルムと産総研によって行われている[120]．

6.12　その他の材料

準結晶は，ペンローズタイリングのように複数のユニットが自己相似的に積層した構造を持つ．そのため，従来の結晶でいう単位胞は原理的には無限個の原子を含むので，格子熱伝導率は低く抑えられると期待される．実際，Co ドープされた準結晶 $Al_{71}Pd_{21}Mn_8$ の格子熱伝導率は，室温で 1.3 W/mK と通常の金属の熱伝導率よりはるかに低く，Bi_2Te_3 と同程度である[121]．また抵抗率も室温で 1.5 mΩcm と Bi_2Te_3 と同程度である．残念ながらゼーベック係数が 80 μV/K とまだ低いため，実用化するには熱起電力の向上が課題であるが，ラットリングとは別のアプローチで熱伝導率の低減を実現している点が興味深い．

逆に格子熱伝導率が良すぎる物質も高い zT を示し得る．その例が $FeSb_2$ である．$FeSb_2$ は超巨大ゼーベック係数を示す物質として注目されてきた．この単結晶試料では，ある結晶軸方向で −45 mV/K というゼーベック係数が低温で観測された[123]．すでに見てきたように，熱電材料の典型的なゼーベック係数は 200 μV/K であり，ここで報告された値はその 100 倍も大きい．この巨大なゼーベック係数の起源をめぐり様々な実験が行われたが，その理由は全く明らかにならなかった．

ごく最近，著者らはこの物質の輸送係数が奇妙な形状依存性を示すことを見出した[122]．同一バッチから取り出した異なる試料サイズの単結晶試料による熱電特性の測定結果を**図 6.23** に示す．(a) に示す抵抗率のデータでは，五つの試料でほぼ同

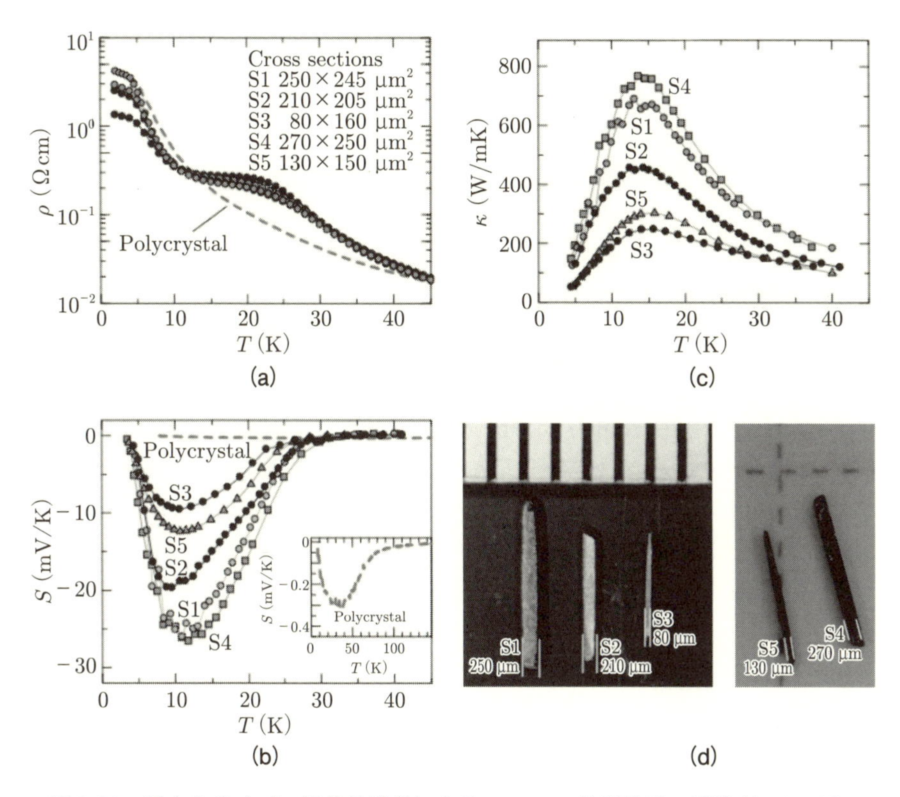

図 6.23 異なるサイズの単結晶試料による $FeSb_2$ の熱電特性．抵抗率 (a)，ゼーベック係数 (b)，熱伝導率 (c)，試料の写真 (d)[122]．抵抗率はほとんど試料サイズに依存しないが，ゼーベック係数と熱伝導率は試料形状に依存している．

じ値が得られており，抵抗率が試料形状によらない物理量であることを示している．一方，(b) と (c) に示すゼーベック係数と熱伝導率は，試料の形状によって大きく値が異なっている．特にゼーベック係数は，電圧と温度差という示強変数の比であって第一義的に試料の形状によらないはずで，非常に奇妙である．特に，幅の大きな試料 (S1，S4) では -30 mV/K に達する大きなゼーベック係数が得られている．同じように熱伝導率も幅の広い試料では 800 W/mK という巨大な値を示している．

これらの結果から著者らは，$FeSb_2$ ではフォノンの平均自由行程が試料の横幅と同程度であると考えた．そしてそのようなフォノンと電子系が弱く結合することで巨大なフォノンドラッグ効果を生み出し，ゼーベック係数を増大させていると考えた．フォノンドラッグとは，低温における非平衡効果の一種で，電子格子相互作用を仲立ちにして伝導電子とフォノンがコヒーレントに流れる現象であり，フォノンの比熱分だけゼーベック係数が増大する．実際，最初の報告の -45 mV/K を観測した実験では縦長ではなく幅広な試料を用いて測定が行われており，著者らのデータよりももっと大きなゼーベック係数が得られても矛盾はない．

ところで，フォノンドラッグによるゼーベック係数はフォノンの平均自由行程 $l_{\rm ph}$ に比例する．熱伝導率ももちろん $l_{\rm ph}$ に比例し，電気抵抗率は $l_{\rm ph}$ には依存しない．したがって性能指数 z は

$$z = \alpha^2/\rho\kappa \propto l_{\rm ph}^2/l_{\rm ph} = l_{\rm ph}$$

となってフォノンの平均自由行程に比例する，という結論が得られる．極めて逆説的ながら，フォノンドラッグが生じるような低温では，熱伝導率のよい物質のほうが大きな性能指数を得ることができるのである．

第7章 非従来型の熱電材料

第6章で紹介した熱電材料は高移動度の縮退半導体であり，いかにして格子熱伝導率を下げるかという点に腐心して設計された物質群であった．この章では，従来の設計指針には当てはまらないような熱電材料について紹介し，縮退半導体でなくとも大きなゼーベック係数を得ることができる例を紹介する．

7.1 強相関電子系の熱電現象

固体中の電子は負の電荷を持つ荷電粒子であり，他の電子とクーロン斥力を及ぼし合っている．通常の金属では，クーロン斥力は他の伝導電子に遮蔽されるため，電子はほとんど独立に運動していると考えてよい．この考え方は一電子近似と呼ばれ，バンド理論の基礎を成している．ところが遷移金属酸化物のように，局在性の強い3d軌道を電子が伝導する場合には，クーロン斥力は十分に遮蔽されず，電子は他の電子を避けながら相関して運動し，一電子近似は破綻する．このような現象を電子相関といい，電子相関の強い固体のことを強相関電子系と呼ぶ．特に，電子相関が強い極限では，伝導電子はクーロン斥力のために遍歴できなくなり，局在スピンとなって系は磁性を示す．すなわち電子相関は磁性の源であり，磁気物理を支える基本概念として，量子力学の誕生当初から研究されてきた．

物質科学から見た強相関電子系の最大の魅力は，一電子近似が破綻しているために，バンド理論の予測を凌駕する物性が起こり得ることであろう[124, 125]．その典型例が，1986年に発見された銅酸化物の高温超伝導である．その後，マンガン酸化物の磁場誘起金属–絶縁体転移（超巨大磁気抵抗効果）や[126–128]，巨大電気磁気効果(マルチフェロイクス)[129, 130] などが発見され，様々な機能性材料で強相関効果が注目されている．

7.1.1 モット絶縁体

金属電子における電子相関の効果を**図7.1**に模式的に示す．図の横軸はクーロン反

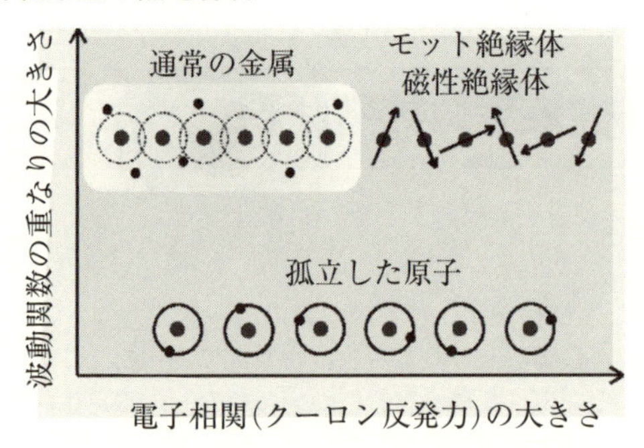

図 7.1　電子相関の模式図.

発力の大きさ U であり，縦軸は波動関数の重なり積分 t の大きさである．

簡単のため各原子には 1 個の電子が存在するものとして，まず $t = 0$ の状態から出発しよう．これは孤立した N 個 (あるいは周期的境界条件を満たす N 個) の水素原子列に対応する．このとき，電子は各原子に強く束縛され，隣りの原子の位置に飛び移ることはできない．もちろんその電子状態は量子力学によって厳密に表現できる．

次に，クーロン反発力 (これは電子相関の強さと同義である) $U = 0$ として，圧力を印加して原子同士の距離を近づけて，t を徐々に大きくしてゆくことを考えよう．すると電子は隣りの原子へと飛び移れるようになる．さらに t が大きくなると，図 7.1 (左) 上に示すように，電子は原子群 (固体結晶) 全体を動き回れるようになる．これは 3.2.3 で調べた tight-binding 近似におけるブロッホ関数の状態にほかならない．このとき電子は，パウリ原理を満たしながらエネルギー準位を低い順に占有する．一つの原子あたり，スピンアップ・ダウンの 2 個の電子が軌道を占有できるので，N 個の原子軌道からなるバンドには $2N$ 個の電子が収容できる．電子数は N だから，この状態を**半分占有** (half-filled) という．

ところが電子が遍歴できるようになると，一つの電子が別の電子と同じ場所に同時に存在し得るという困難が現れる．このとき電子同士のクーロン斥力は無限大に発散してしまう．幸運なことに，通常の金属では電子同士のクーロン斥力は大きく遮蔽され，この困難は無視できる．しかし，ある種の固体では，運動エネルギーの利得をクーロン斥力による損失が上回ってしまい，電子は各格子点に局在して遍歴しなくなる．この状態はモット絶縁体と呼ばれる．図 7.1 (右) 上に示すように，各サイトに局在した電子は局在スピンとして振る舞い，系は磁性を示す．以上の状況から，U/t の大きさがある臨界値を超えると，系は金属から絶縁体になることが期待され

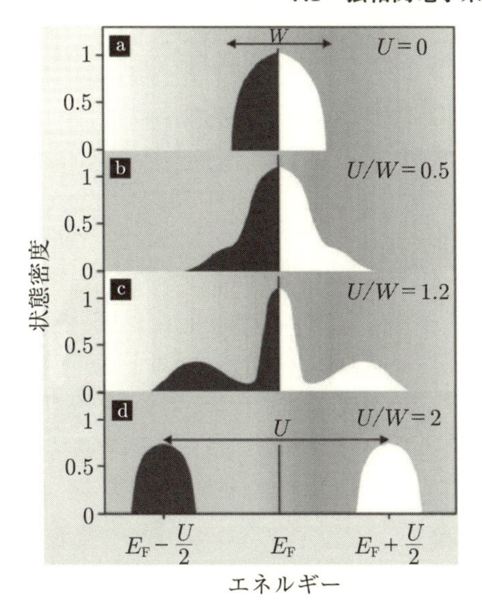

図 7.2 無限次元ハバードモデルにおけるモット転移[131].

る．これはモット転移と呼ばれ，金属絶縁体転移の一つとして広く研究されてきた．t と U をパラメーターとして，モット転移を記述する理論モデルはハバードモデルと呼ばれ，強相関電子系の標準理論として膨大な研究蓄積がある[124].

ある特殊な状況 (無限次元のハバードモデル) では，モット転移は厳密に計算できる．**図 7.2** はその一例である[131, 132]．この図は概念図ではなく，絶対零度における厳密解 (に多少のエネルギー幅をつけて書いたもの) である．図 7.2 (a)，(b) に示すように，クーロン斥力 U がバンド幅 W $(=2t)$ に比べて小さいときには，連続的で特徴のない状態密度が得られる．図の下に向かって U を徐々に大きくしてゆくと，化学ポテンシャル $\mu=E_F$ の近くにだけ状態を残したまま，状態密度が二つに割れはじめ，最後には E_F にギャップが開き，系はモット絶縁体になる．

モット絶縁体を示す図 7.2 (d) では，二つのバンドが E_F に対して対称に U だけ離れ，エネルギーの低い左側のバンドは完全に占有されている．左側を**下部ハバードバンド** (lower Hubbard band)，右側を**上部ハバードバンド** (upper Hubaard band) という[133]．慣例上，バンドと書いたが，これは従来用いてきた価電子バンド・伝導バンドではない．ブロッホ関数で記述される電子のバンドは $2N$ 個の電子を収容できたが，ハバードバンドは N 個の電子しか収容できない．実空間上では，下部ハバードバンドには，一つの格子点あたり電子は最大 1 個しかいない．したがってここで描かれたバンドはそのような電子同士の多体効果の末に生じた一連の量子状態の集合であることを注意しておこう．

モット転移の直前の図 7.2 (c) は興味深い図である．ギャップが開く直前で，E_{F} の周りで非常に鋭いピークが現れていると同時に，ハバードバンドに成長する二つのコブが同時に見られる．鋭いピークはコヒーレント部分，二つのコブはインコヒーレント部分としばしば呼ばれる．この状態密度は多体効果を繰り込んだ電子状態を反映したものであり，フェルミエネルギー近傍では電子系が相互作用の結果，協調して動いていることを意味する．もちろんフェルミエネルギーで有限の状態があるから，系は金属である．ただし，クーロン斥力のため電子は互いに避け合いながら一斉に動かないといけないので，電子は「ゆっくり」動いている．この様子が，U の増大とともに狭くなっているコヒーレント部分のバンド幅に現れている，式 (3.121) で示されるように，tight-binding 近似ではバンド幅は有効質量に反比例しているから，幅の狭いピークは金属絶縁体転移に近づくにつれて，クーロン斥力によって電子の有効質量が増大していることを示している．重たい電子は外力に対して加速されにくいから，先に述べた「ゆっくり」一斉に動いているという描像とも一致する．また，この描像はランダウによって提唱されたフェルミ流体理論とも一致する．モット転移近傍における有効質量の増大は最初 Brinkman と Rice によって提案されたので，Brinkman–Rice 描像と呼ばれ[134]，$\mathrm{Sr}_{1-x}\mathrm{La}_x\mathrm{TiO}_3$ で実験的に観測されている[135]．

7.1.2　モット絶縁体の熱力学

強相関電子系がどのように熱電材料と関連づけられるのであろうか．5.4.1 で紹介した Heikes の公式は，電子が各格子点に局在していると考えてよいような高温極限で，格子点あたりのエントロピーが大きい物質が大きなゼーベック係数を示すことを意味する．実は，強相関電子系の熱力学的特徴は，各格子点に残留する過剰なエントロピーにある．この過剰なエントロピーをうまくキャリアに張り付けられれば，大きなゼーベック係数が発現するであろう．その意味では，強相関電子系は熱電材料設計の格好の舞台といえる．

まず，強相関電子系に残留する過剰なエントロピーとは何かを考察しよう[24]．前節で見た half-filled の系のエントロピーを調べよう．**図 7.3** (a) は，$U = 0$ の電子相関のない電子系の状態密度である．そこでは，電子はバンドをエネルギーの低い順に

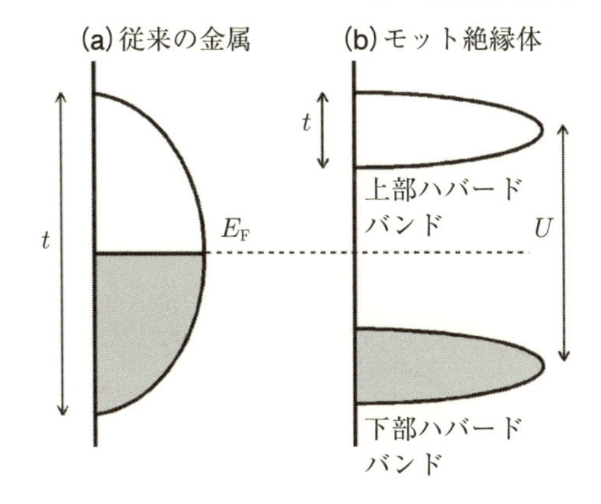

図 7.3 Half-filled の系の状態密度．(a) バンド描像 ($U = 0$)，(b) $U > t$.

占有し，フェルミエネルギー以下の状態を埋め尽くしている．half-filled なのでフェルミエネルギーはバンドのちょうど真ん中である．したがって絶対零度で取り得る自由度はなく，エントロピーはゼロである．一方，モット絶縁体の場合，図 7.3 (b) では下部ハバードバンドが完全に埋まっている．しかしこの状態は，各格子点に電子が 1 個だけ局在している状態であって，格子点ごとにアップ，ダウンの 2 通りのスピン自由度を持つ．すなわち系は 2^N 個のマクロに縮退した状態を持ち，$N\,k_{\mathrm{B}}\ln 2$ のエントロピーを持つ．これはマクロな数 N に比例する膨大なエントロピーであり，絶対零度でも原理的には生き残っている．これがモット絶縁体の持つ過剰なエントロピーである．Heikes の式 (5.125) に，$\ln 2$ が現れていたことを思い出そう．

以上の議論が多少乱暴であることは明記しなければいけない．ここでは触れないが，ハバード模型を摂動論で取り扱うと，隣り合う局在電子は反平行スピンをとって安定化することが簡単に示せる．すなわち，モット絶縁体では低温で反強磁性的にスピンが整列する．その相互作用の大きさは $J \sim 4t^2/U$ 程度であり，実際，J/k_{B} 程度の温度以下で反強磁性秩序が生じるものが多い．反強磁性秩序ができれば，秩序を通じてマクロなエントロピーは解放され，転移温度以下では集団励起であるマグノンがエントロピーを担う．それでもなお著者が主張したいのは，モット絶縁体イコール反強磁性秩序ではない，ということである．実際，磁気的フラストレーションのある系，たとえば 1 次元量子スピン系や 2 次元三角格子では，J/k_{B} の何桁も下の極低温まで磁気秩序は生じない．このような系でどのようにエントロピーが解放されるのかは興味深い問題なのである．

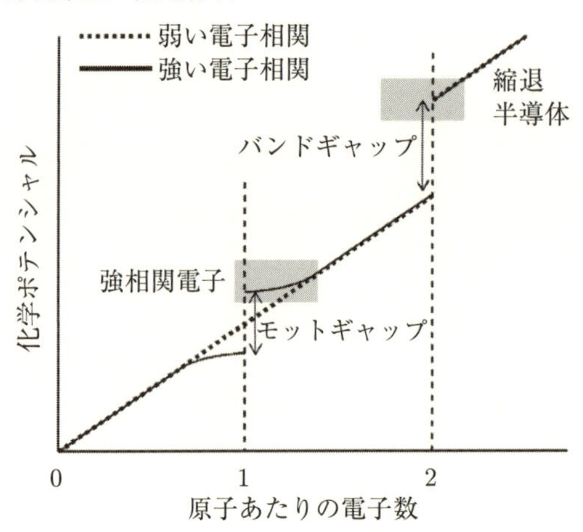

図7.4　強相関電子系の化学ポテンシャルとキャリア濃度の模式図[24].

過剰なエントロピーを別の観点から考察しよう[24]．系の化学ポテンシャル μ を格子点あたりの電子数 n の関数として模式的に**図7.4** に示す．n が 2（および 0）では，化学ポテンシャルにギャップが開いている．これは，バンド理論におけるバンドギャップである．電子相関が無視できるときには，$0 < n < 2$ で系は金属であり，n とともに μ は単調に増大する．一方，電子相関が十分強い極限では，half-filled ($n = 1$) で系はモット絶縁体となりエネルギーギャップ（モットギャップ）が開く．もしも電子相関の強さをゆっくり連続的に変化させられたならば，電子相関の強弱によって量子状態の総数が変化してはいけない．それゆえ図の実線で示すように，$n = 1$ 付近の状態はモットギャップが開くとともにギャップの端に集中し縮退する．これは図7.3 (b) で考察したマクロな縮退の別の見方である．いうまでもなく $n = 0$ ($n = 2$) の近辺は電子・ホールの数が少ないので，互いのクーロン斥力もまた無視できるはずであるから，状態は電子相関の強弱で変化しない．$dn/d\mu$ は電子相関を繰り込んだ状態密度のような物理量であり，モットギャップ付近で発散的に大きくなる．これはモットギャップ付近で，有効質量が極めて大きい (バンド幅が極めて狭い) ことを示唆し，Brinkman–Rice 描像と整合する．

5.4.2 で紹介した Kelvin の公式

$$\alpha = -\frac{1}{q}\frac{\partial \mu}{\partial T}$$

は，ゼーベック係数が基本的に電子比熱に比例することを示す．電子比熱は電子の有効質量に比例するので，ギャップ付近の電子は大きなゼーベック係数を持つ可能性がある．あるいは電子は電荷とともに $k_B \ln 2$ のエントロピーを運ぶと言い換えてもよい．$n = 2$ 付近は半導体領域で，従来の熱電材料が探索されてきた領域である．$n = 1$ 付近はここで注目している強相関電子系の領域で，各格子点に残留したエントロピーと，それによって生じた大きな有効質量を持つ状態である．残留エントロピーは，各格子点に残る自由度からきており，それはスピン自由度だけでなく軌道の自由度や多電子配置の自由度など様々なものがあり得る．その意味では，半導体よりむしろ強相関電子系のほうが，熱電効果の大きな物質を探すバリエーションが多く，物質探索には適しているとさえいえる．

残念ながら，モット絶縁体に残るエントロピーの全てが利用可能というわけではない．モット絶縁体では，格子点に残った自由度同士の相互作用（たとえばすでに述べた反強磁性相互作用）が低温で有効になり，様々な相転移を引き起こしエントロピーを解放する．その意味では，強相関電子系の研究は，格子点に残る縮退とそれに由来する過剰なエントロピーが，低温でどのように解放されるかを明らかにする学問であるといってもよい．

ではもし，いかなる相転移も起きずに，強相関電子系の過剰なエントロピーが解放されなかったら，何が起こるであろうか．熱力学の第 3 法則によって，エントロピーは絶対零度でゼロとなるはずである．その過剰なエントロピーは伝導電子にうまく張り付いて，電子のエントロピーとなってゼロに向かうのではなかろうか．その典型例として，層状コバルト酸化物と重い電子系の物性を概観しよう．

7.2 層状コバルト酸化物

層状コバルト酸化物は，酸化物の中で例外的に優れた熱電特性を示す．1997 年に著者らが層状コバルト酸化物 $NaCo_2O_4$ において高い熱電特性を発見して以来[137]，酸化物による熱電変換の研究は大きく広がった．ここでは，層状コバルト酸化物の持つ特殊性について考察し，ある種の強相関電子系が熱電材料になり得ることを示す．

7.2.1 結晶構造

層状コバルト酸化物の代表的な結晶構造を**図 7.5** に示す[136]．左の結晶は Na_xCoO_2 である．CdI_2 型の六方晶 CoO_2 層と Na 層が交互に積層した層状化合物である．CoO_2

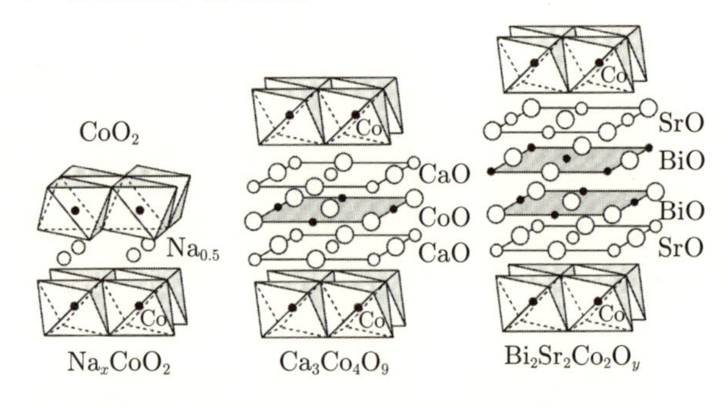

図7.5　層状コバルト酸化物の結晶構造[136].

層では歪んだCoO_6八面体が辺を共有しながら2次元的ネットワークを形成し，酸素イオン，Coイオンはそれぞれ三角格子を構成している．Naはxの値によって，占有サイトが異なり，α，α'，β，γなどの相を持つ．熱電特性が高いのはγ相($x = 0.5$–0.6)である．我々が研究を始めるきっかけとなった論文[138]ではこの物質は$NaCo_2O_4$と記載されている．また，JansenとHoppeによる最初のγ相の合成論文にも$NaCo_2O_4$と記されている[139]．それらを尊重し，著者らは当初γ相のことを$NaCo_2O_4$と記してきたが，Naの非化学量論組成を考慮するとNa_xCoO_2のほうが妥当であろう．多結晶試料で我々より先に熱電物性を報告していたMolendaらもそのように記載しており[140]，現在ではNa_xCoO_2と表記するのが標準的である．

中央に描かれた物質は，$Ca_3Co_4O_9$として古くから知られていた化合物であるが，酸化物熱電変換の研究の中でこの物質の正確な構造が明らかにされた[141–143]．それによれば，この物質はCdI_2型のCoO_2層と岩塩型のCa_2CoO_3層が交互に積層した構造，いわば，三角格子と四角格子が交互に積層した奇妙な構造を持つ．これは6.9で紹介したミスフィット硫化物$(MS)_{1+x}(TiS_2)_2$と同じ構造である．b軸方向に格子ミスフィットが存在し，CoO_2の三角格子と岩塩型ブロック層の四角格子が，互いに大きく変調されながら構造を維持している．Caは高温でも化学的に安定なイオンで，この物質が最も応用研究が進んでいるコバルト酸化物である[144]．

右側に描かれた物質は$Bi_2Sr_2Co_2O_y$である．この物質は，当初，高温超伝導体$Bi_2Sr_2CaCu_2O_8$と同じ結晶構造を持つ物質であると思われたが[145]，前の二つと同じくCdI_2型のCoO_2層を持ち，岩塩型$Bi_2Sr_2O_4$層と交互に積層したミスフィット化合物であることがわかった[146]．

これらは酸化物の中で群を抜いて高い熱電特性を示す．**図7.6**に無次元性能指数zT

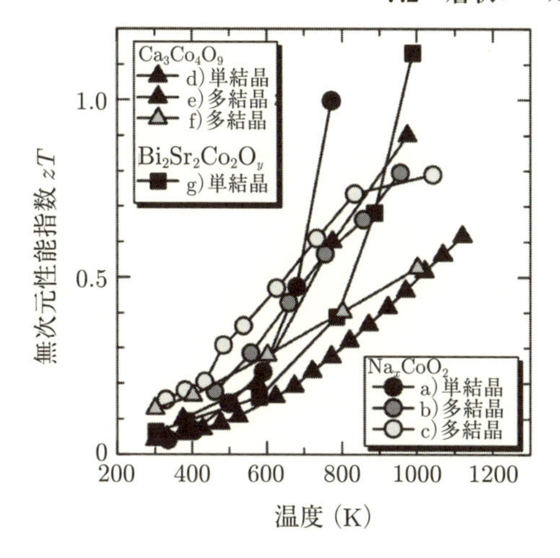

図 7.6　層状コバルト酸化物の無次元性能指数[42].

を示す[42]．三つの層状コバルト酸化物の単結晶の熱電特性は，800 K で $zT \sim 1$ を示し，既存の熱電材料に匹敵する性能を示す．セラミック試料 (多結晶体) では抵抗率が単結晶に比べて高くなり，zT は低くなるが，それでも zT は 0.5 を上回る．このことは，酸化物は優れた熱電材料にはならないという従来の常識を覆す結果である．三つのコバルト酸化物が共通の CoO_2 層を持っていることから CdI_2 層の持つ電子状態が高い熱電特性に有効であると考えられ，多くの研究が行われてきた．

7.2.2　単結晶の熱電パラメーター

図 7.7 (a) に Na_xCoO_2 単結晶の抵抗率を示す[136]．抵抗率は強い 2 次元的異方性を示し，面内方向 (ρ_a) に比べて面直方向 (ρ_c) は 100 から 200 倍大きい．特に ρ_a は室温で 200 μΩcm (5000 S/cm) と，遷移金属酸化物の中ではトップクラスの電気伝導性を示す．温度依存性は金属的であり，電子の平均自由行程は低温で格子定数より十分長く，簡単な見積もりによれば 4.2 K で約 10 nm に達している[137]．これは，電子が Na 層の乱れにほとんど散乱されないことを意味しており，かなりよい 2 次元伝導が実現している．ρ_c は低温で金属的伝導を示すが，200 K 付近で幅広い極大を持ち，高温では温度とともに抵抗が減少している．この非金属的な振る舞いは，2 次元的伝導体の特徴の一つで，電子の平均自由行程 l が面内方向の格子定数 a よりは長く，面直方向の格子定数 c よりは短くなるときに起きる ($a < l < c$)．

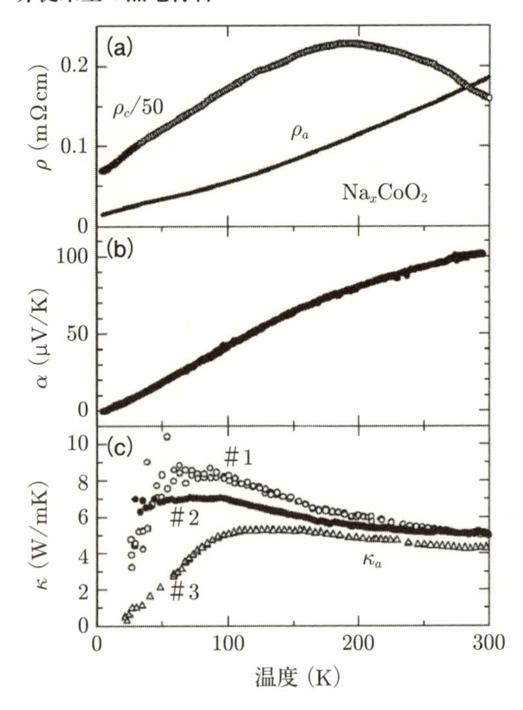

図 7.7　層状コバルト酸化物 Na_xCoO_2 単結晶の (a) 抵抗率，(b) ゼーベック係数，(c) 熱伝導率[136]．

図 7.7 (b) に示すように，ゼーベック係数は室温で 100 μV/K に達する．ほぼ温度に比例していることから，従来の金属のゼーベック係数で記述できることを示す．5.1.7 で紹介した Behnia らの分類によれば，温度係数 α/T はキャリアあたりの電子比熱係数に等しいので，大きなゼーベック係数はこの系の電子比熱が大きいことを強く示唆する．実際，測定された電子比熱係数は 40 mJ/molK^2 程度で，通常の金属より二桁程度増大している[147]．その意味ではこの物質の優れた熱電特性は大きな有効質量に由来する．

図 7.7 (c) に面内熱伝導率を示す．試料によってばらつきがあることと，測定が難しいことから典型例として三つの試料について示した．熱伝導率の室温での値は 4–5 W/mK であり，温度依存性は高温でほぼ温度に反比例し，フォノン–フォノン散乱が支配的であることを示す．それでも，ウィーデマン–フランツの法則から見積もら

れる電子の熱伝導率 $\kappa_{\rm el} = L_0\sigma T$ は室温で 3.7 W/mK に達し，実測された熱伝導率からこれを差し引いて求められた格子熱伝導率は室温で 1 W/mK 程度となる．これは 6.8 で見た他の酸化物に比べて顕著に低い．もちろん，この系は金属なみの電気伝導率を持っているので，単純な差し引きで格子熱伝導率を求めることが正しいかどうかわからない．そもそもウィーデマン–フランツの法則が，金属の熱伝導率と電気伝導率の間の関係として実験的に見出されたものであり，それが正しければ金属の格子熱伝導率はゼロになってしまう．

次に $Ca_3Co_4O_9$ の熱電特性を見てみよう[136]．**図 7.8** (a) に抵抗率を示す．Na_xCoO_2 と同様，面内方向と面直方向で強い異方性を示すが，この系では面内方向にもわずかな異方性がある．これは，この系の格子ミスフィット構造に由来していると考えられる．すなわち，本来は面内異方性のない六方晶 CoO_2 層が，岩塩ブロックによる界

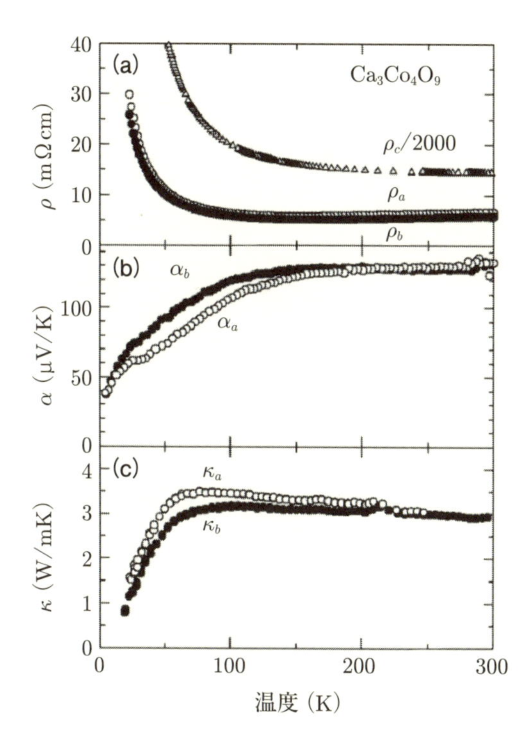

図 7.8 層状コバルト酸化物 $Ca_3Co_4O_9$ 単結晶の (a) 抵抗率，(b) ゼーベック係数，(c) 熱伝導率[136]．

面応力を受けて面内に歪むためと思われる．実際，この物質の近似的な結晶構造は単斜晶である．図 7.8 (b) に面内方向のゼーベック係数を示す．抵抗率と同様にゼーベック係数も面内で異方的である．通常，ゼーベック係数は面内異方性が出にくい量であるが，この系ではミスフィットによる界面応力のために，1 軸性圧力が加えられたような状態になっているものと思われる．図 7.8 (c) に面内方向の熱伝導率を示す．熱伝導率もわずかに異方性が見られる[148]．

図 7.9 (a) に $Bi_{1.6}Pb_{0.4}Sr_2Co_2O_y$ 単結晶の抵抗率を示す[136]．$Ca_3Co_4O_9$ と同様，抵抗率は a，b，c 軸方向ですべて異なる振る舞いを見せる．とりわけ ρ_a は 4 K まで金属的に振る舞うのに対し，ρ_b は 50 K 以下でゆるやかに抵抗率が増大している．この系の ρ_c は ρ_a および ρ_b の 10000 倍に達し，最も 2 次元性の強い系である．これは，向かい合う BiO 面が弱いファンデアワールス結合でつながっているためと考え

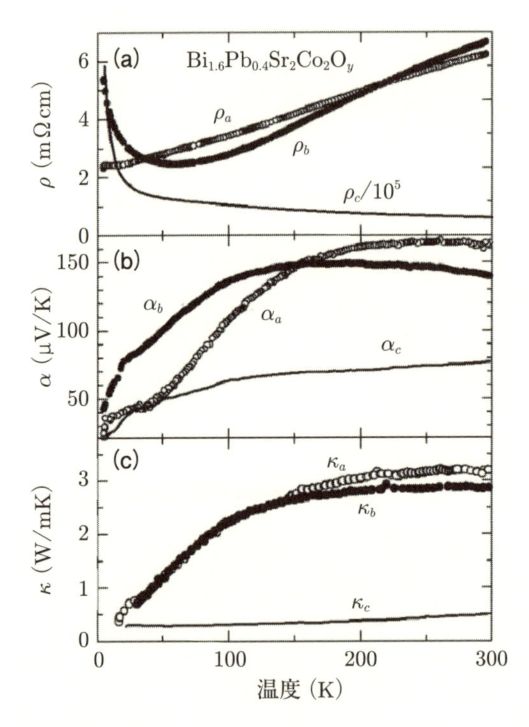

図 7.9　層状コバルト酸化物 $Bi_{1.6}Pb_{0.4}Sr_2Co_2O_y$ 単結晶の (a) 抵抗率，(b) ゼーベック係数，(c) 熱伝導率[136]．

られる.

図 7.9 (b) にゼーベック係数を示す.ゼーベック係数もすべての方向で異方的であり,面内異方性の温度依存性は $Ca_3Co_4O_9$ の場合と定性的によく似ている.面内の異方性は,50 K 付近で最大 2 倍程度に達しており,ゼーベック係数の面内異方性としては異常に大きい.面直方向のゼーベック係数は,面内方向よりやや小さいが,温度依存性はよく似ている.Kelvin の公式によれば,ゼーベック係数は化学ポテンシャルの温度微分で書けるから,異方性が小さいはずである.化学ポテンシャルはスカラー量であり,異方性を記述するパラメーターは含まれていない.

図 7.9 (c) に熱伝導率を示す.面内異方性は小さいが,$Ca_3Co_4O_9$ の場合と類似の異方性を示す.特に注目するのは,κ_c が室温で 0.44 W/mK と異常に小さいことである.この値は,Cahill の最小熱伝導率 (5.5.5 参照) に近い.この原因として,BiO 面が弱いファンデアワールス結合により,音速が小さいこと,ミスフィット構造によるフォノン散乱が大きいことなどが考えられる.

7.2.3 高い熱電特性の起源

まず Na_xCoO_2 の電子状態の考察から始めよう.**図7.10** にバンド計算結果を示す[149].フェルミ面の付近には 3 本のバンドが見られる.3 本とも幅の狭いバンド (1.5 eV 程度) を作っており,大きな有効質量と大きなゼーベック係数を発生させ得る.実際,このバンドを計算した Singh はゼーベック係数や電子比熱係数を計算し

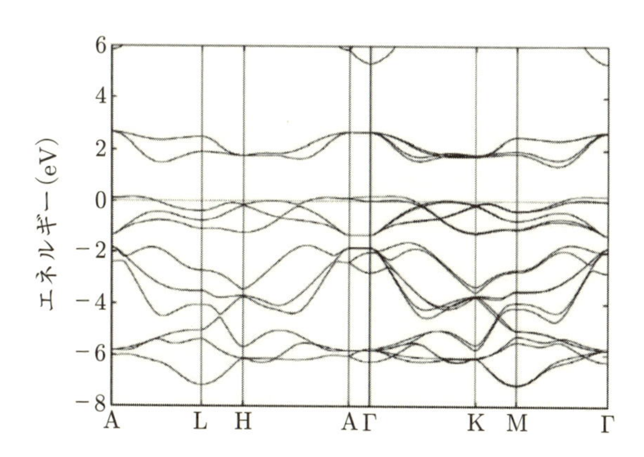

図7.10 層状コバルト酸化物 Na_xCoO_2 のバンド構造[149].縦軸のゼロ点がフェルミエネルギー.

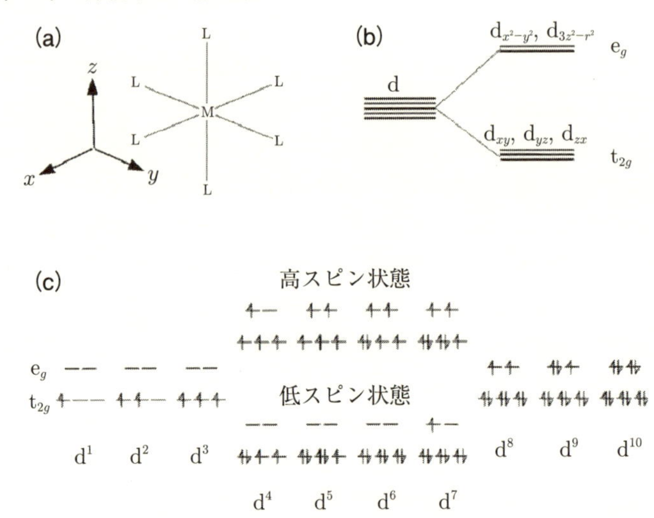

図 7.11　(a) ML_6 八面体の模式図，左下は座標軸の取り方，(b) d 軌道の結晶場による分裂，(c) ML_6 八面体中の M イオンのスピン状態．

ており，実験結果をよく説明できるとしている[149]．ただしこのバンド計算で得られたフェルミ面は角度分解光電子分光で観測されるものと微妙に異なっており[150]，ゼーベック係数の一致については半定量的に正しい．これほどバンド幅の狭い電子状態では，散乱時間は短くなりすぎて金属的な電気伝導はおそらく期待できない．しかし，実際の $\mathrm{Na}_x\mathrm{CoO}_2$ は優れた伝導体である．

3 本のバンドの起源を tight-binding 近似から理解しよう．それには，遷移金属錯体や化合物で有効な記述である配位子場を使うと理解しやすい[151]．遷移金属イオン M が，正八面体状に配置された六つの陰イオン L に取り囲まれている様子を模式的に**図 7.11** (a) に示す．座標軸を図のように取って，d 軌道の実関数の表現形 d_{xy}，d_{yz}，d_{zx}，$\mathrm{d}_{x^2-y^2}$，$\mathrm{d}_{3z^2-r^2}$ のエネルギーを計算する．いま L イオンはマイナスの点電荷と考えて，そのクーロン力だけを考慮すると，L イオンを避ける方向に軌道が伸びている d_{xy}，d_{yz}，d_{zx} はエネルギーが低く，なおかつ縮退していることが示せる．同様に L イオンの方向に軌道が伸びている $\mathrm{d}_{x^2-y^2}$，$\mathrm{d}_{3z^2-r^2}$ は，やはり縮退しておりエネルギーが高くなる．その様子を図 7.11 (b) に示す．真空中では 5 重に縮退していた d 軌道が，八面体状に配置された陰イオンによるクーロン場で，3 重縮退の軌道と 2 重縮退の軌道に分裂する．前者を t_{2g}，後者を e_g 軌道と呼び，両者のエネ

ルギー差を結晶場 (ligand field) と呼ぶ．ちなみに陰イオンが正四面体配置を取るときは，座標軸の取り方が変わり，t_{2g} 軌道と e_g 軌道のエネルギー準位は逆転するが，分類される軌道の種類は変わらない．

さて，このエネルギー準位に d 電子を詰めてゆこう．その様子が図 7.11 (c) に模式的に示されている．まず最初の d 電子はもちろん，エネルギーの低い三つの t_{2g} 軌道のどれかに入る．次に 2 番目の電子はフントの規則を満たすように，すなわち電子の全スピンを最大にするように，別の t_{2g} 軌道にスピンを平行にして入る．3 番目の電子も同様である．

4 番目の電子は二通りの可能性がある．一つの可能性は，結晶場のエネルギー差を犠牲にしてもフントの規則を優先し，e_g 軌道にスピンを平行にして入る場合，もう一つの可能性は，フントの規則を破っても結晶場のエネルギー差を利得して t_{2g} 軌道のどれかにスピンを反平行にして入る場合である．前者を高スピン状態，後者を低スピン状態といい，d 電子が 4 個から 7 個の間で発生する自由度である．もちろんこれは結晶場のエネルギーとフント結合のエネルギーの大小関係で決まり，物質ごとに異なる．

ここで Na_xCoO_2 のバンドを見てみよう．Na_xCoO_2 において，Na は 1+ 価，酸素は 2− 価イオンと仮定し，全体が電気的中性になるように決めると Co の形式価数は Co の形式価数は $x = 0.5$ に対して 3.5+ であり，d 電子の数は 5.5 である．図 7.10 を見ると，3 本のバンドがフェルミエネルギー以下にあり，フェルミエネルギーより 2 eV 高い位置に 2 本のバンドが見える (よく見るともっと見えるが，この計算は $NaCo_2O_4$ に対して行われ，Co イオンが単位胞の中に 2 個含まれるためにほとんど縮退した 2 倍のバンドがある)．これらがそれぞれ t_{2g}，e_g 軌道に由来するバンドであり，結晶場の大きさが 2 eV 程度であることがわかる．Co イオンを低スピン状態と考えると，5.5 個の電子は 3 重縮退した t_{2g} 軌道をほとんど埋め，Co あたり 0.5 個の電子分がフェルミエネルギーより上の状態にある．たしかにバンド計算でも，Γ 点から K 点や M 点に向かう方向でフラットなバンドがわずかにフェルミ面より上にある．バンド幅が狭いことも t_{2g} 軌道の伸びる方向から理解できる．バンド幅を決めているものは d 軌道同士の直接の混成で，Co イオンは酸素イオンによって隔てられているので Co–Co 間の距離は長いため，その値は小さい．

バンド描像とは逆の極限，すなわち局在電子描像でこの系のゼーベック係数を考察しよう．そこでは，$x = 0.5$ において，Co は Co^{3+} イオンと Co^{4+} イオンが 1:1 で混ざり合っていると見なすことができる．遷移金属では電子間のクーロン斥力が強

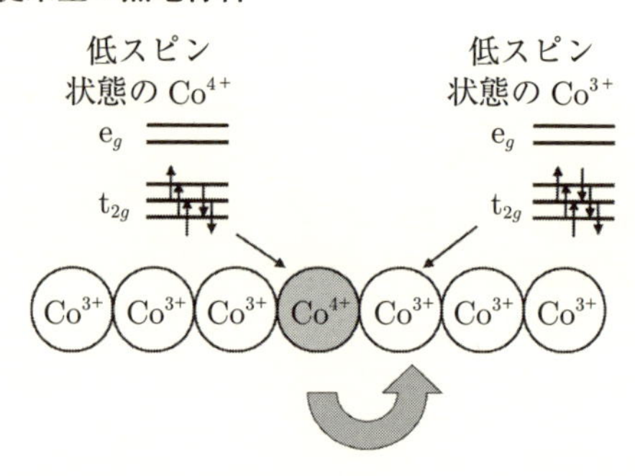

図 7.12　局在電子描像による Na_xCoO_2 における電気伝導の模式図.

いので，結晶の中では電子はせいぜい同時に 1 個しか同じイオン上に移動できない．すなわち，Co^{3+} と Co^{4+} が結晶中に分布していると考えて，それが互いに入れ替わりながら電気伝導が生じていると考えてよい．

コバルトイオンの持つエントロピーが熱起電力に寄与することは，最初に Koshibae らによって提唱された[40]．**図 7.12** に Co^{3+} と Co^{4+} の電子配置を模式的に示す．この物質の Co^{3+} と Co^{4+} は，ともに低スピン状態であることが磁化率の測定でわかっている．このとき Co^{3+} の電子配置は t_{2g}^6，すなわち 6 個の d 電子は t_{2g} 軌道を完全に埋め尽くし，取り得る状態の数は 1 通りとなる．したがって Co^{3+} あたりのエントロピーはゼロである．一方 Co^{4+} は Co^{3+} から一つ電子を抜き去った状態で，6 通りある．より正確には，全スピンが $S = 1/2$ でスピン自由度が 2 通り，t_{2g} 軌道の取り方に 3 通りあって $2 \times 3 = 6$ 通りである．したがってそのエントロピーは Co イオンあたり，$k_B \ln 6$ となる．このエントロピーが，前節で議論したモット絶縁体の過剰なエントロピーであることにお気づきだろうか．

図 7.12 に示すように，Co^{3+} と Co^{4+} が入れ替わることで電気伝導が起きると考えると，電荷は 3 価と 4 価の電荷の差 $+|e|$ だけ動くのに対して，エントロピーは $k_B \ln 6$ だけ動く．第 5 章で述べた拡張された Heikes の公式 (5.126)

$$\alpha = \frac{k_B}{q}\left(\ln\frac{1-p}{p} + \ln\frac{g_A}{g_B}\right)$$

に $p = 0.5$，$g_A = 6$，$g_B = 1$ を代入しゼーベック係数は $k_B \ln 6/|e|$ と見積もられる．この値は約 150 μV/K となって 1000 K 付近の実測値と比較的よく合う．以上をまとめると，コバルト酸化物ではモット絶縁体に由来する軌道とスピンのエントロピーがゼーベック係数を増大させている．実際，上で行ったようなエントロピーの見積もり

では，低スピン状態のCo^{3+}とCo^{4+}の組み合わせが最大のゼーベック係数を与える．

このようなメカニズムは，従来の熱電半導体には見られないことに注意しよう．半導体では，せいぜい単位胞 1000 個に対して 1 個程度の電子またはホールがドープされ，それらが電気と熱を運ぶ．このとき，背景の格子は閉殻でエントロピーを持たず，電子もスピンや軌道といった内部自由度を持たない．したがって，そこには電子の密度に由来するエントロピーしか存在しない．

この物質のキャリア濃度は Co イオンあたり 0.5 個と，従来の熱電材料の 100 倍以上の値を示す．すなわちNa_xCoO_2も他の酸化物同様，移動度の低い伝導体だが，その低い移動度を補って余りあるほどのキャリア濃度を持っており，そのために低い電気抵抗率が実現している．通常ならば，そのように高いキャリア濃度の伝導体では式 (5.24) に従うゼーベック係数は数 μV/K 程度しかないはずだが，上で述べたメカニズムによって大きなゼーベック係数が実現しているために高い熱電特性が実現している．これが，この物質が酸化物の中で例外的に高い熱電特性を示す理由である．

しかし問題はそう簡単ではない．Co^{4+}が$k_B \ln 6$のエントロピーを持つのは，熱揺らぎが十分大きい高温（10^4 K 程度）の状態であって，低温（1000 K といえどもこの場合は低温である）までエントロピーが電荷と結合しているのは異常である．そもそも Heikes の式の適用範囲を超えている．強相関電子系の理解を，遍歴電子から考えるか局在電子から考えるかは難しい問題であり，銅酸化物高温超伝導の理論においても深刻な対立があった．そしてそれは今でも解消したとはいえない．層状コバルト酸化物のゼーベック係数にしたところで，それは室温以下で温度変化しており，温度変化を記述できない Heikes の公式は，この系の高温極限の漸近値を示しているにすぎないというのが妥当な評価であろう．実際，強相関効果を組み込んだ理論で，Kelvin の公式を用いて層状コバルト酸化物のゼーベック係数の計算が行われており，それは温度依存性を含めてまずまずよく一致している[41]．

7.2.4 スピン状態の制御

上で述べたような理論的困難にも関わらず，Heikes の公式による考え方は物質開発の指針として有効である．その一例を示そう．

$Sr_3YCo_4O_{10.5}$は，ペロブスカイト型酸化物ABO_3のAサイトを占有する Sr と Y イオンが 3:1 で秩序化したコバルト酸化物である[152]．酸素数が$3 \times 4 = 12$ではないのは，3 価の Y イオンが入ったために酸素が規則的に欠損し，Co イオンの価数をほぼ 3+ に保つためである．

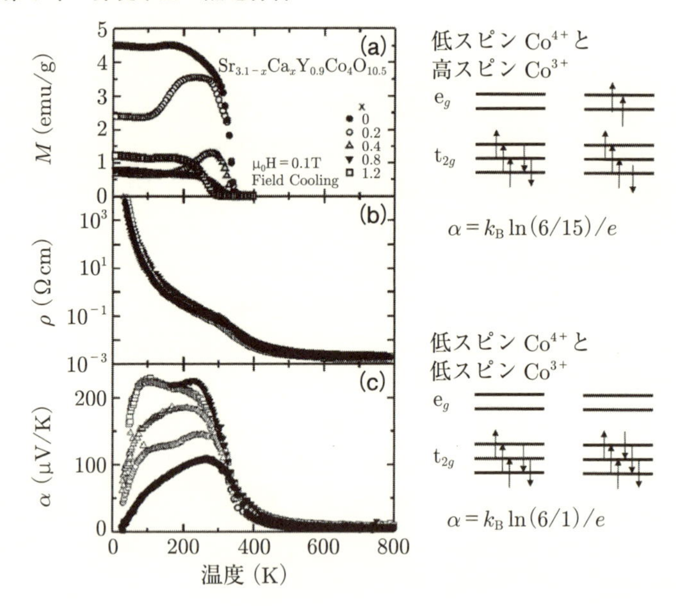

図7.13　$Sr_3YCo_4O_{10.5}$ および Sr サイトの Ca 置換試料における (a) 磁化，(b) 電気抵抗率，(c) ゼーベック係数[158]．右側に Co^{3+}，Co^{4+} のスピン状態についての模式図とゼーベック係数の理論値を示す．

この物質の特徴は，340 K 以下で生じる (弱) 強磁性である．もう一つの特徴は，この物質中の Co^{3+} イオンでは，低スピン状態と高スピン状態のエネルギーが極めて拮抗していることである[153–155]．ここでは詳しく述べないが，Co^{3+} には中間スピン状態と呼ばれる特殊なスピン状態が提案されており[156]，その当否をめぐって長く議論が続いている．共鳴 X 線回折の結果は，この物質の中で中間スピン状態が秩序化していることを示している[157]．ともあれ，これらのスピン状態はほぼ縮退し，物理圧力，外部磁場によって，この系のスピン状態は劇的に変化する[158]．

Sr サイトの Ca 置換は同じ 2 価イオンの置換であるため，系のキャリア濃度 (わずかな酸素不定比によって系にセルフドープされている) を変化させない．一方，Ca はイオン半径が小さいため，Ca 量とともに単位胞の体積は単調に減少し，Ca 置換はこの系に化学圧力として作用する．**図7.13** に，磁化 M，電気抵抗率 ρ，ゼーベック係数 α を示す[158]．試料の飽和磁化が最大になるように，組成式は $Sr:Y = 3:1$ からわずかにずれているが，本質的には $Sr_3YCo_4O_{10.5}$ の物性を捉えている．まず $x =$

0 で見られる 340 K 以下での磁化の立ち上がりは，この系の弱強磁性転移を示している．この立ち上がりは，Ca 置換 x とともに抑えられていることがわかる．これは化学圧力によって，Co^{3+} が磁性を持った高スピン状態 $t_{2g}^4e_g^2$ (または中間スピン状態 $t_{2g}^5e_g^1$) から非磁性の低スピン状態 t_{2g}^6 に移り変わっていることを示している．

それに対して，抵抗率はほとんど Ca 置換の影響を受けていない．室温以下のキャリアは，わずかな酸素不定比によって導入された Co^{4+} イオン上のホールであり，Ca 置換で本質的に変化していないことを示している．室温以上では抵抗率は急激に低下し，1–2 mΩcm 程度にまで低下する．これは，Co^{3+} イオンが中間スピンあるいは高スピン状態となって，その上の d 電子が遍歴性を獲得した状態であるが，その微視的機構はいまだ明らかではない．ともかく，すべての Co^{3+} イオンが伝導に寄与しているので，やはり Ca 置換によって伝導に変化は見られない．

電気抵抗率と異なり，ゼーベック係数は特徴的な Ca 置換依存性を示す．まず，室温以上の高温領域では，すべてのゼーベック係数は，数 μV/K という小さな値を示し，あまり Ca 置換依存性を示さない．これは，すべての Co^{3+} イオンが伝導に寄与し，金属なみのキャリア濃度が実現していることを意味している．それに対して，室温以下ではゼーベック係数は Ca 置換量に敏感に依存し，Ca 置換とともに数倍に増大している．たとえば 100 K のデータに注目すると，$x=0$ では 60 μV/K であったゼーベック係数が $x=1.2$ では 220 μV/K になっている．電気抵抗率がほとんど変わらないのに，ゼーベック係数が 100 μV/K 以上も変化するのは極めて異常で，著者が知る限り他に例がない．

このゼーベック係数の増大も，Co イオンの持つ磁気エントロピーで理解できる．$x=0$ ではほとんどの Co^{3+} は高スピンまたは中間スピン状態を取っている．簡単のため高スピン状態だけを考えると，高スピン状態のエントロピーは $k_B \ln 15$ と見積もられる．したがって式 (5.126) に従えば，Co^{4+} 上の電荷 $+|e|$ とともに流れるエントロピーは $k_B(\ln 6 - \ln 15) < 0$ となる．電流と熱流の向きが逆転していることに注意してほしい．ここでは電荷を運ばない Co^{3+} イオンのエントロピーが Co^{4+} よりも大きいので，イオンの交換によってエントロピーが逆流している．実際の実験結果では，Co^{4+} がわずかしか存在しないために生じる，大きな正のゼーベック係数に隠されて，この負の寄与は直接観測できない．

Ca 置換によって背景の Co^{3+} イオンは低スピン状態になり，磁性とエントロピーを失う．その結果，流れるエントロピーは Co^{4+} イオンのものだけになり，$k_B(\ln 6 - \ln 1) = k_B \ln 6$ となる．そのため Co^{3+} イオンが高スピンから低スピン状態へと変化すること

で，ゼーベック係数は $k_B \ln 15/|e| = 230\ \mu V/K$ だけ増加する．これは試料中の Co^{3+} イオンの60–70%がスピン状態転移を起こしたと考えれば実験結果をよく説明する大きさであり，磁化の変化とも矛盾しない．

上で示した化学圧力効果は，一つの試料に物理圧力を加えたときにも見られる (ここでは示していない)．この場合には，抵抗率は若干低下しゼーベック係数は増大する．特に1 GPaでゼーベック係数は60 μV/K程度変化し，その圧力変化率は，既存の物質で最大である．従来の自由電子近似では，抵抗率とゼーベック係数はともにキャリア濃度の関数であり，一方だけを独立に変化させることはできない．しかしこの物質のように，スピンが担うエントロピーを制御することができれば，抵抗率を一定に保ったままゼーベック係数を増大させることができる．これは熱電変換にとっては有利な性質である．

電気伝導率の低さのため，この物質の熱電性能は層状コバルト酸化物に比べると低い．しかし，Co^{3+} イオンのスピン状態が確かにゼーベック係数を支配し，スピンのエントロピーが熱電物性に深く関わっていることを実験的に示す意義は大きいと思う．これまで，電気抵抗率を決めるのは電気伝導を担うイオン (今の場合は，Co^{4+} イオン) であり，背景の磁性イオン (今の場合は Co^{3+} イオン) は輸送現象には関与しないと考えられてきた．しかし，ゼーベック係数は電気伝導に関係するエントロピーのプローブであり，抵抗率やホール係数とは別の情報を与えてくれることをこの物質は語っている．

7.2.5　格子熱伝導

前章で，$SrTiO_3$ や ZnO などの酸化物熱電材料の弱点が，その高い熱伝導率にあることを述べた．それに対して層状コバルト酸化物では，単結晶において測定された熱伝導率が示すように，室温で1–3 W/mK程度のそこそこ低い格子熱伝導率を示す[148]．その意味では，格子熱伝導率の低減という観点でもこの物質群は面白い．

著者らは Na_xCoO_2 のセラミック試料の熱伝導率を，同型の結晶構造を持つ $LiCoO_2$ および $Na_{0.77}MnO_2$ と比較した．その結果，Naサイトあるいは Liサイトの欠損が熱伝導率に大きく影響することを見出した[159]．**図7.14** にその結果を示す．セラミック試料としての焼結度などは，三つの試料でほぼ同じであるにも関わらず，$LiCoO_2$ は，室温で Na_xCoO_2 の2倍以上の熱伝導率を示していることがわかる．これは Li と Na のイオンの重量を考慮しても大きすぎで，Naサイトの欠損が熱伝導率に大きく影響していることを実験的に示している．参照物質として測った $Na_{0.77}MnO_2$ は

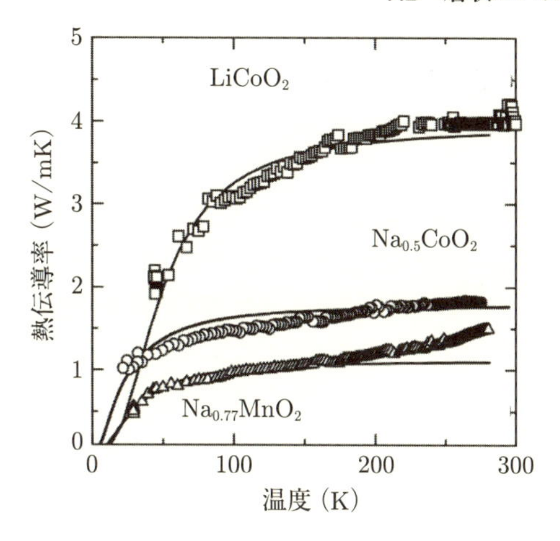

図 7.14 層状酸化物のセラミック試料における熱伝導率[159].

絶縁体であり，Na_xCoO_2 より電子熱伝導率の分だけ少ない値を示している．やはりNa サイトの欠損が大きな熱伝導率の低減を引き起こしている．

実際，結晶学的にも，Na サイトには 2 種類のサイトがあり，Na イオンはランダムに 2 種の格子サイトを占有していることがわかっている．やや誤解を恐れずに言えば，Na 層はガラスのように乱れている．Na の量を制御するとその様子は系統的に変化し，格子構造の多彩さは非常に興味深い．いくつかの研究では Na 原子のラットリング振動に言及したものもある[160]．Yoshiya らは[161]，分子動力学を用いることで，Na_xCoO_2 の熱伝導を調べ，Na の乱れ (およびイオン結晶として結びついた酸素イオン) に支配されていることを見出した．

一方，この物質のバンド計算は，Co の t_{2g} 軌道の混成が主であり，酸素軌道との混成は少ないから，酸素イオンの乱れが電子状態に与える影響は小さいと期待できる．まとめると，電気伝導は Co の三角格子が，熱伝導は Na イオンとその上下の酸素イオンの局在振動が担っているといえる．すなわちこの物質の層状構造の特徴は，ガラスのように乱れた Na 層と結晶性のよい Co 層が熱伝導と電気伝導の主要な経路を空間的に分離している点にある．これは Slack の提唱したものとは異なるが，PGEC (5.5.4 参照) の一種ではないかと著者らは主張している．格子との相互作用においても，強相関電子系は有利に働いている．電子間のクーロン斥力が強いと，電子–格子散乱が抑えられるという理論的指摘がある[162, 163]．これが正しければ，強相関効果によって，Co イオン上のホールは Na や O の乱れを感じていない．そうでなければ，5000 S/cm という高い電気伝導率は得られない．

周辺物質の $Ca_3Co_4O_9$ や $Bi_2Sr_2Co_2O_y$ では，格子ミスフィットが熱伝導率の低減に役立っていると思われる．5.5 で見たように，なるべく単位胞が大きな物質が熱電材料に有利である．その意味では格子ミスフィットを持った複合結晶ではミスフィット比が無理数 (不整合) の場合，単位胞は無限大に大きいことになる．層状コバルト酸化物の格子ミスフィットも無理数なので熱伝導率の低減に大きく影響していると思われる．6.9 ですでに見たように，ミスフィット構造を持つ硫化物でも低い熱伝導率が観測されている[102]．

7.3　重い電子系

7.3.1　近藤効果と重い電子

Ce，Yb，U 化合物の中の f 電子は，高温では各原子位置に局在している．温度が下がるとともに局在 f 電子は近藤効果を通じて伝導電子と相互作用し，十分低温で伝導電子は磁気励起を伴って運動する．

ここで近藤効果とは，局在電子と伝導電子が動的にスピン一重項を形成する現象で，金属に磁性不純物が微量に添加された際に見られる抵抗極小現象 (抵抗がある温度以下で温度低下とともに上昇する) を定量的に説明した．f 電子の規則格子を持つ化合物では，近藤効果がコヒーレントに生じ，近藤温度と呼ばれる特徴的な温度以下で f 電子と伝導電子が協調して金属的伝導を引き起こす．これは帯磁率や比熱測定によって確かめられ，f 電子の磁気比熱が電子比熱に変貌している．電子比熱は電子の有効質量に比例するから，これは伝導電子の有効質量が f 電子の磁気励起分だけ増大した状態である．このような系を重い電子系といい，特に我が国において精力的に研究されてきた[164, 165]．

Kelvin の公式によれば，ゼーベック係数は電子あたりの比熱に比例するので，重い電子系は大きなゼーベック係数を持つことが期待される．5.1.7 の Behnia の分類においては，ゼーベック係数の温度係数 α/T が大きい物質はすべて重い電子系に属している．また本来は伝導電子を散乱するはずの磁気励起が伝導電子とコヒーレントに (＝協調して) 運動しているので，散乱時間は電子が重くなるにつれて増大する．そのため抵抗率は有効質量が増大する低温でも金属的伝導を保ち，高い電力因子 $\alpha^2\sigma$

が期待できる．

重い電子が形成されるときに，比熱・帯磁率などの熱力学量に跳びが現れないことに注意しよう．近藤温度以下で，伝導電子は局在 f 電子とスピン一重項を形成するが，これは相転移ではない．むしろ f 電子の磁性を伝導電子が遮蔽していると見なしたほうがよい状態である．近藤効果が弱いときは，伝導電子を介した f 電子間の相互作用 (RKKY： Ruderman–Kittel–Kasuya–Yosida 相互作用) によって磁気秩序が観測される．実際，近藤効果と RKKY 相互作用は f 電子系の中では常に競合する．したがって重い電子系とは，RKKY 相互作用による磁気相転移がブロックされた系であると考えることができる．

7.3.2 $CePd_3$

Ce 化合物の中で最も優れた熱電特性を示す系が $CePd_3$ である．この系の熱電特性を**図 7.15** に示す[24]．この系の近藤温度は 100 K であり，抵抗率やゼーベック係数は近藤温度以上で飽和する傾向にある．抵抗率，ゼーベック係数ともに近藤温度で跳びやカスプはなく，近藤温度が相転移温度ではないことを示唆する．室温での電気抵抗率およびゼーベック係数はそれぞれ 120 μΩcm，80 μV/K であり，Bi_2Te_3 と同程度の電力因子 $\alpha^2\sigma$ を示す．しかし残念なことに，$CePd_3$ は熱伝導率が室温で 20 W/mK と，Bi_2Te_3 の 10 倍以上高いため，無次元性能指数 zT は小さい．この高い熱伝導率は 6.7 のハーフホイッスラーと同様，金属間化合物が堅く安定であることによる高い格子熱伝導率に起因する．したがって，多くの熱電材料と同じく格子熱伝導率の低減が必要である．

$CePd_3$ は質量の増大が光学反射で測定されている物質でもある[166]．**図 7.16** にそ

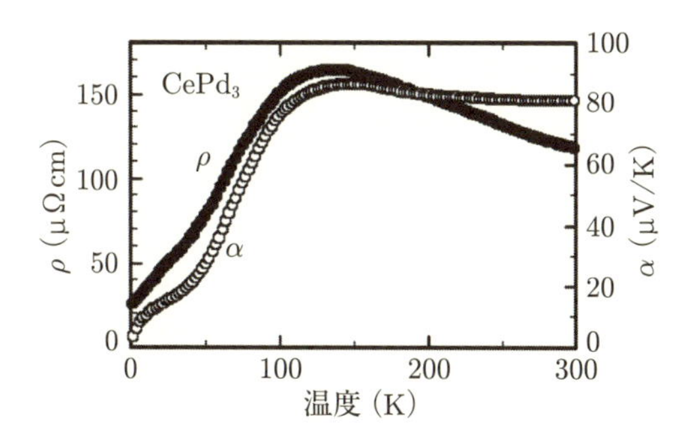

図 7.15 $CePd_3$ の熱電特性.

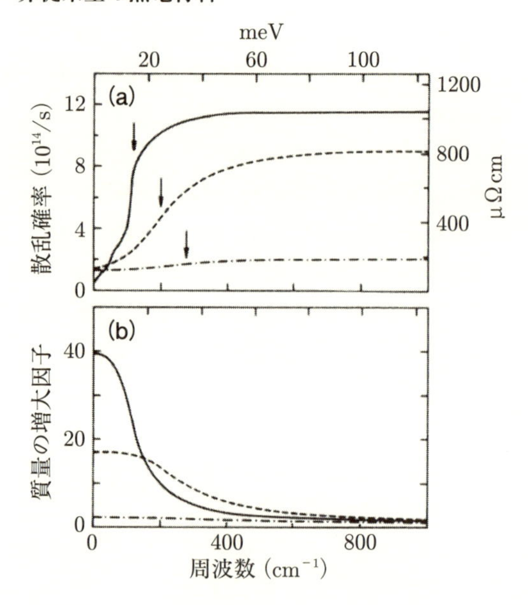

図 7.16　$CePd_3$ 散乱確率 (a) と有効質量 (b)．実線，破線，一点鎖線は 4 K, 77 K, 300 K のデータ[166]．

の 解析結果を示す．ここでは解析の詳細は省略するが，重い電子系では，有効質量 $m^* = 1 + \lambda$ と散乱確率 $\hbar/\tau = \mathrm{Re}\,[\gamma]$ はともにエネルギー依存性を持ち，なおかつ互いにクラマース–クローニッヒの関係式で結ばれている．有効質量は低エネルギーに向かって増大し，散乱確率は逆に減少する．これは有効質量の増大を担う磁気励起が伝導電子とコヒーレントに動いていることを示す．エネルギーが低いということは交流周波数が低いと言い直せ，コヒーレントな運動が十分ゆっくりした電場反転に対して追随できることを示す．高周波では，磁気励起と伝導電子はコヒーレントに動けず，互いにぶつかり合うので散乱確率は増大し，有効質量は裸の電子に戻る．その境目のエネルギーが磁気励起のエネルギーであり，図では 20 meV 程度である．これはおおむねこの系の近藤温度に近い．

$CePd_3$ は p 型であるが，Yb を構成要素とする金属間化合物は n 型の材料である．最も熱電特性が優れているのは $YbAl_3$ で，室温で −90 μV/K 程度のゼーベック係数を示す[1]．この系も熱伝導率の高さをどうやって低減するかが課題である．

重い電子系では，近藤温度 T_K とフェルミ温度 T_F の比が重要であり，低温では

$T_{\mathrm{F}}/T_{\mathrm{K}}$ 倍に有効質量が増大し，ゼーベック係数が増大する．たとえば $\mathrm{CeCu_6}$ では $T_{\mathrm{F}}/T_{\mathrm{K}}$ は 1000 に達し，電子比熱係数も 1000 倍に増大する．すなわち Behnia の分類に従えば α/T も 1000 倍に増大する．しかし，そのような「魔法」は T_{K} 以下でしか起きず，それより高温では電気抵抗率は温度に依存しない飽和を示し，ゼーベック係数は飽和あるいは減少し始める．電子の質量を 1000 倍に増大させ，ゼーベック係数の温度係数を 1000 倍にすることは可能である．しかし，$T_{\mathrm{F}}/T_{\mathrm{K}} = 1000$ から見積もられる近藤温度は 10 K にすぎない．つまり，10 K を超えると，近藤効果によるゼーベック係数の増大は生じない．いま低温のゼーベック係数が室温でのゼーベック係数 α_0 から，

$$\alpha(T) = \frac{T_{\mathrm{F}}}{T_{\mathrm{K}}}\alpha_0(T) \quad (T < T_{\mathrm{K}})$$

のように増大したとしよう．α_0 は式 (5.24) から

$$\alpha_0(T) = \frac{\pi^2}{3}\frac{k_{\mathrm{B}}}{e}\frac{k_{\mathrm{B}}T}{E_{\mathrm{F}}}\left(\frac{3}{2}+r\right) = \frac{\pi^2}{3}\frac{k_{\mathrm{B}}}{e}\frac{T}{T_{\mathrm{F}}}\left(\frac{3}{2}+r\right)$$

と書けるので，これを代入すると，近藤温度では，

$$\alpha(T_{\mathrm{K}}) = \frac{T_{\mathrm{F}}}{T_{\mathrm{K}}}\frac{\pi^2}{3}\frac{k_{\mathrm{B}}}{e}\frac{T_{\mathrm{K}}}{T_{\mathrm{F}}}\left(\frac{3}{2}+r\right) = \frac{\pi^2}{3}\frac{k_{\mathrm{B}}}{e}\left(\frac{3}{2}+r\right) \sim O\left(\frac{k_{\mathrm{B}}}{e}\right) \tag{7.1}$$

を得る．つまり近藤温度より高温では，物質によらない k_{B}/e 程度のゼーベック係数が得られ強相関効果は失われる．$\mathrm{CePd_3}$ の場合，T_{K} は 150 K 程度と考えられ，図 7.15 でもその様子がわかる．重い電子系は複雑なフェルミ面とマルチバンドを持ち，フェルミ面上ではホール的なキャリアと電子的なキャリアが共存している．したがって近藤温度以上で生き残るはずの k_{B}/e 程度のゼーベック係数も，正負のキャリア成分で相殺されて現実の系ではずっと小さい値になる．熱電変換には $2k_{\mathrm{B}}/e$ 程度のゼーベック係数が必要なので何かもうひと工夫が必要である．

これまで，重い電子系は Ce，Yb，U を含む f 電子系で発見されてきた．しかし最近になって，d 電子を含む化合物の重い電子系も報告されてきた．最もよく調べられている系がスピネル酸化物 $\mathrm{LiV_2O_4}$ である[167]．特に熱電特性の高い系として注目されている系として FeSi がある[168]．FeSi は次で紹介する近藤半導体ではないかと考えられているが，その電子状態の理解はまだ議論の途上にある．

7.3.3 近藤半導体

近藤半導体について簡単に触れておこう[169]．低温で f，d 電子が近藤効果を通じて伝導電子とともに遍歴し始めると，系のフェルミエネルギーにギャップが発生する

可能性がある．**図 7.17** にその様子を模式的に示す．点線で書かれた水平線は f 電子の局在バンドを表し，点線の放物線は伝導電子のバンドを示す．この二つのバンドの間に電子のとび移りがなければ，f 電子と伝導電子は独立に運動する．いま，二つのバンドの電子が相互作用してバンド間の混成が生じれば，実線で示すように，バンドの交点で縮退が解けギャップが開く．このようなことは二つのバンドが交差すれば一般にいつでも生じるが，一方のバンドが局在性の強い f 軌道由来のものであれば簡単には混成できない．バンドの混成が近藤効果を通じて起きることが重要な点である．このとき，混成で生じたギャップは二つのバンド間の重なり積分の大きさに比例するので，近藤温度程度の低温でギャップが徐々に開き始める．このギャップ内にフェルミエネルギーがくる系が近藤半導体で，CeNiSn がその典型例である．

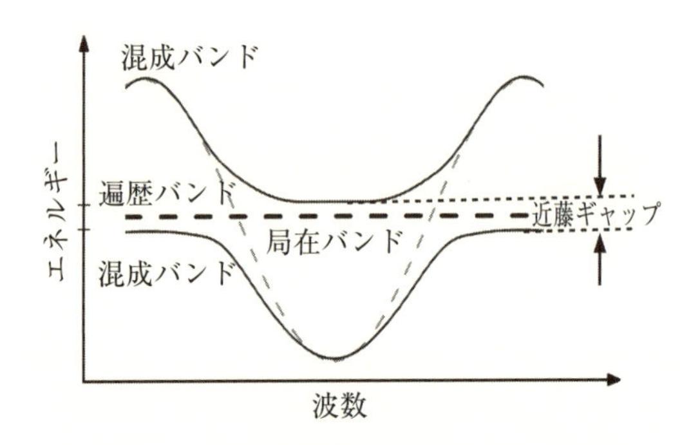

図 7.17　近藤半導体の電子状態の模式図．

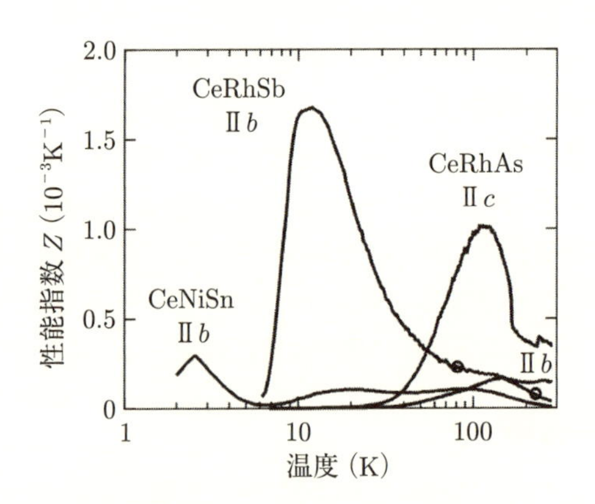

図 7.18　近藤半導体の性能指数[169]．

図 7.18 にいくつかの近藤半導体の性能指数を示す[169]．特に CeRhAs の性能指数は 20 K で 10^{-3} K^{-1} と Bi_2Te_3 なみに高く，低温での熱電特性が注目されている．残念ながら絶対温度との積 zT は，温度が低いために小さい値にとどまる．近藤半導体には，すでに強相関効果で重くなった電子が，通常の縮退半導体なみの少数キャリア系となって，熱電特性を一層向上させるのではないかという期待がある．このギャップが一種の多体効果で生じている実験的証拠は系の輸送特性が不純物に敏感である点にある．良質な CeNiSn では，抵抗率は低温まで金属的伝導を保つが，この系に少量の不純物を導入すると，抵抗率は低温で急速に増大する．

7.4 高温超伝導体

強相関電子系物質の典型は，1986 年に発見された銅酸化物高温超伝導体であろう．この章の最後に，銅酸化物を用いた熱電変換の可能性について簡単に触れておく．

高温超伝導体は，母物質絶縁体である反強磁性銅酸化物に電子またはホールをドープすることによって作成される．母物質が単純な半導体でないということを除けば，半導体で得られたキャリアドーピングの概念がよく当てはまる．Tallon ら[170]は，すべての高温超伝導体の室温のゼーベック係数が，Cu イオンあたりのキャリア濃度だけに依存していることを示した．**図 7.19** にその様子を示す．多くの高温超伝導体に対して，室温のゼーベック係数はキャリア濃度だけで決まる普遍的な値を示していることがわかる．キャリア濃度が Cu イオンあたり 0.05 以下ならば，熱電変換に必要な 200 μV/K 程度の値が得られていることがわかる．

Macklin と Moseley[171]は，高温超伝導体の熱電冷却材料としての可能性を検討したが，無次元性能指数は室温で最大で 0.1 程度にとどまり，熱電材料としての能力は低いことがわかった．その理由は母物質絶縁体に近いキャリア濃度では移動度が低すぎるためである．母物質の磁性絶縁体にドープされたキャリアは Cu イオンに局在したスピンによって強く散乱されるため高い抵抗率を示す．このため大きなゼーベック係数の効果は打ち消され，結果として高い熱電性能は得られない．

Su ら[172]は，高温における高温超伝導体の熱電応用を考えた．この場合も残念ながら，移動度の低さのために高い電力因子を得ることができなかった．**図 7.20** に高温超伝導体の高温における Jonker プロットを示す．プロットはきれいな直線を示すが，電気伝導率が高くないことがわかる (たとえば図 6.22 と比較せよ)．また，高温超伝導体のゼーベック係数は高温で急激に低下することがわかっている．これは高

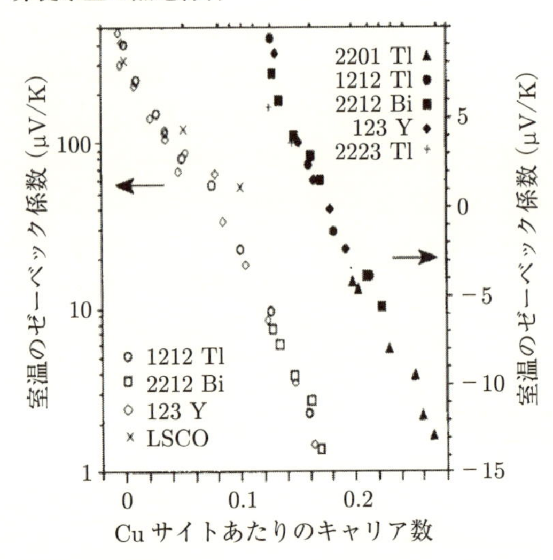

図 7.19　高温超伝導体の室温のゼーベック係数[170]. 横軸は CuO_2 面の Cu イオンあたりのキャリア濃度.

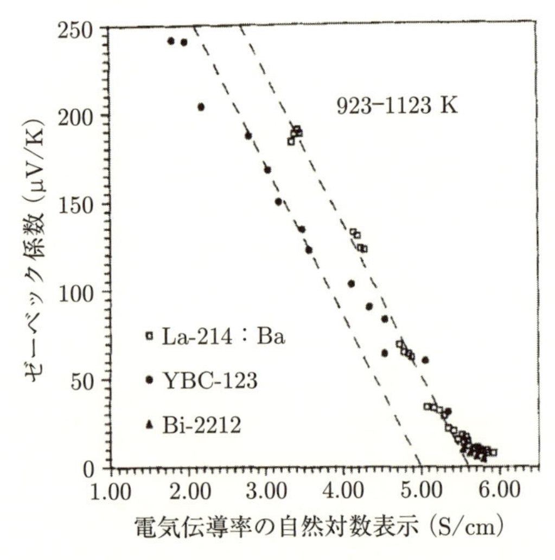

図 7.20　高温超伝導体における Jonker プロット[172].

温超伝導体の電気伝導を担う CuO_2 面が 2 次元正方格子であることと関係があると思われる[173]．すなわち，2 次元正方格子では，half-filled 近辺で電子とホールに対して電子状態が対称になり得るために,「真性領域」にあたる高温では電子とホールの寄与が相殺する可能性がある．これに対して，層状コバルト酸化物では電気伝導を担う CoO_2 面は三角格子であり，電子とホールの対称性がない．そのため大きなゼーベック係数が高温まで維持される．

高温超伝導体における電子相関効果は熱電変換には向いていないのであろう．銅酸化物では Cu^{2+} イオンが物性の主役を演じており，スピンは 1/2 と最小である．その上，大きな反強磁性相互作用を持っているので隣り合うスピンはスピン一重項的な相関を持っており，常磁性の一歩手前といってもよいほどにスピンのエントロピーは失われている．また $d_{x^2-y^2}$ 軌道だけが物性に重要で，軌道の自由度やスピン状態の自由度もない．結局，Heikes の公式が教えるような大きなゼーベック係数は期待できない．

高温超伝導体の風変わりな熱電応用として，BiSb 系材料と組み合わせた，受動的材料としての応用がある．あまり知られていないが，低温極限の超伝導状態では熱伝導率はゼロになる．超伝導ではクーパー対と呼ばれる電子対が量子力学的に凝縮した状態が電気伝導を担う．いわば基底状態が電気を運び，基底状態ゆえに熱を運べない．すなわち超伝導体では，性能指数を決める三つの物理量 α，ρ，κ はすべてゼロである．そのため熱電変換はできなくとも散逸もないので，熱電材料の足を引っ張らない．このことを使用した熱電冷却素子が Fee によって試作されている[174]．

8

第8章 ナノ構造による性能向上

2000年代以降，アメリカを中心に巻き起こったナノテクノロジー開発の波は熱電材料の開発にも大きな影響を与えた．熱電変換は，n型・p型材料の接合部分で起きるエネルギー変換なので，単位面積あたりの接合数が多いほど有利な場合がある．特に，半導体デバイスの局所冷却とか，微小センサの自立型電源といった用途にはナノ加工された熱電素子が有望である．

このような通常の意味でのナノ加工の利点に加え，材料のバルクの特性は変えずに，結晶のサイズや形状を制御することで熱電性能を向上させられるという理論的予言が行われ原理検証の実験が行われた．熱電材料の新物質開発は極めて難しいので，既存の材料の zT をナノ加工することで向上できるのであれば極めて魅力的である．当初は，微細加工技術を中心にした薄膜・細線の研究であったが，最近はナノ構造を保ったバルク材料の研究に発展している．本章では，そのような熱電材料開発の現状を概観する．

8.1 ナノ構造化した熱電材料の理論

8.1.1 Hicks と Dresselhaus の超薄膜・ナノ細線

異種の半導体，たとえば GaAs と AlGaAs を互いの原子位置を整合させながら交互に積層させた多層膜を超格子という．超格子は多層膜の面内方向は並進対称性を保った擬2次元結晶であり，面間方向も原子の配列は規則性を保っている．このような物質では，電子の感じる面直方向のポテンシャルを井戸型ポテンシャルで近似できる．この構造は量子井戸構造といい，半導体レーザーに不可欠な構造である．

1993年，Hicks と Dresselhaus は，熱電材料の量子井戸構造において，熱電特性の量子井戸の幅依存性を理論的に調べた[175]．**図 8.1** に示すように，井戸の幅がナノサイズになるに従って，Bi_2Te_3 の性能指数はバルクの値から劇的に向上する．この理論がナノ構造化された熱電材料の研究のきっかけとなった．

彼らの理論では，電子の散乱時間が膜厚に依存しないという (しばしば現実的ではない) 仮定が基になっている．このとき，2次元面抵抗は膜厚に依存しないから，膜厚を $1/L$ にすると，電気伝導率は L 倍になる．一方，ゼーベック係数は散乱時間や

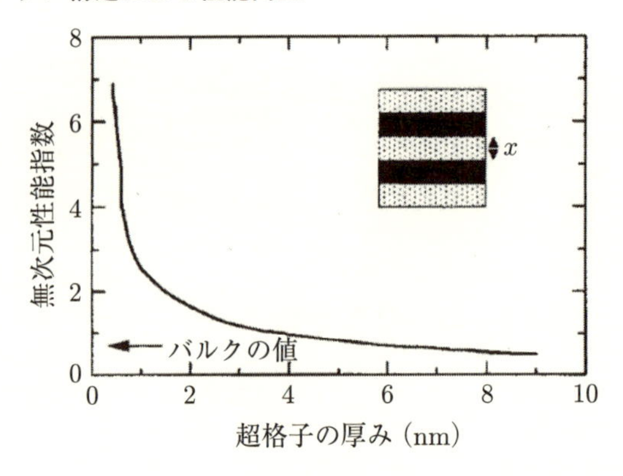

図 8.1　Hicks と Dresselhaus によって計算された Bi_2Te_3 量子井戸構造の熱電特性.

移動度には第一義的によらないから，L には依存しない．したがって電力因子 $\alpha^2\sigma$ およびウィーデマン–フランツの法則で σ と結び付けられた電子の熱伝導率 κ_{el} はともに L 倍になる．ナノ加工の効果は電子系にのみ及んでいるので，格子熱伝導率 κ_{ph} は L に依存しないであろう．結局，性能指数 $z = z(L)$ は

$$z(L) = \frac{\alpha^2\sigma}{\kappa_{\mathrm{el}} + \kappa_{\mathrm{ph}}} = \frac{\alpha^2\sigma^{\mathrm{bulk}}L}{\kappa_{\mathrm{el}}^{\mathrm{bulk}}L + \kappa_{\mathrm{ph}}} = \frac{\alpha^2\sigma^{\mathrm{bulk}}}{\kappa_{\mathrm{el}}^{\mathrm{bulk}} + \kappa_{\mathrm{ph}}/L} \tag{8.1}$$

と書ける．ここで σ^{bulk} および $\kappa_{\mathrm{el}}^{\mathrm{bulk}}$ はそれぞれバルクの電気伝導率と熱伝導率である．この式を見ると，膜厚を $1/L$ にする効果は，実効的にバルクの格子熱伝導率を $1/L$ にする効果になっていることがわかる．ただし，このようなことが起きるには，本来は物質の形状によらない電気伝導率が膜厚に反比例して増大しなければいけない．現実の物質では薄膜の界面での散乱もあるし，このような理想的な 2 次元電子系は構築しにくい．その意味で，Hicks と Dresselhaus の理論は熱電変換研究者への希望を与えたがやや楽観的にすぎるといえる．彼らは，同じ計算を 1 次元系すなわちナノ細線に対しても行い，ナノ細線の直径がナノサイズに近づくと急速に性能指数が向上することを予言した[176].

量子井戸構造の熱電特性を別の観点から見てみよう．量子井戸の中の電子のエネルギー分散は

$$\varepsilon(\boldsymbol{k}) = \frac{\hbar^2}{2m^*}(k_x^2 + k_y^2) - 2t\cos(k_z a) \tag{8.2}$$

と近似できるであろう．すなわち，面内方向は有効質量 m^* のほとんど自由な電子で近似できる放物線的なバンドであり，面間方向は隣り合う量子井戸同士で電子が確率 $t/\hbar$ でホッピングするという tight-binding 近似で記述できる分散を持つ．ここで a は超格子の周期である．z 方向の有効質量は式 (3.120) を用いて，

$$\frac{1}{m_z} = \frac{1}{\hbar^2}\frac{\partial^2 \varepsilon}{\partial k_z^2} = \frac{2ta^2}{\hbar^2}\cos(k_z a) \tag{8.3}$$

と書ける．k_z がゼロ付近で面間方向の有効質量は $m_z \sim \hbar^2/2ta^2$ となって a^2 に反比例する．

5.3.4 で紹介した B 因子を異方的な系に拡張すると，

$$B \propto \frac{\sqrt{m_x m_y m_z}\mu_\mathrm{e}}{\kappa_\mathrm{ph}} \tag{8.4}$$

とできる．超格子の場合の B 因子は，したがって

$$B \propto \frac{m^* \mu_\mathrm{e}}{a\kappa_\mathrm{ph}} \tag{8.5}$$

と書けて，超格子の幅 a に反比例する．この場合もやはり，a が小さくなれば zT が大きくなる．この効果は，面間方向のホッピングが小さくなると，フェルミ面近傍の電子の状態密度が大きくなるためと言い換えることができる．半導体超格子の研究にならい，これを量子閉じ込め効果による熱電性能の向上と呼ぶ．あるいは B 因子の分母を一つのパラメーターと見なすと a を $1/L$ にする効果は κ_ph を $1/L$ にする効果に等しい．これはすでに上で述べた議論と同じである．

8.1.2 エネルギーフィルター

ゼーベック係数の式 (3.156) は，

$$\alpha = \frac{1}{qT}\frac{\int d^3k\ \left(-\frac{\partial f^0}{\partial \varepsilon}\right)\tau v^2(\varepsilon-\mu)}{\int d^3k\ \left(-\frac{\partial f^0}{\partial \varepsilon}\right)\tau v^2}$$

であった．すでに 5.1.4 で見たが，なぜこの物理量が小さいのかというと分子の $\varepsilon-\mu$ が化学ポテンシャル μ に対して反対称であるからである．もしも状態密度が μ の周りでほとんど変わらなければ分子はゼロになる．これが金属のゼーベック係数が小さい理由であり，5.1.4 ではゼロからのズレを $\varepsilon-\mu$ の関数として展開した式 (5.17) を用いて Mott の公式を求めた．

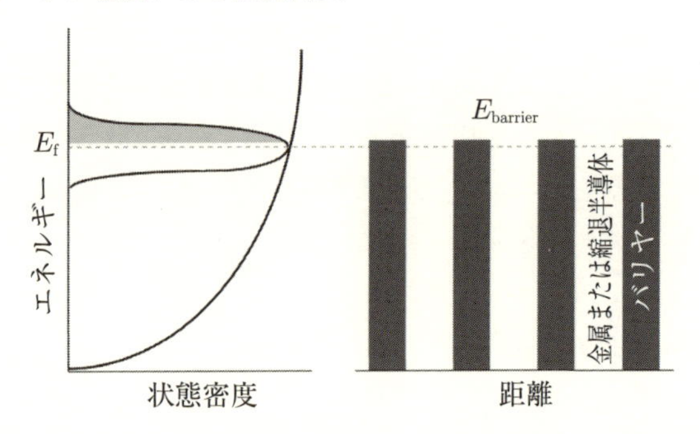

図8.2　エネルギーフィルターの概念[177]．エネルギーの高い電子だけを通過させるようなフィルターがあれば，ゼーベック係数はエネルギーの低い電子 (ホール) に相殺されず大きな値を持つ．左側は波数空間，右側は実空間のイメージで描かれ誤解しやすい絵である．

そこで登場したのがエネルギーフィルターという概念である．著者には，誰が最初に提唱したかはっきりわからないが，Mahan による**熱電子放出** (thermionic emission) を利用した熱電効果[178]，あるいは Shakouri らの半導体超格子の熱電効果の研究[179]あたりが源流だと思われる．その模式図を**図8.2** に示す[177]．図の左側には金属の状態密度と，化学ポテンシャル μ の周りに熱励起される電子の確率 $-\partial f^0/\partial\varepsilon$ を模式的に示している．右側に書いた「バリヤー」(正体は不明) はその下半分の電子 ($\varepsilon-\mu<0$ なのでホールと呼ぶべきか) の伝導をカットしている．その結果，化学ポテンシャルより大きなエネルギーを持った電子だけが伝導に寄与し，式 (3.156) の分子は打ち消されず，大きなゼーベック係数を生み出す．これがエネルギーフィルター効果である．

問題はどのような構造を使えばこの現象が引き起こせるかである．図 8.2 は左側は波数空間，右側は実空間の図になっており，なにやらマックスウェルの悪魔を想像させて怪しげである．実際，この絵の引用元の文献[177]にも misleading と書いてあり，この概念の代わりに超格子構造を用いることが提案され，実際に実験でその効果が検証されている[180]．とはいえ，多くの研究者の頭の中にあるエネルギーフィルターのイメージは図 8.2 と思われるのであえて掲載した．

波数空間でエネルギーフィルターに相当する概念は，Kuroki らによって提案された,「**プリンの流し型**」(pudding-mold) のバンド構造であろう．**図8.3** にその概念を示す[181]．いまバンドの途中にフェルミエネルギーがあるようなケース，つまり金

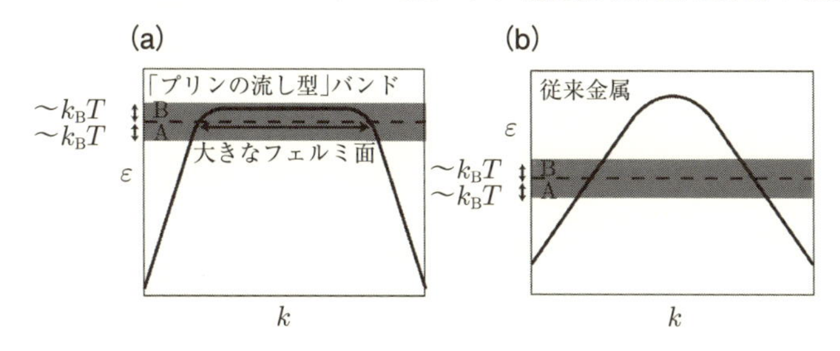

図 8.3　(a)「プリンの流し型」バンド，(b) 従来のバンド[181].

属を考える．図 8.3 (a) に示されているように，バンドがプリンを作るための型の底のように価電子バンドの頂上が潰れて平らであったとしよう．しかも温度幅 $k_B T$ でプリンの底が埋まってしまうくらい幅が狭いとしよう．その場合，フェルミエネルギーより上側の電子 B にとってはバンドがフラット，すなわち有効質量が重くなっているため，(有効質量が無限大とすると) 電気伝導に寄与できない．一方，フェルミエネルギーより低いエネルギーの電子 A はほとんど放物線的なバンドなので有効質量が軽い．これは一種のエネルギーフィルターと考えることができる．波数空間でのフィルタリングは，有効質量の波数依存性が著しい位置にフェルミエネルギーが位置することによって実現する．一方，図 8.3 (b) のような単純で μ に対して対称なバンドでは，電子 A と電子 B の寄与はほぼ相殺し，ゼーベック係数は小さい．

Kuroki と Arita は第 7 章で紹介した層状コバルト酸化物 Na_xCoO_2 の電子状態がまさにこのようになっており，大きなゼーベック係数と高い電気伝導率が同時に実現していると考えた[181]．彼らは他にも多くの物質で同様の議論ができるとして，分子性導体，鉄系超伝導体関連物質など様々な物質のバンド構造と高い熱電効果の関係を議論している．

8.1.3　結晶サイズの制御

通常の物質の場合，電子の平均自由行程は室温で 1–10 nm 程度であり，フォノンの平均自由行程は数 μm に達する場合がある．これは，フォノンの場合長波長 $k \sim 0$ の励起がいつでも許され，波長のスケールで平均化された構造で散乱体がならされてしまうためである．第 5 章で触れたように，様々なフォノンの散乱はフォノンのエネルギーのべきに反比例しているから，長波長の励起ほど長生きである．一方，電子系はフェルミエネルギーで決まる波長を持つため，縮退半導体といえどもその波長は

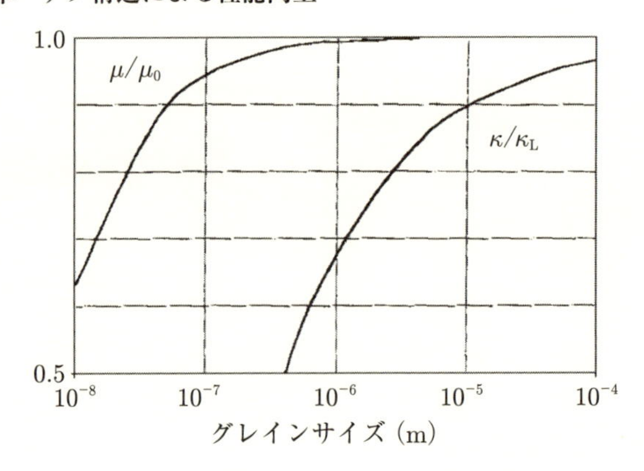

図 8.4　ハーフホイッスラー化合物 $Hf_{0.5}Zr_{0.5}NiSn$ に対して計算された電子移動度 μ および格子熱伝導率 κ のグレインサイズ依存性[182].

短い．この事実が，電子の量子力学的波束の広がりは十分に小さく，粒子描像が有効である理由である．それゆえ，古典論のドルーデ理論が量子統計の補正を加えるだけで成立した．

とすればフォノンの平均自由行程を短くし，なおかつ電子系には影響を与えないように結晶のサイズを小さくすれば，格子熱伝導率を低減し電気特性をそのままに保つことができそうである．Sharp と Goldsmid はこの効果を定量的に検討した[182]．ハーフホイッスラー化合物 $Hf_{0.5}Zr_{0.5}NiSn$ に対して計算された結果を**図 8.4** に示す．この結果によれば，電子系の移動度はグレインサイズが 1 µm を切るまではあまり変化しないのに対して，格子熱伝導率は 0.1 mm というマクロなグレインサイズのところから顕著なサイズ効果を示し，グレインサイズ L とともに単調に減少している．したがって，ハーフホイッスラー系の場合，グレインサイズを 1 µm から数百 nm に取ることで性能指数を向上させられる．

実際に，このような材料プロセスは可能で，µm 以下の 粒径になるまで試料を力学的に粉砕し (メカニカルアロイング)，その粉末を放電プラズマ焼結などの特殊な方法で焼結すると，グレインサイズを小さく保ったまま，強固な焼結が得られる．後述するナノ構造化したバルク材料のほとんどはこのような方法で作成されている．熱電材料の固有のバルク特性にも依存するがグレインサイズを小さくして焼結させることで熱伝導率を下げることができ，バルクの zT を 1.5 倍から 2 倍に増大させることができる．

8.2 熱電材料超格子・ナノ細線

8.2.1 超格子

Hicks と Dresselhaus の提案[175]を受けて，多くの研究者が熱電材料の量子井戸構造を作成し，その熱電特性を調べた．なかでも Venkatasubramanian らの Bi_2Te_3/Sb_2Te_3 超格子薄膜の実験では，性能指数は最大で $zT = 2.5$ を記録した[183]．室温でのこの値は驚異的で，世界中に衝撃が走ったが，現在に至るまで他のグループによる再現には至っていない．

ただし，この大きな zT は，Hicks と Dresselhaus が期待したような量子閉じ込め効果ではおそらくない．彼らの素子では熱伝導率がバルクのそれよりも 2 倍以上も低減しており，むしろ電気特性はバルクのままのようである．**図 8.5** に同じグループの Bi_2Te_3/Sb_2Te_3 超格子の熱伝導率の実験結果を超格子の繰り返し周期の関数として示す[184]．まず，興味深いのはいくつかの試料では，Bi_2Te_3 と Sb_2Te_3 の混晶試料の熱伝導率 (図の縦軸上の□でプロットされたもの) よりも 2 倍程度低い熱伝導率を示すことである．そして，最低熱伝導率の値は，超格子周期が 4 nm 程度の時に生じ，その大きさは Cahill が提唱した最小熱伝導率 (5.5.5 参照) に近い．超格子周期が 4 nm より大きくても小さくてもこの効果が得られないことから，彼らはフォノンの波動性と超格子周期との干渉効果を考慮している．

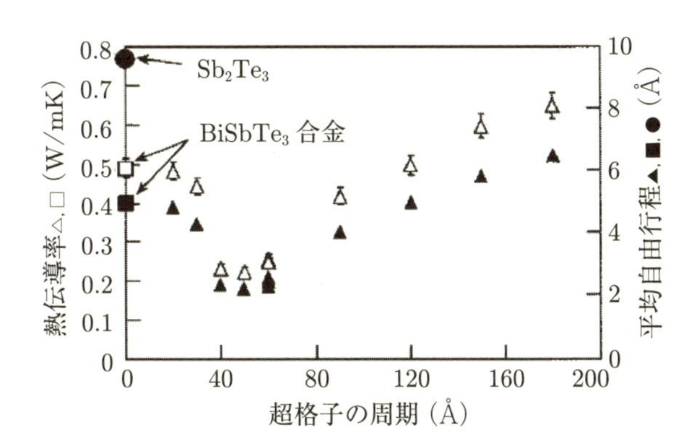

図 8.5 Bi_2Te_3/Sb_2Te_3 超格子の熱伝導率[184]．

論文[183]に掲載されたデータを見る限り，評価された性能指数はバルクの値より増大しているように見える．しかし，本当に zT が大きいというのであれば，そのような材料を用いて素子を試作し，冷却実験を試みるべきである．式 (2.51) で示される熱電素子の最大冷却温度 $T_C^{\rm min}$ は素子の Z のみに依存している．$\rm Bi_2Te_3$ の場合，最大冷却温度差は $\Delta T = 70$ K 程度なので，性能指数が 2 倍になればこの値が 2 倍になるべきだがそのようなデータは示されていない．もちろん素子全体で性能指数が 2 倍にならないとこの値は不可能ながら ΔT がバルクの値を上回らない限り，数字上の ZT だけでは納得できない．そのような批判があったのか，この研究に続くナノ構造化した熱電変換材料の研究では，試作素子の動作確認で性能指数の向上を主張するものが増えた．

PbTe についても量子ドットや超格子構造を持つ多層膜で熱電性能が向上することが Harman らによって報じられた[185]．この場合も 2 倍程度の性能指数の増大が観測されている．この場合はゼーベック係数の増大をその理由にあげているが測定方法を含めてまだ議論の余地がある．第 6 章で見たように，PbTe はバルク材料としても性能指数は 2 倍近くに増大しているので，量子効果かどうかについてはさらなる検証が必要である．ただし，Venkatasubramanian らも $\rm Bi_2Te_3$ 系と PbTe 系でも同様に熱伝導率が超格子構造で下がることを報告している[186]．

量子閉じ込め効果が熱電物性に観測された例はおそらく $\rm SrTiO_3/SrTi_{0.8}Nb_{0.2}O_3$ 超格子が初めてであろう．Ohta らはパルスレーザー堆積法を用いた超格子薄膜を作成し，伝導層である $\rm SrTi_{0.8}Nb_{0.2}O_3$ の厚みが小さくなるにつれ，ゼーベック係数が異常に増大することを見出した[187]．**図 8.6** にその様子を示す．$\rm SrTi_{0.8}Nb_{0.2}O_3$ 層の厚みが 4 原子層以下になると，ゼーベック係数は −100 から −500 μV/K へと 5 倍増大していることがわかる．彼らは Nb の濃度を変化させて，キャリア濃度依存性についても調べており，超格子効果によって GaAs 超格子などで見られる 2 次元電子系が形成されたと主張している．彼らの一連の研究には整合性もあり実験結果も信頼できるのだが，いまのところ他のグループで再現したという報告はない．

8.2.2　電界効果

半導体の表面に絶縁膜を介して電圧を加えると，電圧と逆の符号のキャリアが誘起される．印加する電圧をゲート電圧といい，ゲート電極の両側に電流端子をつけ，片方の端子 (ソース) から他方の端子 (ドレイン) へ電流を流すと，その電流値は，ゲート電圧によって大きく変わり得る．これが，**電界効果トランジスタ** (Field Effect Transistor;

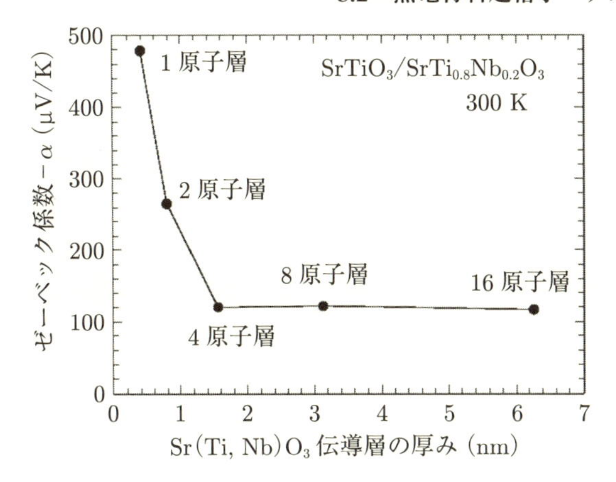

図 8.6 $SrTiO_3/SrTi_{0.8}Nb_{0.2}O_3$ 超格子のゼーベック係数[187].

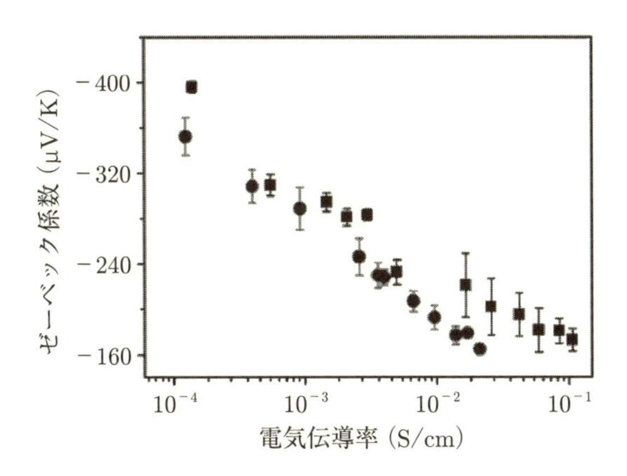

図 8.7 有機薄膜 NDI (2OD) (4t-Bu-Ph)-DTYM2 のゼーベック係数と電気伝導率. ●が化学ドーピングによるもの, ■が電界効果ドーピングによるもの[188].

FET) と呼ばれる素子の原理であり, 特に Si とその酸化膜を用いた MOS-FET 素子は論理回路の基本素子として広く用いられている.

有機エレクトロニクス素子も Si-MOS 素子と同様に, SiO_2 のような適当な絶縁体を介してゲート電圧を加えることによって FET 動作させることができる. FET によってゲート電極周辺に集められたキャリアはゼーベック効果を示すことができるので, ゲート電圧の関数としてゼーベック係数を変化させることができる. **図 8.7** に

NDI (2OD) (4t-Bu-Ph)-DTYM2 と呼ばれる有機薄膜のゼーベック係数と電気伝導率を示す[188]．この図はいわゆる Jonker プロット (5.3.5) であり，ゼーベック係数はおおむね電気伝導率の対数に比例していることは，移動度がキャリア濃度にあまり依存していないことを意味している．●のデータは化学ドーピングによるもので，■は電界効果ドーピングによるものである．両者はほぼ一致しているが，同じゼーベック係数の値に対して化学ドーピングのほうが電気伝導率が低い．これは化学ドーピングでは必然的に生じてしまうドーパントによる乱れの効果が移動度を低下させていると考えられる．

電界効果ドーピングの方法は，電気二重層を利用することで劇的な進化を見せる[189]．電気二重層とは，荷電粒子が比較的自由に動ける系に電位が与えられたとき，電場に従って荷電粒子が移動した結果，界面に正負の荷電粒子が対を形成して層状に並んだもののことである．二重層の厚みはナノメートル程度にまで薄くなれるので，電気二重層を平行平板コンデンサとして利用すると，巨大な静電容量が実現する．同時に，キャパシタ間に生じた電場は 10^7 V/cm に達し，従来の FET で印加できる限界電場より 10 倍大きな電場が実現した．この**電気二重層トランジスタ** (Electric Double Layer Transistor; **EDLT**) の開発により，電場誘起超伝導を始めとする画期的な成果が得られるようになった[190]．EDLT は ZnO や $SrTiO_3$ などの酸化物熱電材料にも応用されており，電気伝導率を二桁程度変化させることに成功している．

FET にせよ EDLT にせよ，上で紹介した例は，絶縁体表面に印加する強電界がキャリアドーピングの源として作用するというものであり，化学ドーピングと大差ない熱電特性が得られるというものであった．しかしさらに電界を加えることで強電界独特の効果を見ることもできる．**図 8.8** にその一例を示す[191, 192]．Ohta らは，絶縁膜としてセメント材料の一種 CAN と呼ばれる酸化物を用いて $SrTiO_3$ 基板上に FET 素子を形成した．ゲート電圧を加えると，CAN の中に含まれるオキソニウムイオン H_3O^+ と水酸化イオン OH^- が電場によって引き離され，同時に水の電気分解が生じ界面付近に電気二重層が固定される．その際 CAN 絶縁膜は膜厚が 3 倍に膨張する．その結果，巨大な電界が印加されたままの状態が実現する．このような永続的電界効果は，実際の FET 素子には不向きであるが，大きな電界をかけっぱなしにする基礎実験には都合がよい．

図 8.8 の左側に注目しよう．2 次元キャリア濃度が 10^{14} cm^{-2} まではおおむねゼーベック係数はキャリア濃度の対数に比例して，その大きさを減少させている．この図

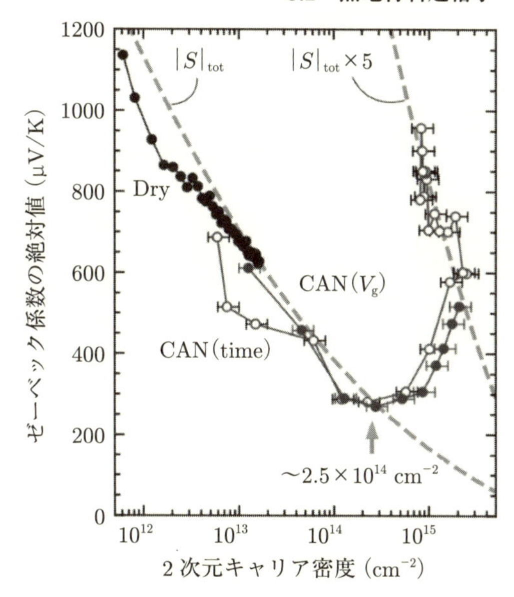

図 8.8 CAN と呼ばれる絶縁層を利用した FET 構造．ゲート電極の電圧が一定値を超えるとキャリア濃度の増大とともにゼーベック係数の絶対値が上昇している[191]．

は Jonker プロット (5.3.5) に類似した図であり，ゼーベック係数がキャリア濃度の対数に比例していることを示し，同時に移動度はキャリア濃度によらないことを意味している．その傾きはおよそ k_B/e 程度であり式 (5.89) を満足している．

驚くべきことに，2 次元キャリア濃度が 10^{14} cm^{-2} を超えるまで大きな電界を印加すると，ゼーベック係数は V 字を描いて上昇し始める．特に図の右端では左側で得た k_B/e の傾きの 5 倍の大きさを持つ別の曲線が現れる．これは，同じキャリア濃度に対してゼーベック係数が 5 倍に増大していることを意味し，前節の $SrTiO_3/SrTi_{0.8}Nb_{0.2}O_3$ 超格子で観測された 5 倍大きいゼーベック係数と同根のものであるらしい[187]．すなわち，強電界効果によって $SrTiO_3$ と CAN の界面に 2 次元電子系が形成され，その量子効果によって巨大なゼーベック係数が実現したと解釈されている．この結果は，電界効果が単純なキャリアドーピングでは到達できない電子状態を構築した点で意義が大きい．ただし，この高い熱電効果は $SrTiO_3$ の表面 2 nm 程度の極薄部分で生じているので，熱電変換できる熱量の総量はについてはより詳細な検討が必要である．たとえば，5 倍に増大したゼーベック係数が，5 分の 1 の薄い領域に生じたと

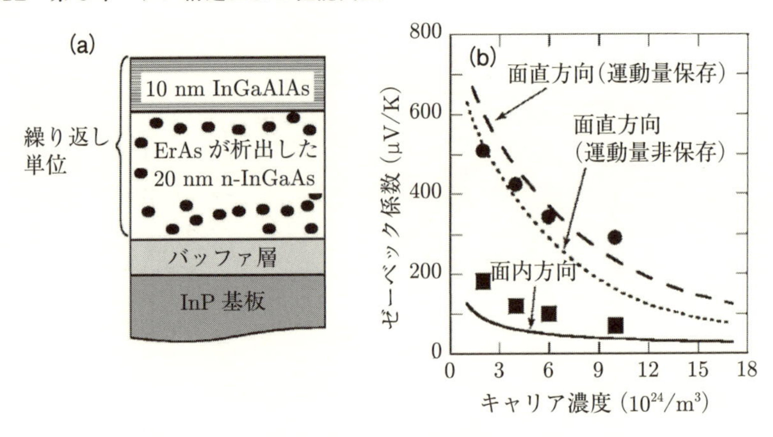

図 8.9　InGaAs/InGaAlAs 超格子における熱電特性．(a) 超格子の模式図，(b) 面間・面直方向のゼーベック係数．図中の曲線はエネルギーフィルター効果を考慮したゼーベック係数の理論曲線[180]．

したら発生するペルチェ熱流の総量は変わらない．

超格子の熱電効果の研究では，エネルギーフィルターの効果も調べられている．Shakouri らのグループは，InGaAs を中心とした高移動度半導体でエネルギーフィルター効果を実験的に調べた．**図 8.9** (a) は，彼らの作成した試料の模式図である[180]．図の中央の厚い層は，InGaAs と ErAs が自己組織化して ErAs のナノ粒子を InGaAs マトリクスの中に成長させたものである．ErAs のナノ粒子は熱伝導率を低減させるとともにキャリアのドーパントとなっている．この方法によって従来はドープできなかった 10^{19} cm^{-3} まで電子をドープすることに成功した．素子の上側がエネルギーフィルターを組み込んだ超格子で InGaAs と InGaAlAs の多層構造である．設計されたエネルギーバリヤーは 200 meV で，ちょうど熱励起された電子だけを面直方向にフィルタリングする．図 8.9 (b) に測定されたゼーベック係数の絶対値を示す．面内方向に比べて面直方向が 2–3 倍に増大していることがわかる．第 7 章の層状コバルト酸化物での実測値からもわかるように，ゼーベック係数は異方性の少ない物理量である．したがって，この大きな異方性は通常のゼーベック係数の表式からは理解しがたい．Shakouri らはエネルギーフィルター効果を考慮した理論計算を行い，図中の曲線のデータを得た．図中の運動量保存 (conserved) と運動量非保存 (non-conserved) という表記は，面直方向の伝導が電子の運動量を保存する過程かそうでないかの違いである．実験的にはどちらに近いか判断できないが，いずれにせよ理論と実験の一致はよく，超格子構造によるエネルギーフィルターが働いていることを示唆している．

8.2.3 ナノ細線

超格子構造と同様，材料を1次元化することによる量子閉じ込め効果を用いて，材料の性能向上を試みる研究は様々な物質で行われている．熱電材料においても，Hicks と Dresselhaus によるナノ細線による性能向上という理論的予言[176]をうけて多くの研究が行われている．

ナノ細線の作り方には様々な方法がある．ボトムアップからの作成方法としては，材料の結晶成長方向を制御してナノ細線を自生させる方法である．典型例がカーボンナノチューブであるが，様々な物質で直径 10–100 nm 程度のヒゲ状結晶が作成されている．トップダウンの方法では，直径 10–100 nm 程度の細孔テンプレートに液相の物質を流し込んで固相を作る方法や，半導体の微細加工技術を用いる方法などがある．

図8.10 に，自然成長したシリコンナノワイヤーの熱伝導率の測定結果を示す[193]．図の上にある写真は，二つの熱浴の間を1本のシリコンナノワイヤーが橋渡ししている様子を示し，確かにナノワイヤー1本での計測が行われていることがわかる．二つの写真では熱浴のとワイヤーを接着する物質の量を変えており，熱浴と試料の熱抵抗を意図的に変えて実験が行われている．詳しくは述べないが，このナノワイヤーの計測はどうしても2端子法にならざるを得ず，試料と熱浴の間の熱抵抗が計測データに重畳する．この実験ではその値が試料の熱抵抗に比べて無視できることを示したものである．

この実験によれば，シリコンナノワイヤーの熱伝導率は室温で 12 W/mK である．シリコン単結晶の室温の熱伝導率は約 100 W/mK なので，このナノワイヤーでは熱伝導率が約一桁低減したことになる．Electroless Etching と呼ばれる特殊な方法で作成したシリコンナノワイヤーでは熱伝導率は 2 W/mK まで低減する．この値は単結晶の 1/50 であり，別の測定で調べた室温の電気特性は単結晶と比べてほぼ同程度の特性を示しているので，無次元性能指数 zT は 50 倍に増大する．

シリコンナノワイヤーの熱伝導率が極めて低くなるという結果は微細加工技術を利用したトップダウン式の試料でも観測されている[194]．シリコンという豊富で制御しやすい材料を，ナノ構造化するだけで性能指数をほぼ二桁増大させられたということの意義は大きい．この熱伝導率の異常な低減は自明ではなく多くの理論的研究も行われている．一方，この成果を熱電素子に応用するには，多くの課題があるこ

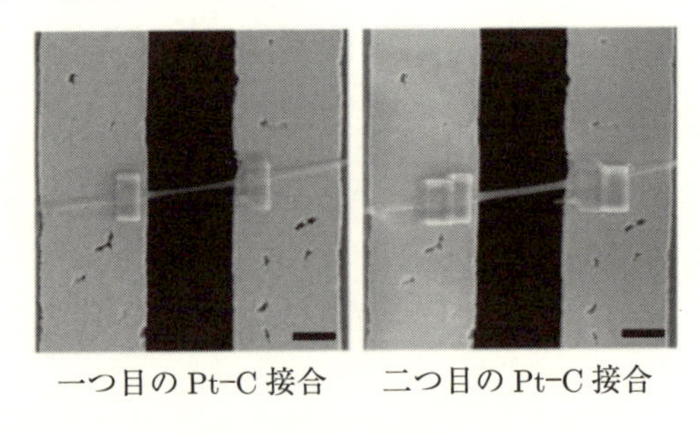

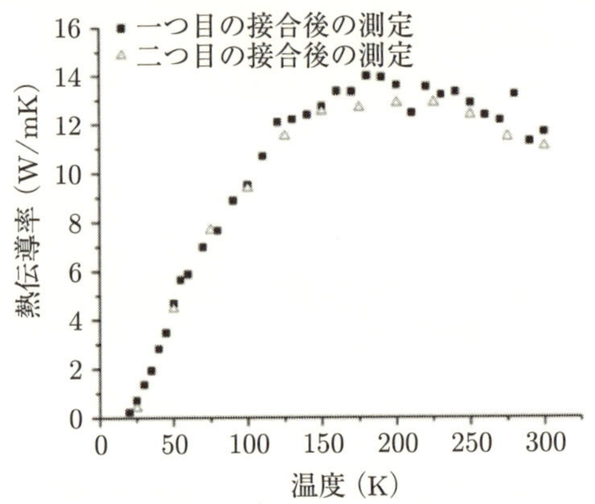

図 8.10　Si ナノワイヤーの熱伝導率[193].

とも明記すべきであろう．ただ一つのシリコンナノワイヤーならば優れた特性を示すとしても，ドーピング量やナノ細線の直径を揃えた p 型，n 型をどのように作り分けるればよいのかは，いまのところ解決策はない．また，そのような試料ができたとして，p 型と n 型とを交互に直列に連結させてパイ型構造をどうやって作るのかも不明である．まして，それを大量生産するとなると極めて難しい．超格子や薄膜であれば，製造方法も大規模化もある程度想像がつくのであるが，他の分野のナノ細線も，電子素子としては産業化にまでは至っていない．わずかにカーボンナノチューブでその萌芽が見られる程度である．

ナノ細線は，熱伝導率の低減だけでなく，物質によっては基本的な電子状態が改変される可能性がある．Dresselhaus らのグループは，ビスマスをナノ細線化すると，バルクの状態では半金属であった電子状態が，エネルギーギャップの狭い半導体に変化することを理論的に予言した[195]．以来，Bi ナノワイヤーの熱電特性については，多くの実験がある[196–198].

8.3 ナノ構造を持つバルク材料

フォノンの平均自由行程は，通常，電子の平均自由行程より一桁以上長いので，多結晶試料の粒径を制御し，電子の電気伝導を阻害しない状態で，フォノンの平均自由行程を制限することが可能である．こうした試みは，µm 以下のサイズに細かく粉砕した熱電材料を粒成長をさせないで焼結させることで実験的に調べられた．

放電プラズマ焼結 (Spark Plasma Sintering; **SPS**) **法**は，そのような目的に最適な試料作成装置である．原理としてはホットプレス法に似ており，試料を上下からピストンで加圧しつつ，ピストンを電極として電流を印加し試料を加熱するというものである．ホットプレスとの違いは，印加電流を大電流パルスで行う点にあり，それゆえに非平衡性の高い焼結法であるとされる．実際，SPS 法によって作成された試料の電子顕微鏡写真では，粒径は小さいまま，相互には堅牢に焼結している様子が確認できる．

Poudel らはナノ構造を持った Bi_2Te_3 のバルク材料を作成し，性能指数の向上を実証した[199]．彼らはサブミクロンサイズに粉砕した粉末試料をホットプレス法によって焼結し，それが 100 ℃で $zT = 1.4$ を示すことを報告した．この増大の原因は熱伝導率が従来の材料に比べて顕著に低減したことである．彼らはこのナノ構造化した Bi_2Te_3 を用いて素子を試作し，**図 8.11** に示すように，式 (2.51) で与えられる最大冷却温度が従来の素子と比べて顕著に増大しており，性能指数の増大が単なる測定結果の誤差でないことを証明している．

従来の熱電材料を単に細かく砕いて焼結させ直すだけで性能が向上するのは大変に魅力的である．スクッテルダイト化合物，PbTe など他の従来の熱電材料も同様の手法で性能指数を向上させることができる．残念なことは，こうしたナノ構造化されたバルク材料による熱電素子の作成がほとんど行われていないことである．論文中ではよくわからないが，素子を作成するときに必要な性能の均一性とか歩留まりといった要素が課題なのかも知れない．

熱伝導率を決めるフォノンの波長は，数 µm の長波長のものから 1–10 nm 程度のものまで様々である．すべての波長のフォノンを効率的に散乱するために，階層化された乱れを導入することが試みられている．その概念図を**図 8.12** に示す[200]．この図は規格化された累積熱伝導率 $A_{\%}(l)$ と呼ばれる図で，フォノンの平均自由行程の

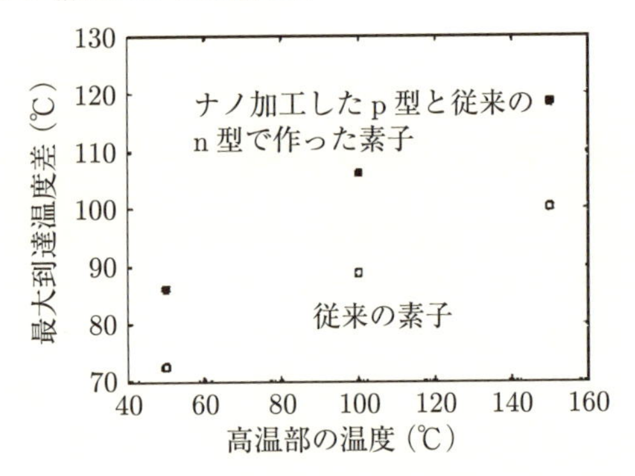

図8.11　ナノ構造化したBi_2Te_3系材料を用いた試作素子による最大冷却温度の実測値[199]．従来材料より顕著に低い冷却温度が実現している．

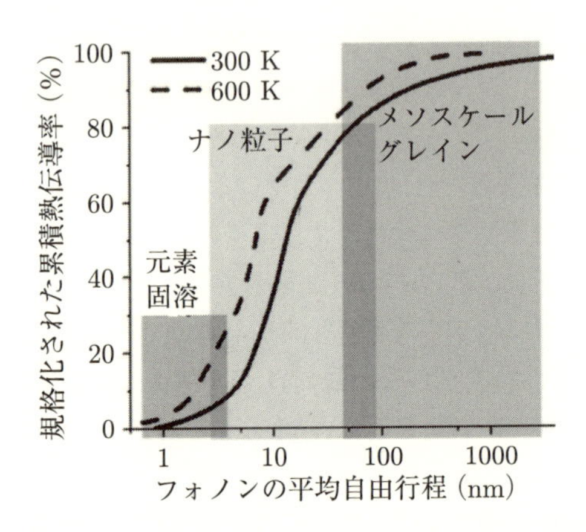

図8.12　規格化された累積熱伝導率と階層的乱れの概念図[200]．

関数として理論的に計算されたものである(5.5.3の累積熱伝導率を適当に規格化したものにあたる)．$A_{\%}(l)$は，l以下の平均自由行程を持つフォノンによって決まる熱伝導率の割合を表す．たとえば，この図で300 Kのデータでは，10–30 nmあたりで$A_{\%}$は急峻に立ち上がって80%に達している．このことは，だいたい30 nm以下の平均自由行程を持つフォノンによって熱伝導率の80%が決まっているということである．であるならば，同じ程度の長さスケールを持つ乱れによって熱伝導率は容易に低減できるはずである．

図にはおおまかに3段階にわけた階層的乱れが描かれている．一番短いスケールは原子の混晶の効果でこれは点欠陥散乱の式 (5.140) にほかならない．中間領域にはナノ粒子の析出物が有効であり，たとえばInGaAs中のErAs粒子[180]やLAST化合物の中の析出物[61]などがこれに当たる．最後の領域がメソスケールと書かれた領域で，SPSなどを用いて構築されたナノ粒子の焼結構造である．この図では300 Kの熱伝導率にはメソスケール領域はほとんど影響与えていないが，600 Kのデータでは，全領域で熱伝導率が影響を受けていることがわかる．グラフは全体に左側にシフトしており，フォノンの平均自由行程の平均は600 Kのほうが短い．

Kanatzidisらのグループは，母相であるPbTeのPbの一部をNaで置換することで原子レベルの散乱体を導入し，PbTe–SrTe系の相分離現象や析出物の制御を行うことでサブミクロンレベルでの構造を制御し，さらに粒径の制御を行うことでサブミクロンオーダーの組織制御を行った[202]．彼らの解析によれば，3段階の構造制御によって格子熱伝導率は系統的に低減し，最終的に zT は2.2まで上昇する．彼らの解釈がどうであれ，彼らの試料で最終的に高い zT が実現していることは事実である．

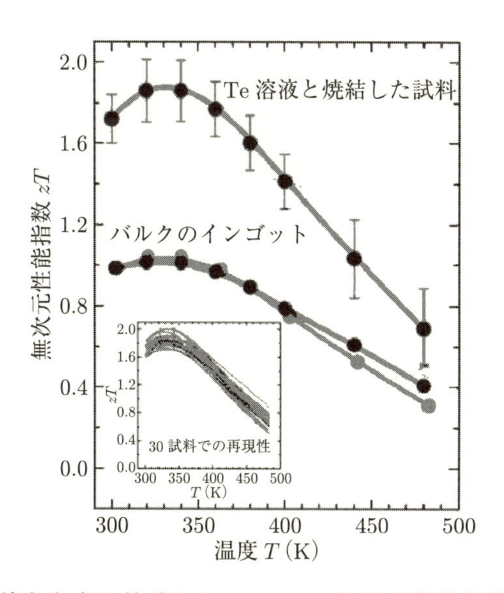

図8.13 Te 溶液とともに焼結した Bi_2Te_3 の無次元性能指数 zT (図の Te-MS)[201]．バルク焼結体やインゴットのデータに比べて2倍近い増大を示す．挿入図はデータの再現性を示す，異なる試料での zT．

ただし，この結果も他のグループでは再現していない．

少し変わった構造制御の方法として，S.W. Kim らは線欠陥 (転位) の制御に注目した[201] (**図 8.13**)．彼らは Bi_2Te_3 系材料において Te 過剰な状態で試料を成長させ，液相の Te が粒界から染み出させるような方法で試料を作成した．その結果，粒界には線欠陥が規則的に配列した特徴的な組織が形成される．この試料の熱電特性を測定したところ，再現性よく熱伝導率の低減が実現し，zT は室温で 1.8 に達した．これは画期的なデータであり，いまのところ Venkatasubramanian の超格子のデータ[183]をのぞいて，zT の室温での最大記録である．

この結果も他のグループによる再現が待たれるが，挿入図に示すように，彼ら自身では異なる試料における再現性を報告している．もちろん試料のばらつきや測定精度のばらつきはあるが性能指数の増大は確かなようである．さらに彼らは，その材料を使って素子を作成し，その素子特性からも確かに zT が向上していることを示している．同じ方法が他の熱電材料にも適用できるとすれば，彼らのいう**転位工学** (dislocation engineering) は熱電材料開発の新しい方向を提示しているかもしれない．

8.4　スピンゼーベック効果

スピントロニクスは，ナノサイエンスが進展させた物質科学の一大分野である[203]．特にスピン流という概念の構築と制御は，次世代エレクトロニクスを飛躍的に発展させる可能性を秘めている．

誰もが知っているように，固体中の電子は電荷とスピンの自由度を持つ素粒子である．通常の半導体ではスピンの自由度はほとんど失われているが，強磁性体ではスピンの自由度が系の物性を支配している．電流を電荷の流れと考えるならば，スピンの流れをスピン流として定義することは自然であろう．ただし，電流には電荷保存則があり，(物質内部で電荷密度の時間変化がない限り) 固体中の電流は保存される．スピン流にはそのような保存則がないので，有限の長さでスピン流は減衰してバルクの物性には現れない．しかし微細加工技術の進展に伴い，スピン流の減衰長以下でデバイスを設計し，スピン流を観測できるようになった．

スピン流の観測には，逆スピンホール効果と呼ばれる現象の発見が決定的であった．ここでこの効果について多くを語ることはできないが，物質中のスピン軌道相互作用を通じてスピン流密度と電場の間に交差相関が生じる現象である．白金でこの効果は著しく，白金電極を用いることにより，逆スピンホール電圧を通じてスピン流を検出することが可能になった．

スピントロニクスの中で，最近注目されている効果が Uchida らによって発見されたスピンゼーベック効果である[205]．スピンゼーベック効果は，スピン流と熱流の間の交差相関で，スピンの化学ポテンシャル (スピン圧と呼ばれる) 差が温度差によって生じる現象である．式で書けば

$$V_{\mathrm{s}} = \alpha_{\mathrm{s}} \Delta T \tag{8.6}$$

となる．ここで V_{s} はスピン圧，α_{s} はスピンゼーベック係数である．特に，スピンゼーベック効果は磁性絶縁体でも観測できるため，全く新しい熱電変換が可能であると提案されている．絶縁体中では，ジュール熱が発生しない分だけ，熱流からの変換効率が高いだろうということがその理由である．ただし，熱流やスピン流の中にも不可逆性を示す散乱時間が入っているので，不可逆性を免れられるわけではない．また，白金電極での電流に変換した時点で，白金の中でジュール熱が発生するであろう．**図 8.14** にその測定結果の一例を示す[204]．磁性絶縁体 La:YIG にわずかな磁場を印加するだけで，試料の低温側・高温側の白金電極に磁性絶縁体につけた温度差に比例する電圧が発生している．この図に見られるとおり，現状では観測されたスピンゼーベック係数は小さく実用的な素子はこれからであろう．それでも，すでに予備的な素子開発が報告されていることは[206]，むしろ他のナノ構造化された熱電材料より応用研究は進んでいるといえる．今後も注目してゆくべき物理現象である．

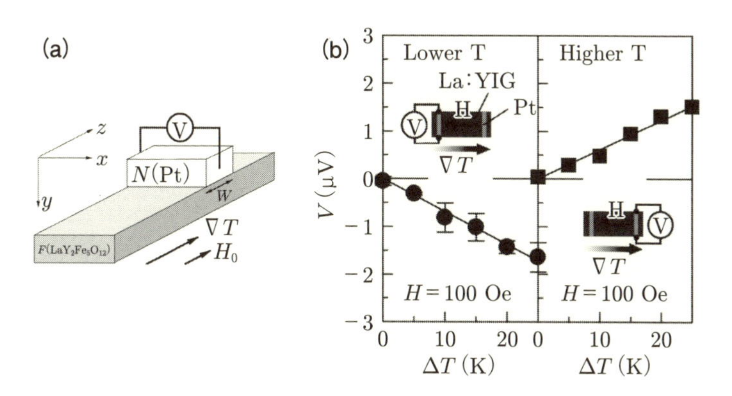

図 8.14 (a) スピンゼーベック効果の測定配置の模式図，(b) 測定結果の一例[204]．

おわりに

熱電材料の開発を物性物理学を軸にして概観してきた．著者自身が執筆を通して感じたことは，熱電材料開発の歴史が，「格子熱伝導率をいかに低減するか」に対する探求であったということである．第5章で調べた熱電材料の設計指針では，キャリア濃度と移動度の最適化だけで電子物性は決まってしまう．残された格子熱伝導率の低減のために，フォノングラスをはじめとしたいろいろな概念が提案された．第6章では，実際にそのような理論提案に基づき (あるいは触発され) 設計された様々な半導体を概観した．第8章では，格子熱伝導の実効的な低減が，ナノ構造化の大きな成果であったことを述べた．熱電変換という電子機能を調べているはずの研究者が，熱伝導物性を理解・制御しなければならない．これは意外に大変なことなのである．実際，熱電変換の研究に着手した当初は，著者自身が格子熱伝導については素人であった．

60年代以降の半導体工学の発展に注目すると，電気伝導に比べ熱伝導の理論的理解は大きく遅れていた．固体中の電子には，場の理論とグリーン関数を中心とした定量的な計算方法が続々と導入されたのに対して，熱伝導現象は長い間 (いまでも？)，半古典的なボルツマン方程式による理解が中心であった．フォノンという素励起が低温・低エネルギーでどこまでも長波長になり，散乱の理論的取り扱いが難しいことが一つの要因であったろう．

熱電変換の研究の進展とともに，格子熱伝導の理解は飛躍的に進みつつある．実験的には，時間分解分光を利用したフォノンの伝搬現象の実時間計測が可能になったこと，微細加工技術の進展によって，ナノサイズの熱伝導現象を定量的に計測できるようになってきたことが挙げられる．これらの技術を本書で紹介することはできなかったが，フォノンの緩和時間の波長依存性などを実験的に求めることができるようになったことは非常に大きな成果である．理論的には，計算科学の進展によってフォノンの非調和性が計算できるようになり，フォノン–フォノン散乱過程を定量的に計算できるようになった．また，分子動力学計算からのアプローチでも熱伝導が定量的に計算できるようになったことは重要である．今後は，こうした革新的手法によって，フォノングラス，ラットリング，階層的な乱れなどの概念が定量的に評価されるであろう.

一方，強相関電子系の研究者が目指してきた「ゼーベック係数はどこまで大きくなりえるか」という問の探求については第7章で取り上げた．Kelvin の公式あるいは Heikes の公式が教えるところは，電子あたりのエントロピーがゼーベック係数に等しい．このことは,「一つの電子が最大どれだけの大きさのエントロピーを運べるか」という問に言い直せる．結晶の中には多くの自由度とエントロピーがある．大半の自由度は電荷の自由度と結合していないため熱電効果には意味を及ぼさないが，ある種の特殊な物質では，いくつかの自由度が電荷と結合し半導体物理の予想を超える大きな熱電効果を示す．この方面の研究は，熱電材料開発の研究の傍流かも知れないが，物性物理として未知の部分が多く，半導体物理を超えるなにかがあると期待している.

本書で紹介した熱電材料は，本格的な実用化まで多くの課題を抱えている．また素子が開発できたとしても，その発電効率は決して高いわけではなく，熱から魔法のように電気が得られるわけではない．それでも，急増するエネルギー需要と持続可能な社会の発展を両立させるためには，環境と調和するエネルギー資源が第一に求められることは言を待たない．特にエネルギー資源の大半を輸入に頼りながら，中国，アメリカ，インド，ロシアに次ぐエネルギー消費国である我が国においては，新規エネルギー材料の設計開発は率先して行うべき研究課題であろう．本書が，斬新な発想で熱電材料に挑戦する研究者の皆さんの役に立つことを心から期待して，まとめに代えたい.

参考文献

[1] G. D. Mahan. *Solid State Physics*, 51:81–157, 1998.

[2] G. J. Snyder and E. S. Toberer. *Nat. Mater.*, 7:105–114, 2008.

[3] 上村欣一, 西田勲夫. 熱電半導体とその応用. 日刊工業新聞社, 1988.

[4] 梶川武信 (監修). 熱電変換技術ハンドブック. NTS, 2008.

[5] D. M. Rowe (ed.). *Thermoelectrics Handbook: Macro to Nano*. CRC Press, 2005.

[6] 杉本武巳. マテリアルインテグレーション, 2000 年 7 月号, 2000.

[7] 日本セラミックス協会 (編). 太陽電池材料. 日刊工業新聞社, 2006.

[8] A. Kojima, K. Teshima, Y. Shirai, and T. Miyasaka. *J. Am. Chem. Soc.*, 131:6050–6051, 2009.

[9] C. B. Vining. *Nat. Mater.*, 8:83–85, 2009.

[10] 山本義隆. 熱学思想の史的展開. 現代数学社, 1987.

[11] H. B. Callen. *Thermodynamics and an introduction to thermostatistics*. John Wiley & Sons, Inc., 2nd edition, 1985.

[12] N. Cusack and P. Kendall. *Proc. Phys. Soc.*, 72:898, 1958.

[13] F. L. Curzon and B. Ahlborn. *Am. J. Phys.*, 43:22–24, 1975.

[14] M. G. Kanatzidis. *Chem. Mater.*, 22:648–659, 2010.

[15] G. J. Snyder and T. S. Ursell. *Phys. Rev. Lett.*, 91:148301, 2003.

[16] N. W. Ashcroft and N. D. Memin. *Solid State Physics*. Saunders, 1976.

[17] J. M. Ziman. *Principles of the Theory of Solids*, chapter 7. Cambridge, 1972.

[18] I. Terasaki. Thermal conductivity and thermoelectric power of semiconductors. In *Reference Module in Materials Science and Materials Engineering*. Elsevier, 2016.

[19] Y. Wang, Z. A. Xu, T. Kakeshita, S. Uchida, S. Ono, Y. Ando, and N. P. Ong. *Phys. Rev. B*, 64:224519, 2001.

[20] K. Kadowaki and S. Woods. *Solid State Commun.*, 58:507–509, 1986.

[21] 山田耕作. 電子相関. 岩波講座　現代の物理学. 岩波書店, 1993.

[22] K. Behnia, D. Jaccard, and J. Flouquet. *J. Phys.: Cond. Matter*, 16:5187, 2004.

[23] G. Mahan and J. Sofo. *Proc. Nat. Ac. Sci.*, 93:7436–7439, 1996.

[24] 寺崎一郎. 日本応用磁気学会誌, 27:172–179, 2003.

[25] J. P. Heremans, V. Jovovic, E. S. Toberer, A. Saramat, K. Kurosaki, A. Charoenphakdee, S. Yamanaka, and G. J. Snyder. *Science*, 321:554–557, 2008.

[26] M. Cardona and F. H. Pollak. *Phys. Rev.*, 142:530–543, 1966.

[27] H. Goldsmid and J. Sharp. *J. Electr. Mater.*, 28:869–872, 1999.

[28] A. Tiwari, C. Jin, J. Narayan, and M. Park. *J. Appl. Phys.*, 96:3827, 2004.

[29] J. Bardeen and W. Shockley. *Phys. Rev.*, 80:72–80, 1950.

[30] D. Long and J. Myers. *Phys. Rev.*, 115:1107–1118, 1959.

[31] J. D. Oliver Jr., L. F. Eastman, P. D. Kirchner, and W. J. Schaff. *J. Crystal Growth*, 54:64–68, 1981.

[32] P. Pichanusakorn and P. R. Bandaru. *Appl. Phys. Lett.*, 94:223108, 2009.

[33] R. Balmer, I. Friel, S. Woollard, C. Wort, G. Scarsbrook, S. Coe, H. El-Hajj, A. Kaiser, A. Denisenko, E. Kohn, and J. Isberg. *Phil. Trans. Royal Soc. London A*, 366:251–265, 2008.

[34] G. A. Slack. *New materials and performance limits for thermoelectric cooling*, chapter CRC Handbook of Thermoelectrics, pages 407–440. CRC Press, 1995.

[35] R. P. Chasmar and R. Stratton. *J. Electron. Control*, 7:52–72, 1959.

[36] D. Tuomi. *J. Electrochem. Soc.*, 131:2319–2325, 1984.

[37] H. Muta, T. Kanemitsu, K. Kurosaki, and S. Yamanaka. *J. Alloys Comp.*, 469:50–55, 2009.

[38] P. M. Chaikin and G. Beni. *Phys. Rev. B*, 13:647–651, 1976.

[39] S. Maekawa, T. Tohyama, S. E. Barnes, S. Ishihara, W. Koshibae, and G. Khaliullin. *Physics of Transition Metal Oxides*, chapter 6, pages 241–260. Springer, 2004.

[40] W. Koshibae, K. Tsutsui, and S. Maekawa. *Phys. Rev. B*, 62:6869–6872, 2000.

[41] M. R. Peterson and B. S. Shastry. *Phys. Rev. B*, 82:195105, 2010.

[42] I. Terasaki. *APL Mater.*, 4:104501, 2016.

[43] J. Mravlje and A. Georges. *Phys. Rev. Lett.*, 117:036401, 2016.

[44] I. Terasaki. *J. Appl. Phys.*, 110:053705, 2011.

[45] M. Gurvitch. *Phys. Rev. B*, 24:7404–7407, 1981.

[46] 竹中康司. 日本物理学会誌, 57:822–825, 2002.

[47] K. Esfarjani, G. Chen, and H. T. Stokes. *Phys. Rev. B*, 84:085204, 2011.

[48] W. Li, L. Lindsay, D. A. Broido, D. A. Stewart, and N. Mingo. *Phys. Rev. B*, 86:174307, 2012.

[49] B. L. Davis and M. I. Hussein. *Phys. Rev. Lett.*, 112:055505, 2014.

[50] D. G. Cahill, S. K. Watson, and R. O. Pohl. *Phys. Rev. B*, 46:6131–6140, 1992.

[51] C. Chiritescu, D. G. Cahill, N. Nguyen, D. Johnson, A. Bodapati, P. Keblinski, and P. Zschack. *Science*, 315:351–353, 2007.

[52] H. J. Goldsmid and R. W. Douglas. *Br. J. Appl. Phys.*, 5:386, 1954.

[53] M. Michiardi, I. Aguilera, M. Bianchi, V. E. d. Carvalho, L. O. Ladeira, N. G. Teixeira, E. A. Soares, C. Friedrich, S. Blügel, and P. Hofmann. *Phys. Rev. B*, 90:075105, 2014.

[54] 安藤陽一. トポロジカル絶縁体入門. 講談社, 2014.

[55] Y. L. Chen, J. G. Analytis, J.-H. Chu, Z. K. Liu, S.-K. Mo, X. L. Qi, H. J. Zhang, D. H. Lu, X. Dai, Z. Fang, S. C. Zhang, I. R. Fisher, Z. Hussain, and Z.-X. Shen. *Science*, 325:178–181, 2009.

[56] C. B. Satterthwaite and R. W. Ure. *Phys. Rev.*, 108:1164–1170, 1957.

[57] H. J. Goldsmid. *Materials*, 7:2577, 2014.

[58] D.-Y. Chung, T. P. Hogan, M. Rocci-Lane, P. Brazis, J. R. Ireland, C. R. Kannewurf, M. Bastea, C. Uher, and M. G. Kanatzidis. *J. Am. Chem. Soc.*, 126:6414–6428, 2004.

[59] D. J. Singh. *Phys. Rev. B*, 81:195217, 2010.

[60] Y. Pei, X. Shi, A. LaLonde, H. Wang, L. Chen, and G. J. Snyder. *Nature*, 473:66–69, 2011.

[61] K. F. Hsu, S. Loo, F. Guo, W. Chen, J. S. Dyck, C. Uher, T. Hogan, E. K. Polychroniadis, and M. G. Kanatzidis. *Science*, 303:818–821, 2004.

[62] Y. Gelbstein, J. Davidow, S. N. Girard, D. Y. Chung, and M. Kanatzidis. *Adv. Energy Mater.*, 3:815–820, 2013.

[63] L.-D. Zhao, S.-H. Lo, Y. Zhang, H. Sun, G. Tan, C. Uher, C. Wolverton,

V. P. Dravid, and M. G. Kanatzidis. *Nature*, 508:373–377, 2014.

[64] T. Caillat, A. Borshchevsky, and J.-P. Fleurial. Search for new high temperature thermoelectric materials. In *Proceedings of the XIth International Conference on Thermoelectrics, University of Texas at Arlington, October 7–9, 1992*, page 98, 1992.

[65] B. C. Sales, D. Mandrus, B. C. Chakoumakos, V. Keppens, and J. R. Thompson. *Phys. Rev. B*, 56:15081–15089, 1997.

[66] D. T. Morelli and G. P. Meisner. *J. Appl. Phys.*, 77:3777–3781, 1995.

[67] V. Keppens, D. Mandrus, B.C. Sales, B.C. Chakoumakos, P. Dai, R. Coldea, M.B. Maple, D.A. Gajewski, E.J. Freeman, and S. Bennington. *Nature*, 395: 876–878, 1998.

[68] X. Tang, Q. Zhang, L. Chen, T. Goto, and T. Hirai. *J. Appl. Phys.*, 97: 093712, 2005.

[69] X. Shi, J. Yang, J. R. Salvador, M. Chi, J. Y. Cho, H. Wang, S. Bai, J. Yang, W. Zhang, and L. Chen. *J. Am. Chem. Soc.*, 133:7837–7846, 2011.

[70] G. S. Nolas, J. L. Cohn, G. A. Slack, and S. B. Schujman. *Appl. Phys. Lett.*, 73:178–180, 1998.

[71] T. Takabatake, K. Suekuni, T. Nakayama, and E. Kaneshita. *Rev. Mod. Phys.*, 86:669–716, 2014.

[72] K. Suekuni, M. A. Avila, K. Umeo, and T. Takabatake. *Phys. Rev. B*, 75:195210, 2007.

[73] T. Takabatake. *Thermoelectric Nanomaterials*, volume 182 of *Springer Series in Materials Science*, chapter 2. Springer, Berlin Heidelberg, 2013.

[74] E. S. Toberer, A. F. May, and G. J. Snyder. *Chem. Mater.*, 22:624–634, 2010.

[75] K. Kurosaki and S. Yamanaka. *Phys. Status Solidi (a)*, 210:82–88, 2013.

[76] 日本セラミックス協会・日本熱電学会 (編). 熱電変換材料. 日刊工業新聞社, 2008.

[77] J. Nagamatsu, N. Nakagawa, T. Muranaka, Y. Zenitani, and J. Akimitsu. *Nature*, 410:63–64, 2001.

[78] H. Ahmed and A. N. Broers. *J. Appl. Phys.*, 43:2185–2192, 1972.

[79] M. Takeda, T. Fukuda, F. Domingo, and T. Miura. *J. Solid State Chem.*, 177:471–475, 2004.

[80] R. Rosenbaum. *Phys. Rev. B*, 44:3599–3603, 1991.

[81] C. Wood and D. Emin. *Phys. Rev. B*, 29:4582–4587, 1984.

[82] T. Mori, T. Nishimura, K. Yamaura, and E. Takayama-Muromachi. *J. Appl. Phys.*, 101:093714, 2007.

[83] J. Yang, H. Li, T. Wu, W. Zhang, L. Chen, and J. Yang. *Adv. Func. Mater.*, 18:2880–2888, 2008.

[84] S. Sakurada and N. Shutoh. *Appl. Phys. Lett.*, 86:082105, 2005.

[85] Y. Nishino, M. Kato, S. Asano, K. Soda, M. Hayasaki, and U. Mizutani. *Phys. Rev. Lett.*, 79:1909–1912, 1997.

[86] Y. Nishino. *IOP Conf. Ser.: Mater. Sci. Eng.*, 18:142001, 2011.

[87] 三上祐史, 犬飼学, 宮崎秀俊, 西野洋一. 日本金属学会誌, 79:627–632, 2015.

[88] H. Takagi, T. Ido, S. Ishibashi, M. Uota, S. Uchida, and Y. Tokura. *Phys. Rev. B*, 40:2254–2261, 1989.

[89] K. Koumoto, I. Terasaki, and R. Funahashi. *MRS Bulletin*, 31:206–210, 2006.

[90] J. He, Y. Liu, and R. Funahashi. *J. Mater. Res.*, 26:1762–1772, 2011.

[91] A. Tsukazaki, A. Ohtomo, T. Onuma, M. Ohtani, T. Makino, M. Sumiya, K. Ohtani, S. F. Chichibu, S. Fuke, Y. Segawa, H. Ohno, H. Koinuma, and M. Kawasaki. *Nat Mater.*, 4:42–46, 2005.

[92] P. Schröer, P. Krüger, and J. Pollmann. *Phys. Rev. B*, 47:6971–6980, 1993.

[93] M. Ohtaki, K. Araki, and K. Yamamoto. *J. Electr. Mater.*, 38:1234–1238, 2009.

[94] G. Homm and P. J. Klar. *Phys. Status Solidi (RRL)*, 5:324–331, 2011.

[95] D. Bérardan, E. Guilmeau, A. Maignan, and B. Raveau. *Solid State Commun.*, 146:97–101, 2008.

[96] K. A. Müller and H. Burkard. *Phys. Rev. B*, 19:3593–3602, 1979.

[97] E. R. Pfeiffer and J. F. Schooley. *Phys. Lett. A*, 29:589–590, 1969.

[98] K. Shirai and K. Yamanaka. *J. Appl. Phys.*, 113:053705, 2013.

[99] T. Okuda, K. Nakanishi, S. Miyasaka, and Y. Tokura. *Phys. Rev. B*, 63:113104, 2001.

[100] H. Imai, Y. Shimakawa, and Y. Kubo. *Phys. Rev. B*, 64:241104, 2001.

[101] E. Guilmeau, Y. Bréard, and A. Maignan. *Appl. Phys. Lett.*, 99:052107, 2011.

[102] C. Wan, Y. Wang, N. Wang, and K. Koumoto. *Materials*, 3:2606, 2010.

[103] C. Wan, X. Gu, F. Dang, T. Itoh, Y. Wang, H. Sasaki, M. Kondo, K. Koga, K. Yabuki, G. J. Snyder, R. Yang, and K. Koumoto. *Nat Mater.*, 14:622–627, 2015.

[104] T. Plirdpring, K. Kurosaki, A. Kosuga, T. Day, S. Firdosy, V. Ravi, G. J. Snyder, A. Harnwunggmoung, T. Sugahara, Y. Ohishi, H. Muta, and S. Yamanaka. *Adv. Mater.*, 24:3622–3626, 2012.

[105] X. Lu, D. T. Morelli, Y. Xia, F. Zhou, V. Ozolins, H. Chi, X. Zhou, and C. Uher. *Adv. Energy Mater.*, 3:342–348, 2013.

[106] K. Suekuni, K. Tsuruta, T. Ariga, and M. Koyano. *Appl. Phys. Express*, 5:051201, 2012.

[107] K. Suekuni, F. S. Kim, H. Nishiate, M. Ohta, H. I. Tanaka, and T. Takabatake. *Appl. Phys. Lett.*, 105:132107, 2014.

[108] J. C. Kimball and L. W. Adams. *Phys. Rev. B*, 18:5851–5858, 1978.

[109] F. Gascoin and A. Maignan. *Chem. Mater.*, 23:2510–2513, 2011.

[110] H. Liu, X. Shi, F. Xu, L. Zhang, W. Zhang, L. Chen, Q. Li, C. Uher, T. Day, and G. J. Snyder. *Nat. Mater.*, 11:422–425, 2012.

[111] T. Kojima. *Phys. Status Solidi (a)*, 111:233–242, 1989.

[112] H. Nagai. *Mater. Trans., JIM*, 36:365–372, 1995.

[113] 宮崎譲. 日本金属学会誌, 79:530–537, 2015.

[114] Y. Miyazaki, D. Igarashi, K. Hayashi, T. Kajitani, and K. Yubuta. *Phys. Rev. B*, 78:214104, 2008.

[115] V. K. Zaitsev, M. I. Fedorov, E. A. Gurieva, I. S. Eremin, P. P. Konstantinov, A. Y. Samunin, and M. V. Vedernikov. *Phys. Rev. B*, 74:045207, 2006.

[116] 飯田努. 応用物理, 82:940–945, 2013.

[117] O. Bubnova and X. Crispin. *Energy Environ. Sci.*, 5:9345–9362, 2012.

[118] Y. Hu and T. Naoki. *Chem. Lett.*, 28:1217–1218, 1999.

[119] 中村雅一. 応用物理, 82:954–959, 2013.

[120] 青合利明. 高分子, 63:793, 2014.

[121] A. L. Pope, T. M. Tritt, M. A. Chernikov, and M. Feuerbacher. *Appl. Phys. Lett.*, 75:1854–1856, 1999.

[122] H. Takahashi, R. Okazaki, S. Ishiwata, H. Taniguchi, A. Okutani, M. Hagiwara, and I. Terasaki. *Nat. Commun.*, 7:12732, 2016.

[123] A. Bentien, S. Johnsen, G. K. H. Madsen, B. B. Iversen, and F. Steglich. *Europhys Lett.*, 80:17008, 2007.

[124] M. Imada, A. Fujimori, and Y. Tokura. *Rev. Mod. Phys.*, 70:1039–1263, 1998.

[125] E. Dagotto. *Science*, 309:257–262, 2005.

[126] Y. Tokura, A. Urushibara, Y. Moritomo, T. Arima, A. Asamitsu, G. Kido, and N. Furukawa. *J. Phys. Soc. Jpn.*, 63:3931–3935, 1994.

[127] Y. Tokura, H. Kuwahara, Y. Moritomo, Y. Tomioka, and A. Asamitsu. *Phys. Rev. Lett.*, 76:3184–3187, 1996.

[128] A. P. Ramirez. *J. Phys.: Condens. Matter*, 9:8171, 1997.

[129] S.-W. Cheong and M. Mostovoy. *Nat. Mater.*, 6:13–20, 2007.

[130] T. Kimura. *Ann. Rev. Mater. Res.*, 37:387–413, 2007.

[131] G. Kotliar and D. Vollhardt. *Physics Today*, 57:53, 2004.

[132] A. Georges, G. Kotliar, W. Krauth, and M. J. Rozenberg. *Rev. Mod. Phys.*, 68:13–125, 1996.

[133] 藤森淳. 強相関物質の基礎—原子，分子から固体へ. 内田老鶴圃, 2005.

[134] W. F. Brinkman and T. M. Rice. *Phys. Rev. B*, 2:4302–4304, 1970.

[135] Y. Tokura, Y. Taguchi, Y. Okada, Y. Fujishima, T. Arima, K. Kumagai, and Y. Iye. *Phys. Rev. Lett.*, 70:2126–2129, 1993.

[136] 寺崎一郎. 日本結晶学会誌, 46:27–31, 2004.

[137] I. Terasaki, Y. Sasago, and K. Uchinokura. *Phys. Rev. B*, 56:R12685–R12687, 1997.

[138] T. Tanaka, S. Nakamura, and S. Iida. *Jpn. J. Appl. Phys.*, 33:L581, 1994.

[139] M. Jansen and R. Hoppe. *Z. Anorg. Allgemeine Chemie*, 408:104–106, 1974.

[140] J. Molenda, C. Delmas, and P. Hagenmuller. *Solid State Ionics*, 9:431–435, 1983.

[141] A. C. Masset, C. Michel, A. Maignan, M. Hervieu, O. Toulemonde, F. Studer, B. Raveau, and J. Hejtmanek. *Phys. Rev. B*, 62:166–175, 2000.

[142] Y. Miyazaki, K. Kudo, M. Akoshima, Y. Ono, Y. Koike, and T. Kajitani. *Jpn. J. Appl. Phys.*, 39:L531–L533, 2000.

[143] Y. Miyazaki, M. Onoda, T. Oku, M. Kikuchi, Y. Ishii, Y. Ono, Y. Morii, and T. Kajitani. *J. Phys. Soc. Jpn.*, 71:491–497, 2002.

[144] R. Funahashi, I. Matsubara, H. Ikuta, T. Takeuchi, U. Mizutani, and

S. Sodeoka. *Jpn. J. Appl. Phys.*, 39:L1127–L1129, 2000.

[145] J.-M. Tarascon, R. Ramesh, P. Barboux, M. Hedge, G. Hull, L. Greene, M. Giroud, Y. LePage, W. McKinnon, J. Waszcak, and L. Schneemeyer. *Solid State Commun.*, 71:663–668, 1989.

[146] H. Leligny, D. Grebille, O. Perez, A. C. Masset, M. Hervieu, C. Michel, and B. Raveau. *Comptes Rendus Acad. Sci. Series* {*IIC*}, 2:409–414, 1999.

[147] Y. Ando, N. Miyamoto, K. Segawa, T. Kawata, and I. Terasaki. *Phys. Rev. B*, 60:10580–10583, 1999.

[148] A. Satake, H. Tanaka, T. Ohkawa, T. Fujii, and I. Terasaki. *J. Appl. Phys.*, 96:931–933, 2004.

[149] D. J. Singh. *Phys. Rev. B*, 61:13397–13402, 2000.

[150] M. Z. Hasan, Y.-D. Chuang, D. Qian, Y. W. Li, Y. Kong, A. Kuprin, A. V. Fedorov, R. Kimmerling, E. Rotenberg, K. Rossnagel, Z. Hussain, H. Koh, N. S. Rogado, M. L. Foo, and R. J. Cava. *Phys. Rev. Lett.*, 92:246402, 2004.

[151] 上村洸, 菅野暁, 田辺行人. 配位子場理論とその応用. 裳華房, 1969.

[152] W. Kobayashi, S. Ishiwata, I. Terasaki, M. Takano, I. Grigoraviciute, H. Yamauchi, and M. Karppinen. *Phys. Rev. B*, 72:104408, 2005.

[153] G. Jonker and J. V. Santen. *Physica*, 19:120–130, 1953.

[154] R. Heikes, R. Miller, and R. Mazelsky. *Physica*, 30:1600–1608, 1964.

[155] R. Eder. *Phys. Rev. B*, 81:035101, 2010.

[156] M. A. Korotin, S. Y. Ezhov, I. V. Solovyev, V. I. Anisimov, D. I. Khomskii, and G. A. Sawatzky. *Phys. Rev. B*, 54:5309–5316, 1996.

[157] H. Nakao, T. Murata, D. Bizen, Y. Murakami, K. Ohoyama, K. Yamada, S. Ishiwata, W. Kobayashi, and I. Terasaki. *J. Phys. Soc. Jpn.*, 80:023711, 2011.

[158] I. Terasaki, S. Shibasaki, S. Yoshida, and W. Kobayashi. *Materials*, 3:786–799, 2010.

[159] K. Takahata and I. Terasaki. *Jpn. J. Appl. Phys.*, 41:763–764, 2002.

[160] D. J. Voneshen, K. Refson, E. Borissenko, M. Krisch, A. Bosak, A. Piovano, E. Cemal, M. Enderle, M. J. Gutmann, M. Hoesch, M. Roger, L. Gannon, A. T. Boothroyd, S. Uthayakumar, D. G. Porter, and J. P. Goff. *Nat Mater.*, 12:1028–1032, 2013.

[161] M. Tada, M. Yoshiya, and H. Yasuda. *J. Electr. Mater.*, 39:1439–1445, 2010.

[162] M. L. Kulic and R. Zeyher. *Phys. Rev. B*, 49:4395–4398, 1994.

[163] M. Grilli and C. Castellani. *Phys. Rev. B*, 50:16880–16898, 1994.

[164] 上田和夫, 大貫惇睦. 重い電子系の物理. 裳華房, 1998.

[165] Y. Onuki, R. Settai, K. Sugiyama, T. Takeuchi, T. C. Kobayashi, Y. Haga, and E. Yamamoto. *J. Phys. Soc. Jpn.*, 73:769–787, 2004.

[166] B. C. Webb, A. J. Sievers, and T. Mihalisin. *Phys. Rev. Lett.*, 57:1951–1954, 1986.

[167] D. C. Johnston, C. A. Swenson, and S. Kondo. *Phys. Rev. B*, 59:2627–2641, 1999.

[168] J. F. DiTusa, K. Friemelt, E. Bucher, G. Aeppli, and A. P. Ramirez. *Phys. Rev. Lett.*, 78:2831–2834, 1997.

[169] T. Takabatake, T. Sasakawa, J. Kitagawa, T. Suemitsu, Y. Echizen, K. Umeo, M. Sera, and Y. Bando. *Phys. B: Cond. Matter*, 328:53–57, 2003.

[170] S. D. Obertelli, J. R. Cooper, and J. L. Tallon. *Phys. Rev. B*, 46:14928–14931, 1992.

[171] W. J. Macklin and P. T. Moseley. *Mater. Sci. Eng.*, B7:111–117, 1990.

[172] M.-Y. Su, C. E. Elsbernd, and T. O. Mason. *J. Am. Cer. Soc.*, 73:415–419, 1990.

[173] Y. Horiuchi, W. Tamura, T. Fujii, and I. Terasaki. *Supercond. Sci. Tech.*, 23:065018, 2010.

[174] M. G. Fee. *Appl. Phys. Lett.*, 62:1161–1163, 1993.

[175] L. D. Hicks and M. S. Dresselhaus. *Phys. Rev. B*, 47:12727–12731, 1993.

[176] L. D. Hicks and M. S. Dresselhaus. *Phys. Rev. B*, 47:16631–16634, 1993.

[177] A. Shakouri. *Ann. Rev. Mater. Res.*, 41:399–431, 2011.

[178] G. D. Mahan. *J. Appl. Phys.*, 76:4362–4366, 1994.

[179] A. Shakouri and J. E. Bowers. *Appl. Phys. Lett.*, 71:1234–1236, 1997.

[180] J. M. O. Zide, D. Vashaee, Z. X. Bian, G. Zeng, J. E. Bowers, A. Shakouri, and A. C. Gossard. *Phys. Rev. B*, 74:205335, 2006.

[181] K. Kuroki and R. Arita. *J. Phys. Soc. Jpn.*, 76:083707, 2007.

[182] J. W. Sharp, S. J. Poon, and H. J. Goldsmid. *Phys. Stat. Solidi (a)*, 187:507–516, 2001.

[183] R. Venkatasubramanian, E. Siivola, T. Colpitts, and B. O'Quinn. *Nature*, 413:597–602, 2001.

[184] R. Venkatasubramanian. *Phys. Rev. B*, 61:3091–3097, 2000.

[185] T. C. Harman, P. J. Taylor, M. P. Walsh, and B. E. LaForge. *Science*, 297:2229–2232, 2002.

[186] J. C. Caylor, K. Coonley, J. Stuart, T. Colpitts, and R. Venkatasubramanian. *Appl. Phys. Lett.*, 87:023105, 2005.

[187] H. Ohta, S. Kim, Y. Mune, T. Mizoguchi, K. Nomura, S. Ohta, T. Nomura, Y. Nakanishi, Y. Ikuhara, M. Hirano, H. Hosono, and K. Koumoto. *Nature Mater.*, 6:129–134, 2007.

[188] F. Zhang, Y. Zang, D. Huang, C.-A. Di, X. Gao, H. Sirringhaus, and D. Zhu. *Adv. Func. Mater.*, 25:3004–3012, 2015.

[189] H. Shimotani, G. Diguet, and Y. Iwasa. *Appl. Phys. Lett.*, 86:022104, 2005.

[190] S. Ueno, K.and Nakamura, H. Shimotani, A. Ohtomo, N. Kimura, T. Nojima, H. Aoki, Y. Iwasa, and M. Kawasaki. *Nat. Mater.*, 7:855–858, 2008.

[191] H. Ohta. *J. Mater. Sci.*, 48:2797–2805, 2013.

[192] H. Ohta, Y. Sato, T. Kato, S. Kim, K. Nomura, Y. Ikuhara, and H. Hosono. *Nat. Commun.*, 1:118, 2010.

[193] A. I. Hochbaum, R. Chen, R. D. Delgado, W. Liang, E. C. Garnett, M. Najarian, A. Majumdar, and P. Yang. *Nature*, 451:163–167, 2008.

[194] A. I. Boukai, Y. Bunimovich, J. Tahir-Kheli, J.-K. Yu, W. A. Goddard III, and J. R. Heath. *Nature*, 451:168–171, 2008.

[195] Y.-M. Lin, X. Sun, and M. S. Dresselhaus. *Phys. Rev. B*, 62:4610–4623, 2000.

[196] M. S. Dresselhaus, Y.-M. Lin, O. Rabin, M. R. Black, S. B. Cronin, and G. Dresselhaus. *Overview of Bismuth Nanowires for Thermoelectric Applications*, pages 1–17. Springer US, Boston, MA, 2003.

[197] M. Murata, D. Nakamura, Y. Hasegawa, T. Komine, T. Taguchi, S. Nakamura, V. Jovovic, and J. P. Heremans. *Appl. Phys. Lett.*, 94:192104, 2009.

[198] J. Kim, W. Shim, and W. Lee. *J. Mater. Chem. C*, 3:11999–12013, 2015.

[199] B. Poudel, Q. Hao, Y. Ma, Y. Lan, A. Minnich, B. Yu, X. Yan, D. Wang, A. Muto, D. Vashaee, X. Chen, J. Liu, M. S. Dresselhaus, G. Chen, and Z. Ren. *Science*, 320:634–638, 2008.

[200] J. He, M. G. Kanatzidis, and V. P. Dravid. *Materials Today*, 16:166–176, 2013.

[201] S. I. Kim, K. H. Lee, H. A. Mun, H. S. Kim, S. W. Hwang, J. W. Roh,

D. J. Yang, W. H. Shin, X. S. Li, Y. H. Lee, G. J. Snyder, and S. W. Kim. *Science*, 348:109–114, 2015.

[202] K. Biswas, J. He, I. D. Blum, C.-I. Wu, T. P. Hogan, D. N. Seidman, V. P. Dravid, and M. G. Kanatzidis. *Nature*, 489:414–418, 2012.

[203] S. Bader and S. Parkin. *Ann. Rev. Cond. Matter Phys.*, 1:71–88, 2010.

[204] H. Adachi, K. Uchida, E. Saitoh, and S. Maekawa. *Rep. Prog. Phys.*, 76:036501, 2013.

[205] K. Uchida, S. Takahashi, K. Harii, J. Ieda, W. Koshibae, K. Ando, S. Maekawa, and E. Saitoh. *Nature*, 455:778–781, 2008.

[206] A. Kirihara, K. Uchida, Y. Kajiwara, M. Ishida, Y. Nakamura, T. Manako, E. Saitoh, and S. Yorozu. *Nat Mater.*, 11:686–689, 2012.

索　　引

あ

アインシュタインモデル ……… 76, 150
アクセプタ ……… 104
α-ln σ プロット ……… 115

い

イオン化された不純物による散乱 ……… 105
移動度 ……… 34, 88
インコヒーレント部分 ……… 174
インターカレーション ……… 163

う

ウィーデマン–フランツの法則 ……… 37, 86
ウムクラップ過程 ……… 58, 89, 125
運動量演算子 ……… 40

え

エネルギーギャップ ……… 53
エネルギーバンド ……… 51
エネルギーフィルター ……… 203, 212
エンタルピー ……… 18
エントロピー ……… 17
　軌道とスピンの—— ……… 186
　磁気—— ……… 189

お

オームの法則 ……… 13, 35
音響フォノン ……… 75
音響モード ……… 124
オンサガーの相反関係 ……… 15, 40, 65
音波の分散関係 ……… 73

か

階層化された乱れ ……… 215
化学ポテンシャル (μ) ……… 60, 83
拡張された Heikes の公式 ……… 118, 186
重なり積分 ……… 46, 50
カットオフ周波数 ……… 78
価電子バンド ……… 53, 95
カノニカル分布 ……… 117
下部ハバードバンド ……… 173
可変領域ホッピング ……… 156
カルコゲナイド ……… 162
カルコパイライト ……… 164
カルノー効率 ……… 19, 26, 29
カルノーサイクル ……… 18
間接遷移型半導体 ……… 96, 138
緩和時間近似 ……… 62

き

擬ギャップ ……… 159
基準(規準)座標 ……… 68, 69, 70
基準振動 ……… 72
基準(規準)振動数 ……… 68, 69, 72
軌道とスピンのエントロピー ……… 186
ギブス–デュエムの式 ……… 121
ギブスの自由エネルギー ……… 18
逆格子 ……… 44
　——ベクトル ……… 43, 44, 54
逆スピンホール効果 ……… 218
キャリア ……… 3, 34
境界散乱 ……… 125
強相関電子系 ……… 171

局在スピン …… 172
許容バンド …… 52
禁制バンド …… 52
金属 …… 53, 83
——絶縁体転移 …… 173

く
クラスレート …… 148
グリュナイゼン定数 …… 127

け
結合(bonding)軌道 …… 47, 48
結晶運動量 …… 58, 84
結晶場 …… 185

こ
高温超伝導(体) …… 171, 197
高温領域の半導体における電力因子 …… 107
光学フォノン …… 76
格子熱伝導率 …… 124, 150
高スピン状態 …… 185, 188
古典的等分配則 …… 37
コヒーレント部分 …… 174
コルサイト …… 164
混成 …… 49
コンダクタンス …… 13
近藤温度 …… 192, 193
近藤効果 …… 192
近藤半導体 …… 195

さ
最小ゼーベック係数 …… 93
最小熱伝導率 …… 132, 134
最大吸熱量 …… 24
最大効率 …… 25
最大仕事率 …… 21
散乱確率 …… 33, 91
散乱時間 …… 33
散乱時間(緩和時間) …… 62

し
磁気エントロピー …… 189
仕事率 …… 20
周期的境界条件 …… 41, 68, 73
重心座標 …… 68
自由電子 …… 40
——近似 …… 40
充填スクッテルダイト …… 145
ジュール熱流 …… 22, 30
縮退半導体 …… 84, 105
縮退領域 …… 139
——のゼーベック係数 …… 88
出力因子 …… 23
準結晶 …… 168
準静的過程 …… 16
上部ハバードバンド …… 173
ショックレー–クワイサー極限 …… 7
シリコンナノワイヤー …… 213
真性領域 …… 99, 104, 139, 146
——のゼーベック係数 …… 101
ジントル(Zintl)相 …… 152

す
スクッテルダイト …… 143, 145
スターリングの公式 …… 118
スピノーダル分解 …… 142
スピン圧 …… 219
スピン状態転移 …… 190
スピンゼーベック効果 …… 219
スピントロニクス …… 218
スピン流 …… 218

せ
成績係数 …… 24

性能指数 …… 24
ゼーベック係数 …… 13, 39
　最小—— …… 93
　縮退領域の—— …… 88
　真性領域の—— …… 101
　——テンソル …… 64
　絶対—— …… 16
　非縮退領域の—— …… 108
ゼーベック効果 …… 1
　スピン—— …… 219
絶縁体 …… 53
絶対ゼーベック係数 …… 16
線欠陥 …… 218

そ

相対座標 …… 68
相対電流密度 …… 29
ゾンマーフェルト展開 …… 85

た

第1ブリルアンゾーン …… 42, 55, 69
太陽定数 …… 7
多谷構造 …… 96, 138
縦波の音速度 …… 69
谷間 …… 96
　——の効果 …… 102
　——の縮退度 …… 102, 114

ち

超イオン伝導体 …… 164
超巨大磁気抵抗効果 …… 171
超格子 …… 201
長波長極限 …… 69, 73
直接遷移型半導体 …… 96

て

抵抗 …… 12
　——率 …… 12, 35
低スピン状態 …… 185, 188
ディラックの空孔理論 …… 98
適合因子 …… 31
テトラヘドライト …… 164
デバイ温度 …… 79
デバイモデル …… 78, 128, 150
デュロン–プティの法則 …… 77, 79, 133
転位 …… 218
　——工学 …… 218
電界効果トランジスタ …… 208
電気化学ポテンシャル …… 62
電気抵抗率 …… 35
電気伝導率 …… 13, 35, 85
　——的関数 …… 87
　——テンソル …… 64
電気二重層トランジスタ …… 210
点欠陥散乱 …… 126
電子–格子散乱 …… 90, 105
電子格子相互作用による散乱確率 …… 91
電子–電子散乱 …… 91
電子の状態密度 …… 84
電子冷凍 …… 3
(伝導電子の)ボルツマン方程式 …… 66
伝導バンド …… 53, 95
電力因子 …… 23

と

ドナー …… 103
ドブロイの分散関係 …… 41
トポロジカル絶縁体 …… 137
トムソン係数 …… 15
トムソン効果 …… 15
トムソン熱流 …… 30
ドルーデ理論 …… 33

な

内部エネルギー ……… 17, 18, 36, 65

ね

熱起電力 ……… 1
熱コンダクタンス ……… 13
熱速度 ……… 33
熱抵抗 ……… 12
——率 ……… 12
熱電材料 ……… 1
熱電子放出 ……… 204
熱電素子 ……… 3
熱電対 ……… 3
熱伝導 ……… 11
熱伝導率 ……… 13, 36, 86
格子—— ……… 124, 150
最小—— ……… 132, 134
——テンソル ……… 65
微分—— ……… 130
フォノンによる—— ……… 81
累積—— ……… 130, 215
熱電能 ……… 13
熱電発電機 ……… 4
熱電変換 ……… 2
——材料 ……… 1
熱電ポテンシャル ……… 31
熱電冷却 ……… 3
熱平衡 ……… 33, 37
——状態 ……… 17

の

能率 ……… 20

は

ハーフホイッスラー ……… 157
パイ(Π)型 ……… 3
ハイゼンベルグの運動方程式 ……… 56
バイポーラ項 ……… 139
パウリ原理 ……… 52
波束の群速度 ……… 70
ハバードモデル ……… 173
反強磁性秩序 ……… 175
反結合(anti-bonding)軌道 ……… 47, 48
バンド ……… 52
エネルギー—— ……… 51
価電子—— ……… 53, 95
下部ハバード—— ……… 173
許容—— ……… 52
禁制—— ……… 52
上部ハバード—— ……… 173
伝導—— ……… 53, 95
——ギャップ ……… 95
不純物—— ……… 105
半導体 ……… 53, 95
半分占有 ……… 172

ひ

非結合(non-bonding)軌道 ……… 49
非縮退領域のゼーベック係数 ……… 108
比熱 ……… 37
微分熱伝導率 ……… 130

ふ

フェルミエネルギー ……… 83
フェルミ温度 ……… 83
フェルミ積分 ……… 110
フェルミ速度 ……… 83
フェルミ–ディラック分布関数 ……… 60
フェルミの黄金律 ……… 88
フェルミ波数 ……… 83
フェルミ粒子 ……… 52, 83
フェルミ流体理論 ……… 174
フォノン ……… 71
音響—— ……… 75

光学—— 76
——液体 164
——グラス 131, 153, 165
——とフォノンのウムクラップ散乱 126
——とフォノンの正常散乱 126
——ドラッグ 170
——による熱伝導率 81
——の状態密度 79
——-フォノン散乱 150
——分枝 75
不確定性 47
不純物散乱 89
不純物ドーピング 102
不純物バンド 105
不純物領域 99, 104
物質因子 113
不良金属 123
プリンの流し型 204
ブロッホ関数 50, 54, 88
ブロッホ電子 56
——が従う運動方程式 57
——の速度 57
ブロッホの定理 55
分散関係 55
フントの規則 185

へ

平均自由行程 35, 81
平行移動演算子 53
並進対称性 53
ペルチェ係数 14, 39
ペルチェ効果 2, 14
ペルチェ素子 3
ペルチェ伝導率 64
ペルチェ熱流 22
ヘルムホルツの自由エネルギー 18, 65

ほ

ホイッスラー 159
ハーフ—— 157
放電プラズマ焼結 215
飽和領域 99, 104
ボーズ-アインシュタイン分布 80
ボーズ粒子 71, 80
ポーラロン伝導 156
ホール 3, 34, 96, 97
——係数 35
ポリアセチレン 167
ボルツマン方程式 59, 66

ま

マックスウェルの関係式 18
マティーセンの規則 91, 125
マルチフェロイクス 171

み

ミクロカノニカル分布 117
ミスフィット 163, 178, 192

む

無次元性能指数 25

め

メカニカルアロイング 206

も

モット絶縁体 172
モット転移 173

ゆ

有機伝導体 167
有機-無機ハイブリッド 163
有効質量 58
ユニタリー極限 89

よ

横波 ………………………… 71

ら

ラットリング ……………… 131, 145, 149
ランキンサイクル ………………… 8

り

量子井戸構造 ……………………… 201
量子閉じ込め効果 ……… 203, 207, 208
菱面体晶ボロン ………………… 156

る

累積熱伝導率 ……………… 130, 215
ルジャンドル変換 ……………… 18

ろ

ローレンツ数 ……………… 86, 92

欧字先頭索引

A

$AgCrSe_2$ ···· 164
$AgTlTe_2$ ···· 155
$Al_{71}Pd_{21}Mn_8$ ···· 168
α-ln σ プロット ···· 115
Anderson 局在 ···· 134
anti-bonding 軌道 ···· 47, 48

B

$B_{1-x}C_x$ ···· 156
$Bi_{1.6}Pb_{0.4}Sr_2Co_2O_y$ ···· 182
$Bi_2Sr_2Co_2O_y$ ···· 178, 192
Bi_2Te_3 ···· 137
Bi_2Te_3/Sb_2Te_3 超格子 ···· 207
Bi ナノワイヤー ···· 214
bonding 軌道 ···· 47, 48
Brinkman–Rice 描像 ···· 174
B 因子 ···· 113

C

$Ca_3Co_4O_9$ ···· 178, 181, 192
CaB_6 ···· 155
CAN ···· 210
CdI_2 型 ···· 162, 177
$CdPd_3$ ···· 193
$CeCu_6$ ···· 195
$CeFe_3CoSb_{12}$ ···· 145
$CeFe_4Sb_{12}$ ···· 145
CeNiSn ···· 196
CeRhAs ···· 197
chimney ladder ···· 165
$CoAs_3$ ···· 143
$CoSb_3$ ···· 144
$CsBi_4Te_6$ ···· 140
$Cu_{12}Sb_4S_{13}$ ···· 164
$Cu_{26}V_2Sn_6S_{32}$ ···· 164
$CuGaTe_2$ ···· 164
Curzon–Ahlborn 効率 ···· 20
CuSe ···· 164

E

e_g 軌道 ···· 184
ErAs ···· 212

F

Fe_2VAl ···· 159
$FeSb_2$ ···· 169
FeSi ···· 195
$FeSi_2$ ···· 165

G

Goldsmid と Sharp の経験式 ···· 101

H

Heikes の公式 ···· 117
　拡張された—— ···· 118, 186
$Hf_{0.5}Zr_{0.5}NiSn$ ···· 206
HMS ···· 165

I

In_2O_3 ···· 161
InGaAs ···· 212

Ioffe–Regel 極限 ……121, 134
$IrSb_3$ ……144

J

Jonker プロット ……115, 167, 197, 210

K

Kelvin の公式 ……119, 176

L

LA ……76
LAST ……142
LiV_2O_4 ……195
LO ……76

M

Mg_2Si ……166
$MnSi_\gamma$ ……165
Mott の公式 ……87
μ（化学ポテンシャル）……60, 83
$(MS)_{1+x}(TiS_2)_2$ ……163, 178

N

$NaCo_2O_4$ ……177
NaTl ……152
Na_xCoO_2 ……177, 179, 190, 205
NDI（2OD）(4t-Bu-Ph)-DTYM2 ……210
non-bonding 軌道 ……49
Novikov 熱機関 ……20
n 型 ……2, 104

P

$Pb_mAgSbTe_{2+m}$ ……142
PbTe ……140, 208
$PbTe_{1-x}Se_x$ ……141
PEDOT-PSS ……167
PGEC ……131, 191
p 型 ……2, 104

R

RKKY 相互作用 ……193

S

$Si_{1-x}Ge_x$ ……154, 165
SnSe ……142
$Sr_3YCo_4O_{10.5}$ ……187
$Sr_6Ga_{16}Ge_{30}$ ……148
$Sr_8Ga_{16}Si_{30-x}Ge_x$ ……149
$SrTiO_3$ ……161
$SrTiO_3/SrTi_{0.8}Nb_{0.2}O_3$ 超格子 ……208

T

t_{2g} 軌道 ……161, 184
TA ……76
(Ti,Hf,Zr)NiSn ……159
tight-binding 近似 ……50
TiS_2 ……162
TO ……76

V

VEC ……157, 165

Y

$Yb_{14}MnSb_{11}$ ……153
$YbAl_3$ ……194

Z

Zintl 相 ……152
Zn_4Sb_3 ……152
ZnO ……160
ZrNiSn ……159

著者略歴

寺崎 一郎（てらさき いちろう）
1963 年 京都府生まれ
1986 年 東京大学工学部物理工学科卒業
1990 年 東京大学大学院工学系研究科博士課程中退
1990 年 東京大学工学部助手
1992 年 博士(工学)
1993 年 国際超電導産業技術研究センター主任研究員
1997 年 早稲田大学理工学部助教授
2003 年 早稲田大学理工学部教授
2004 年 イギリス・ブリストル大学客員教授兼任
2010 年 名古屋大学大学院理学研究科教授
2015 年 産業技術総合研究所クロスアポイントメントフェロー兼任
2016 年 フィンランド・アールト大学，フランス・CNRS 客員教授兼任

2017 年 9 月 25 日　第 1 版発行

検印省略

物質・材料テキストシリーズ
熱電材料の物質科学
熱力学・物性物理学・ナノ科学

著　者©寺　崎　一　郎
発 行 者　内　田　学
印 刷 者　山　岡　景　仁

発行所　株式会社　内田老鶴圃　〒112-0012 東京都文京区大塚3丁目34番3号
電話 03(3945)6781(代)・FAX 03(3945)6782
http://www.rokakuho.co.jp/　印刷・製本/三美印刷 K.K.

Published by UCHIDA ROKAKUHO PUBLISHING CO., LTD.
3–34–3 Otsuka, Bunkyo-ku, Tokyo, Japan

ISBN 978–4–7536–2311–2 C3042　U. R. No. 638–1